平和、戦争と平和
PEACE & WAR

先端核科学者の回顧録

Reminiscences of a Life on the Frontiers of Science

Robert Serber [著]
Robert P. Crease [編集]

今野 廣一 [訳]

丸善プラネット

COLUMBIA UNIVERSITY PRESS

Publishers Since 1893
New York   Chichester, West Sussex
Copyright ©1998 by Columbia University Press
All rights reserved
Library of Congress Cataloging-in-Publication Data
Serber, Robert
Peace and War : Reminiscences of a life on the frontiers of science / Robert Serber
with Robert P. Crease.

George B. Pegram Lecture Series

科学と我々の文化と社会の他の様相間での相互作用の調査を行う機会を優秀な学生に与えるために大学連合理事会はブルックヘヴン国立研究所に Gerorge B. Pegram Lecture Series を設置した．この講義シリーズは George Braxton Pegram と命名されている，ペグラムは我が国に対し，取り分けブルックヘヴン国立研究所に多大な貢献をした．数年間の海外生活を除いて，Gerorge Pegram の専門経歴はコロンビア大学で費やされた，そこで物理学教授，学部長，副学長に繋がった．1946 年に彼は初期大学グループ (Initiatory University Group) の長となった，それはニューヨーク地域内に設置された核科学研究・地域センターを設立するために提案された組織である．ブルックヘヴンの創建において重要な役割を果たし，10 年間活動し続けた大学連合理事会の 1 つと成った．Gerorge Pegram は生涯を通じて物理学，教育および科学の結果が人類の必要と希望に奉仕出来るとの確信で務めた．

George B. Pegram 講義録

1949 Lee Alvin DuBridge
1960 René Jules Dubos
1961 Charles Alfred Coulson
1962 Derek J. deSolla Price
1963 J. Robert Oppenheimer
1964 Barbara Ward
1965 Richard Hofstadter
1966 Louis S. B. Leakey
1968 André Maurois
1969 Roger Revelle
1970 Barbara W. Tuchman
1971 George E. Reedy
1972 Colin Low
1975 Jean Mayer
1979 Sir Peter Medawar
1985 David Baltimore
1988 Robert C. Callo
1989 Sir Denys Wilkinson,
    Michael S. Brown
1990 Roald Hoffmann
1992 Maurice Goldhaber
1993 James D. Watson
1994 Robert Serber

目 次

緒言および解題 　　　　　　　　　　　　　　　　　　　　　xiii
　生い立ち/xiii，マンハッタン計画/xiv，戦　後/xv，ペグラム講義/xvi，物理学上の業績/xvii，サーバーが言う/xxiii，様々な出来事/xxiv，戦時中の出来事/xxv，サーバーの回想録と戦後の道徳論争/xxvi，回想録/xxviii

謝　辞 　　　　　　　　　　　　　　　　　　　　　　　　　xxxi

第I部　平　和：PEACE 　　　　　　　　　　　　　　　　　1

第1章　フィラデルフィアとマディソン，1909-1934 　　　　　3
　1.1　生い立ち 3
　1.2　大学での生活 11
　1.3　フィラデルフィア物語 13
　1.4　大学院での生活 18

第2章　バークレーとパサデナ，1934-1938 　　　　　　　　31
　2.1　オッペンハイマーの下での物理研究 31
　2.2　パサデナでの物理研究 40
　2.3　ペロカリエンテ牧場 44
　2.4　再び，バークレー，パサデナでの物理研究 49

第3章　アーバナ，1938-1942 　　　　　　　　　　　　　　65
　3.1　アーバナでの生活 65
　3.2　アーバナでの物理研究 68

3.3	核分裂の発見	70
3.4	青天の霹靂	73
3.5	ペロカリエンテ牧場	75

第II部　戦　争：WAR　　　　77

第4章　バークレーとロスアラモス，1942-1945　　79
4.1	真珠湾後	79
4.2	ロスアラモス秘密研究所	89
4.3	ロスアラモスの生活	98
4.4	原子爆弾設計と爆縮技術	101

第5章　テニアン，1945　　111
5.1	テニアンへ向かう	111
5.2	原子爆弾組立	122
5.3	原子爆弾投下	123

第6章　廣島と長崎，1945　　137
6.1	横浜より	137
6.2	長崎より	139
6.3	廣島より	151
6.4	ロスアラモス	157

第III部　再びの平和：PEACE AGAIN　　　161

第7章　バークレー，1946-1951　　163
7.1	カリフォルニア大学放射研究所	163
7.2	テラーの熱核兵器	166
7.3	加速器理論と素粒子研究	167
7.4	セキュリティ聴聞	180
7.5	湯川秀樹の来訪とソルベー会議	183
7.6	熱核兵器開発論争	186
7.7	中間子探究	188
7.8	宣誓書騒動	189

第8章	コロンビアとブルックヘヴン，1951-1967	191
8.1	ネイビス研究所とプーピン校舎	191
8.2	ブルックヘヴン国立研究所	197
8.3	オッペンハイマーの聴聞	201
8.4	シャーロットの活動	203
8.5	素粒子の研究	205
8.6	世界旅行	207
8.7	ロシアでの会合とバァージン諸島セーリング	215
8.8	再び，ニューヨークで	218
第9章	ニューヨークとセント・ジョン，1968-1997	225
9.1	オッペンハイマー追悼会議と米国物理学会長時代	225
9.2	コロンビア大学の思い出	233
9.3	セント・ジョン	236
9.4	コロンビア物理学部の教育改革	243
9.5	引退後の日々	247
サーバー論文目録		251
付録A　略伝註記		257
訳者あとがき		263
参考文献		273
索　引		276

図目次

1.1	世紀変わり目でのデービッドとローズの結婚写真.	4
1.2	ローズとロバートの写真.	6
1.3	中央高校 1926 年報より.	10
1.4	大学時代，机に座る若い学生.	11
1.5	モリス・レオフ (Moris Leof).	13
1.6	マデリーンと夫のサム・ブリッツスタイン.	16
1.7	ジョン・ヴァン・ヴレック (1899-1980).	19
2.1	ロバート・オッペンハイマー (1904-1967).	32
2.2	シャーロット・レオフ・サーバー.	34
2.3	オッペンハイマーの学生グループたち.	35
2.4	エドウィン・マクミラン (1907-1991).	37
2.5	オッペンハイマー牧場のベランダ（ポーチ）の上で.	47
3.1	サーバー，ファウラー，オッペンハイマー，アルヴァレ. . . .	69
3.2	シャーロットと私，エドとエルシー・マクミランと共に.	71
4.1	エドワード・テラー (1908-2003).	86
4.2	ロスアラモスのシャーロットのスタッフたち.	90
4.3	牧場学校時代に撮られたロスアラモス研究所のサイト.	92
4.4	ボブとジェーン・ウイルソン，右側はシャーロット.	93
4.5	ロスアラモスでのシャーロット.	93
4.6	フランク・オッペンハイマーの馬，プロントに乗る私.	94
4.7	ルイス・アルヴァレ (1911-1988).	97
4.8	イシドール・イザーク・ラビ (1898-1988).	104
4.9	トリニティの爆発 13 秒後の写真.	108

4.10	トリニティ爆発の私の報告.	109
5.1	ウエンドーバー空軍基地.	113
5.2	ロスアラモスでのヘンリーとシャーリィー・バーネット.	115
5.3	テニアン島.	118
5.4	ティベッツ大佐は操縦法の図を描き，私に訊ねた.	124
5.5	ティベッツ大佐への私の回答.	125
5.6	廣島任務の作戦命令書.	126
5.7	テニアンでの生活.	127
5.8	嵯峨根教授宛ての手紙を持つルイス・アルヴァレ.	129
5.9	ウイリアム・ロウレンス，ヘンリー・バネットと私.	134
5.10	テニアン・チーム.	135
6.1	長崎へ入るための我々の "通行証".	139
6.2	テニアンを去る直前に軍管区から発行された身分証明証 (ID).	140
6.3	東京にて，水ポンプとともに.	141
6.4	長崎においてハリー・ウイプル，私とヘンリー・バネット.	142
6.5	長崎において，私の尋問ノート.	143
6.6	日本情報士官への私の尋問ノート.	143
6.7	長崎.	144
6.8	レンガ造の建物.	145
6.9	長崎の軍需工場．軽鉄骨工場建屋.	146
6.10	鉄筋コンクリート建造物，立ったままの最良の種類.	147
6.11	長崎の教会壁が立ったまま残っていた.	148
6.12	長崎県知事による宴会にて.	149
6.13	廣島の地図と爆発の影響.	153
6.14	グランド・ゼロから１マイルに在る廣島郵便局のビルディング.	154
6.15	廣島郵便局の室内.	155
6.16	廣島訪問のノート.	157
6.17	日本の科学者たちから受け取った廣島のデータ.	158
6.18	"E-栄誉賞" を受けるシャーロット.	159
7.1	アーネスト・O・ローレンス (1901-1958).	165
7.2	サイクロトロン前のアルヴァレと私.	170
7.3	バークレーでのパイ中間子の研究.	173

7.4	シェパード；ニッカ.	179
7.5	湯川夫妻，アーネスト・ローレンスと私.	184
7.6	1948年ソルベー会議.	185
8.1	ゲルツルード・ゴールドハーバーのオフィスにて.	197
8.2	ウエストサンプトンでの活動.	199
8.3	プリシア・デュフィールドと一緒のエンリコ・フェルミ.	200
8.4	ウエストサンプトン・ビーチでのI.I.ラビ.	200
8.5	マレイ・ゲルマン (1929-).	219
8.6	1967年頃のシャーロット.	224
9.1	チェン・シュン・ウー (1912-1997).	234
9.2	1972年，キティーと私.	235
9.3	ウンデクゥエと命名したトニー・オッペンハイマー.	237
9.4	ホークスネスト湾内のムーンレーカー.	239
9.5	キティー・オッペンハイマー，1972年.	240
9.6	トニー・オッペンハイマー.	242
9.7	フィオナ，ウイル，ザチャリアと私.	248
9.8	セント・ジョンのオッペンハイマー邸での仕事，ザチャと伴に.	249
A.1	どんな分野でも十分な失敗経験を積むには200年かかる.	270

緒言および解題
Robert P. Crease

生い立ち[*1]

ロバート・サーバー (Robert Serber) は，最も生産的時代として歴史に常に書き留められるであろう時期の米国物理学の主要関係者である．

彼の育成は文脈の異なるフィラデルフィア (Philadelphia) 物語の 1 つであった[*2]．彼はユダヤ系芸術家と知識人たちのグループの中で成長した，彼らの精神的棲家は 322 南 (South) 16 番通り (16th Street), "the Leof clan[*3]" 本部と呼ばれた：モリス・レオフ (Morris V. Leof) ドクター（社会主義の学識を有する実践家），コモンロー上の妻ジェニー・カルフィン (Jenny Chalfin) と夫婦の 3 人の子供たち：Madelin（マデリーン），Milton（ミルトン）と Charlotte（シャーロット：サーバーの将来の妻）が住んでいた．彼らの屋敷は——通常 4 階建ての褐色砂岩 (brown-stone) なのだが，Leof（レオフ）の家は白色石 (white stone) で表面が覆われていた——1920 年代と 1930 年代において，左翼思想を学ぶ芸術家や知識人にとっての安息所 (a haven) であった．その家それ自体が実際的な文化の力 (a cultural force) でもあった，そこはフィラデルフィアで最初の "integrated" パーティーの場所だった，クリフォード・オデット (Clifford Odets) による朗読，音楽家マーク・ブリッツスタイン (Marc Blitzstein), 作家ハリー・カーニッツ (Harry Kurnitz), 詩人ジャン・ロイスマン (Jean Roisman), 物理学者ウォルファング・パウリ (Wolfang Pauri) およびジャーナリスト I. F. ストーン (Stone) らのような人たちによる会話が行われた．"世界中で生じたことは何でも直ちにその家

[*1] 訳註： 小見出しは原書にはなく，日本語版翻訳にあたり付けたものです．
[*2] 訳註： フィラデルフィア物語 (Philadelphia story)：1940 年制作のアメリカ映画．同名のブロードウェイ劇の映画化作品．フィラデルフィア上流階級の令嬢トレイシーは，石炭会社の重役であるジョージとの結婚を控えていた．そんな彼女の前に現れたのは，2 年前にけんか別れした前夫デクスター……．
[*3] 訳註： クラン (clan)：一家，一族，一門；氏族；一味，党，閥．

で反映された", とマデリーン・レオフ (Madelin Leof) は過って語った. "322" での面白い描写 (portraits) をそのパトロンたちの幾つかの伝記で見出すことが出来る[*4].

　物理学にとって広範囲でかつ重大さを引き起こした数多くのイベントの存在に対し科学の歴史家たちから "*annus mirabilis*" または "奇蹟の年" (miracle year) として知られる 1932 年にサーバーは最初の論文を発表した. これらイベントには, 初期に核物理学を推進させた中性子 (neutron) の発見；反物質 (antimatter) の最初の証拠である陽電子 (positron) の発見；原子核理論 (theory of the nucleus) を強化したハイゼンベルク (Heisenberg) の独創的論文の発行；粒子加速器の開発における重要なブレークスルーなどがある. サーバーが 1934 年に Ph.D. を授与された時, これらイベントによって広大な新世界を探検していた最も重要な理論的研究の幾つかによりこの世界を開いたのは, カリスマ的若い理論物理学者ロバート・オッペンハイマー (J. Robert Oppenheimer) の周りのカリフォルニア大学バークレー校で起きたのだった. Ph.D. 取得後の 1934 年に, サーバーはアナーバー (Ann Arbor) に在るミシガン大学の著名な物理学夏季学校でオッペンハイマーとめぐり合う幸運を得て, 彼はオッペンハイマーと一緒に研究する計画に変更するとの適格な判断を下した, そしてその才気をしてオッペンハイマーの主任研究助手となる. オッペンハイマーに加わったことで, サーバーはさらにその上を行く情熱的, 理知的で活発なグループと一緒になることとなった.

　当時, 物理学はたった数年後に専門化されてしまったように専門化されていなかった, しかも先駆者が意のままに放浪し探検できる固定された境界が無い広大なフロンティアが在った. オッペンハイマー下でのバークレーでのポス・ドク (1934-1938) とアーバナ (Urbana) での (助) 教授 (1938-1942) 時代, サーバーの研究は高エネルギー物理学, 宇宙線物理学 (cosmic ray physics), 核物理学 (nuclear physics), 宇宙論 (cosmology), 加速器物理学と現在呼ばれている重なり合う分野で行われた.

マンハッタン計画

　1941 年 12 月, 原子爆弾を製造する研究の所長にすぐに指名されるとの情報がオッペンハイマーに伝えられるやいなや数時間内にサーバーはオッペンハイマーの最初のリクルート者となった. サーバーの妻シャーロットはロスアラモス図書館長でマ

[*4] 例えば, Margaret Brenman-Gibson, *Clifford Odets: American Playwright: The Years from 1906 to 1940* (New York: Atheneum, 1981); Madelin Leof's quote is on p.124; Eric A. Gordon, *Mark the Music: The Life and Work of Marc Blitzstein* (New York: St. Martin's, 1989) を参照せよ.

ンハッタン計画 (Manhattan Project)*5における唯一の女性のグループ・リーダーとなった．1945 年 7 月の末，ニューメキシコ州アラモゴルド (Alamagordo) でのトリニティ（三位一体：Trinity）サイトでの最初の爆発実験の 1 週間後，サーバーはマリアナ諸島 (Marianas) のテニアン (Tinian) に出向いた，そこは原爆を運ぶ飛行機の離陸地点だった．日本の降伏後，サーバーは日本に向かい，原爆（非医学的）効果の最初の調査団の長として廣島と長崎を調べた．

戦　後

　戦後，サーバーはバークレーの物理学教授 (1945-1951) に，その後はコロンビア大学教授 (1951-1978) となった．1948 年 6 月，数多くの告訴 (accusations) に伴い，原子力委員会 (Atomic Energy Commission) が彼の "適性，協調性および忠誠" (charactor, associations and loyalty) を聴聞の対象とした．これは冷戦の恐怖症 (Cold War paranoia) の始まりであった，マッカーシー (Sen. Joseph McCarthy) が引き起こした時期の 2 年前，オッペンハイマーの忠誠心が問われる 6 年前に該当する．FBI が Leof 一家の政治的に活発なメンバー，例えばマデリーン・ブリッツスタイン (Madelin Blitzstein)，彼女の夫である Sam および彼女の継子 Marc Blitzstein のファイルを持っていたことは驚くに足らない．しかしサーバー自身はこれまでいかなる意味においても政治的急進分子 (political radical) または活動家 (activist) になったことは無い．レオフ (Leof) 一家およびオッペンハイマーの集団の一員として，サーバーは殆どが先住民 (native crowd) への政治的な同情的観察者であった．その殆んどで，彼をあるサークルと結びつける判決を下すには不十分であった．彼の忠誠と彼の妻シャーロットの忠誠は，彼らがロスアラモスで働いていることさえ（彼らに気付かれないままに）問題視されていた．戦後の変化もまた，サーバーの努力によって動機付けられた水素爆弾の早期設計への技術的な可能性の議論が政治の外へ彼を置くことを部分的に維持させていたのかもしれない．技術的問題と政治的問題を区分すべきだとのサーバーの努力によって，エドワード・テラー (Edward Teller) と明確に衝突した，それは科学の完全性 (integrity of science) を守るべき基本としてサーバーが見なしていた分離（区分）である．

　サーバーもまたブルックヘヴン国立研究所，アルゴンヌ国立研究所，フェルミ国立加速器研究所，スタンフォード線形加速器センター (SLAC)，およびロスアラモス中

---

*5 訳註：　マンハッタン計画：アメリカ合衆国のマンハッタン工兵管区の管理のもとに実施された原子爆弾製造計画．1945 年 7 月までにウランの供給，^{235}U の分離，プルトニウムの生産，原子爆弾の開発という歴史的な事実をなしとげ，この間，22 億 2000 万ドルの予算が投じられた．

間子物理学施設を含む，多数の研究所のコンサルタントやアドバイザーとして奉仕していた．1967 年 1 月のオッペンハイマーの死とその年の 5 月のシャーロットの死に伴い，サーバーはキティー・オッペンハイマー (Kitty Oppenheimer) の相談相手となり，彼女の亡き夫を記念する年次会合の準備を手助けした．1971-72 年にサーバーは米国物理学会 (APS) の会長となった．APS 会員によるベトナム戦争反対と政府への抗議が彼の会長としての期間中に最高潮に達した，そして活動家の会員たちは組織化を試みた，それは会則 (charter) を科学的事象のみに制約し，政治的争点に抵抗するというものであった．科学の完全性への脅威のもう 1 つの種類であるとこれを見なして，サーバーはこれらに総力で反対し，今や，頑迷な保守派 (the old guard) の先頭表看板 (figurehead) としての不慣れな役割を担っている彼自身を見つけ出した．

1974 年サーバーは米国北東部大学連合 (Associated Universities, Inc.) の評議委員 (trustee) となった，その組織はブルックヘヴンを運営していた，当時 ISABELLE と呼ばれた巨大な新加速器の建設へ乗り出した時であり，1975 年にはコロンビア大学物理学部長に任じた．彼は 1978 年の義務的な退職年齢である 68 歳まで物理学部長を勤めた，彼の最初の論文の出版 50 周年記念までのたった 1 年を残して，それを避けるために 1981 年に AUI の評議委員としての職を降りた．サーバーのプロフェッショナルな業績の終りは，米国物理学の"黄金の時代"の終りと一致している．既存計測で取得可能な全てのデータをほぼ完全に説明することが可能となる素粒子物理学の標準モデルが強固に確立した丁度その時に，学部長として彼が引退した．AUI 評議委員としての彼の引退は ISABELLE 計画の中止の丁度 2 年前に当たる，超電導 Super Collider の予期され得なかった中止は 10 年後の出来ごとである，そして合衆国が 1930 年代以来，加速器物理学を延期してきたことはほぼ全権勢の終りを告げる警告サインであった．

ペグラム講義

以下のことは，上記出来ごとに関するサーバーの回顧録で，ブルックヘヴン国立研究所で 1994 年に行われた彼の Pegram 講義から生み出されたプロジェクトである[*6]．

[*6] Gerorge B. Pegram Lecture Series：科学と我々の文化と社会の他の様相間での相互作用の調査を行う機会を優秀な学生に与えるために大学連合理事会はブルックヘヴン国立研究所に George B. Pegram Lecture Series を設置した．この講義シリーズは George Braxton Pegram と命名されている．
訳註： Gerorge B. Pegram：彼（エンリコ・フェルミ）は 1944 年 7 月，法で許される第 1 日目にアメリカ市民となった．コロンビア大学で，彼は何人かの職業上，および個人的友人を得た．物理学科主任教授，ジョージ・B・ペグラムは重要な友人の 1 人である．ペグラムは 1876 年，ノース・カロライナに生まれ，トリニティー・カレッジ（後のデューク大学），更にコロンビア大学で学び，ここで 1903 博士号を授与された．彼は博士研究員として，ベルリン，更にケンブリッジ大学で研

1959年に設立されたこのPegram講義シリーズは，毎年"科学と我々の文化と社会の他の様相間での相互作用の調査を行う機会を優秀な学生に与えるために"開催されている．サーバーはロスアラモスでの年々，テニアンと日本での彼の任務，それとバークレー，コロンビアおよびブルックヘブンでの戦後直後の年々の回想にその講義内容を向けた．

積年の合意により，Pegram講義は通常コロンビア大学出版が発行出来るように提供される．サーバーの講義ノートを書籍にするには不十分であった，ブルックヘブンの歴史家である私は，一人前の回想録を作るためにサーバーの手助けを頼まれた．私の支援は，彼のPegram講義ノートとサーバーが既に出版していた他の歴史文書，インタビューと手紙から引き出された新たな材料，および彼が触れてなかった論争と人々への彼の感想へと拡張することで彼を励ましつつ，これらを合体させるひな形を作ることであった．これらから，私はサーバーのために訂正と改定のための草稿を用意した．この回想録の形式と内容は従ってサーバー自身が負っている．最終稿が校了した数日後に，彼は脳腫瘍除去手術を受けた．彼は手術から完全な回復が出来ず，1997年6月1日に亡くなった，88歳である．

物理学上の業績

サーバーの科学投稿論文の本質と独創性を完全に理解するためには，彼の研究を物理学の歴史——例えば，素晴らしく長大な3巻本，*Twentieth-Century Physics*[7]——に沿って考察しなければならない．サーバーの核力理論 (theory of nuclear forces) への特別寄与については *The Origin of the Concept of Nuclear Forces*（核力概念の起源）を調べるべきであろう；戦時中のロスアラモスの歴史に対しては *Critical Assembly: A Technical History of Los Alamos During the Oppenheimer Years, 1943-1945.*（臨界集合体：1943年から1945年のオッペンハイマー時代のロスアラモスの技術史）を参照せよ[8]．これら歴史に残る事柄は物理学の訓練が不足している歴史に興味が有る読者

究し，コロンビア大学に帰ってここに留まり，その長い輝かしい生涯の残りを送ったのである．ペグラムはアメリカ物理学会を組織するのに力を尽くした．また彼は自分のまわりのすべての人々を励まして自信を持たせるという親切で誠実なジェントルマンであって，コロンビア大学の，また合衆国政府の多数の人々にとって信頼厚いアドバイザーとなった（Emilio Segrè，「エンリコ・フェルミ伝」，久保亮五・久保千鶴子訳，みすず書房 (1976) pp. 165-166. より）．

[7] Laurie M. Brown, Abraham Pais, Sir Brian Pippard, eds., *Twentieth-Century Physics*, 3 vols., jointly published by the Institute of Physics Publishing, London, and the American Institute of Physics Press, New York, 1995；特に以下の章を参照せよ．chapter 5 ("Nuclear Forces, Mesons, and Isospin Symmetry") and 9 ("Elementary Particle Physics in the Second Half of the Twentieth Century").

[8] Laurie M. Brown and Helmut Rechenberg, *The Origin of the Concept of Nuclear Forces* (London: Institute of Physics Publishing, 1996); Lillian Hoddeson, Paul W. Henriken, Roger A. Meade, and

に対しても大きな価値を有しているもののざっと科学のバックグランドのあらましを述べることに意味があるかもしれない．

1934年にサーバーが初めてオッペンハイマーと伴に研究を始めた時，オッペンハイマーは，電場に依る電子の自己エネルギー，電子の電子自身および真空中での相互作用の仕方の問題と格闘していた．ヨーロッパから合衆国へ戻ってきた後に書かれたオッペンハイマー（他の人たちと一緒に）の最初の論文 (1930年) で指摘したように，量子電磁力学 (quantum electrodynamics) または電荷粒子と電場との相互作用を記述する理論を自己エネルギー問題に適用した時，その理論は途方もない無限大の結果を与えた．その十年を通じて，量子電磁力学は基本的に無効となり，結局取って替わることになるだろうとオッペンハイマーは確信していた；それでもなお彼と僚友たちは自己エネルギーを記述する理論を用いる方法を見つけ出す努力を続けた．自己エネルギーは3個の基本部分に関係することが判った．1つ目は電子とそれ自身の場による直接相互作用；2つ目は，"頂点補正" (vertex correction) または言わば光子 (photon) との相互作用を介して粒子の偏向 (deflection) が生じるケースに関係し；そして3つ目は，真空の分極または1粒子を定常的に取囲む仮想粒子対の電荷の効果に関係している．オッペンハイマーの下でサーバーは，これら3つの主要粒子の2つと格闘した（巻末のサーバー論文目録の論文7と論文8である）．これら論文の1つで，サーバーは発散を除去するためのその理論的戦略を記述する用語として最初に印刷された用語"繰り込む" (renormalize) を使用した，この用語は現在に至るまで残された[*9]．しかしながら量子電磁力学の成功的な繰り込みは第二次世界大戦後にやっと達成出来た[*10]．

1930年代，量子電磁力学の理論は宇宙線の理解と関わりを持っていた[*11]．その時までに，宇宙線に関する非常に多くの実験情報が集められていた，そこで普及していた仮説は主要な宇宙線は電子 (electrons) と陽電子 (positrons) から成るということであった，生成した高エネルギーの光子が大気中を通過する時，その他に他の粒子に

Catherine L. Westfall, *Critical Assembly: A Technical History of Los Alamos During the Oppenheimer Years, 1943-1945* (Cambridge: Cambridge University Press, 1993).

[*9] 訳註： 繰り込み理論 (renormalization theory)：場の量子論の発散の困難を処理して有限な物理量を計算する方法．しかしこの理論は無限大を有限値でおきかえる方法を示すもので，発散の困難を解決したわけではない．

[*10] 量子電磁力学の物語とその繰り込みについては以下を参照せよ．Silvan S. Schweber, *QED and the Men Who Made It: Dyson, Feynman, Schwinger, and Tomonaga* (Princeton: Princeton University Press, 1994). 非技術報告書としては以下を参照せよ．Robert P. Crease and Charles C. Mann, *The Second Creation: Markers of the Revolution in 20th-Century Physics* (New York: Rutgers University Press, 1996) chapters 6-8.

[*11] 以下を参照せよ．D. Cassidy, "Cosmic Ray Showers, High Energy Physics, and Quantum Field Theories: Programmatic Interactions in the 1930's," *Historical Studies in the Physical Sciences* 12: 1-40.

よって差し込まれてしまった"衝突"(knock-on) 電子と同様に多くの電子・陽電子対を形成し，地球表面での偶発的粒子シャワーを結果として導いた．この情報に対していか様に量子電磁力学理論を適用するのかについては明確でなかった．1つのパズルはそのようなシャワー中での"貫通成分"(penetrating component) の存在であった；宇宙線の一部構成部分は電子や陽電子から予想される通常のものに比べて物質中をさらに多く通過出来るものであった．これは高エネルギーにおいて量子電磁力学の崩壊を示すものなのか，それとも他の何かなのか? 1937年オッペンハイマーとサーバーは貫通構成部分にパイ中間子 (pi meson) またはパイオン (pion) と呼ばれる新粒子を提案した欧米での最初の人物であった[*12]，これは核力の存在を説明するために湯川秀樹によって提案された粒子と同じものに違いなかった（論文 12）．彼らはまた湯川による独創的研究に欧米で最初に注意を払った物理学者だった，湯川はそれにより1949年にノーベル賞を受賞することになる．しかしオッペンハイマーとサーバーもまた最初に，結果に対する幾つかの困難性からその同定に関して疑念を持ってしまった，十年後にその同定は間違いであることが判った．

　湯川の提案は，場 (fields) での他の相互作用で起きたものであった：宇宙線と核物理学．彼は核力が何処から来るのかを説明するために彼の粒子を提案した——核物理学での最も基礎的な疑問——さらに彼の提案は中間子に関すること，何故核力を生じさせるのかについて多くの理論を生じさせた．サーバーは彼の研究の多くをパイオン物理学に向けた，湯川の略述に沿った核力を記述する合衆国内で最も早くから真剣な試みを行い（論文 15），新宇宙線粒子の同定に関する多くの問題を発見した．パイオン物理学のサーバーの研究は大戦後も続けられた，その時期に高エネルギー中性子と陽子の散乱実験を行うことが可能となった新加速器がとんとん拍子に核物理学を進展させた．彼のバークレー時代の他の寄与として，パイオンのゼロ・スピンを特定することを助けた，さらに加速器によって最初の時期に，パイオンがバークレーの 184 インチ・サイクロトロンで実際に造られた事実の確立のために支援した．

　もう1つのサーバーの核力 (nuclear forces) 理論への寄与は，その"姿"(shape) または分離距離の依存性の理解であった．最初，電磁力（クーロン力）でモデル化し，核力は単純で単調であると考えられた．しかしながら，このアプローチは原子核内核

[*12] 訳註：　パイ中間子：核子を相互につなぎ原子核を安定化する引力（強い相互作用）を媒介するボソンの一種である．当時大阪帝国大学の講師であった湯川秀樹が，その存在を中間子論で予言した (1935 年)．その予想質量が 100 MeV 程度と電子（約 0.5 MeV）と核子（約 900 MeV）の中間に当たることから中間子と名付けられた．セシル・パウエルの率いるチームが，1947 年に宇宙線の中から電荷を持つパイ中間子を発見した．その後，パイ中間子を生成できるほどの高エネルギーの粒子加速器によって研究が加速的に進んだ．

子の"飽和"(saturation) または何故さらに稠密に積み込まれないのかを説明する困難さに出くわした；むしろ水分子で行われたようにお互いに加わる時によけいな体積を単純に占める．ハイゼンベルクが"反撥核"(repulsive core) または短距離での反撥力と長距離での引力のアイデアを考えたが，拒絶されてしまった．一方，バークレーではサーバーがこのアイデアを復権させ，かつ加速器から得られた新たな散乱データの説明にどの様に用いるのかを示した；しばらくの間それは"サーバー力"(Serber force) とさえ呼ばれた．最終的に，サーバーは粒子加速器によって開かれた全くの新分野である高エネルギー核物理学理論の先駆者ともなった，サーバーの研究は核モデルの"雲入り水晶球"(cloudy crystal ball)[*13]として知られるようになったものの形成を導く原子核のふるまいについての新たなアイデアを具体化した（論文13, 論文14, 論文17）．この研究はハイゼンベルクが1932年の原子核理論論文で提案されたものから導き出された．ハイゼンベルクは陽子と中性子を対称なものとして取り扱った，これは同一粒子の異なる状態として扱うものである．公式には，ハイゼンベルクはスピンのようなものとしてのアナロジーでこの状況をあらわした——想像軸上をスピンしている粒子として取り扱う，その粒子が陽子か中性子に依存してその軸は上向きか下向きかになっている．荷電スピン (isotopic spin)[*14]として知られるようになった量の準状態 (substates) として取り扱うことから非常に便利であった．1938年，オッペンハイマーとサーバーは核反応理論を大きく前進させた．幾つかの出版された研究とグレゴリー・ブライト (Gregory Breit) による示唆に続いて，彼らは荷電スピンが核反応で保存されるという提案を行った；これは総量が同一に保たれる，その対称はクーロン力のような因子の影響に依る単なる近似であるかもしれないのだが[*15]．オッペンハイマーとサーバーはそこでこのアイデアを核遷移理論へ発展させた，そこではその1つは許され，その1つは禁止される．核物理学と素粒子物理学の基礎過程と成る哲学である対称性が"選択規則"(selection rules)[*16]を確立するのに，この研究はその

[*13] 訳註： 光学模型（当初は "cloudy crystal ball Model" と呼ばれた）：弾性散乱を含む核反応とくに直接反応を扱うために用いられる模型で，入射粒子と原子核の相互作用のポテンシャルとして虚数部を入れた光学ポテンシャルを用いる模型．V.F. Weisskopf らが導入した．入射粒子は大部分ポテンシャルで散乱されて出ていくが，一部は虚数部により吸収されて複合核をつくる．この模型では複合核模型の場合とちがって原子核内での入射粒子の平均自由行路はかなり長くなる．一般に高エネルギーの中性子や陽子，α粒子などの散乱にも適用される．

[*14] 訳註： 荷電スピン：ハイゼンベルクは陽子と中性子とは全然別のものではなくて，1つの素粒子（核子）の内部状態だけがたまたま異なるものと考え，その内部自由度を記述するものとして荷電スピンを導入した．

[*15] 荷電スピンのさらなる歴史は以下を参照せよ．Laurie M. Brown, "Remarks on the History of Isospin", in K. Winter, ed., *Festi-Val——Festschrift for Val Telegdi* (North-Holland: Elsevier, 1988).

[*16] 訳註： 選択規則：任意の量子力学系が摂動くによって遷移を行うとき，遷移のおこり得る始

将来への道を固めるに非常に大きな意義があった．オッペンハイマー & サーバー論文もまた荷電スピンのアナロジーを伴う異なる同位体である，類似状態および鏡映核 (mirror nuclei)*17 の研究の重要性について理論家たちへ興味を引き寄せた．

　宇宙物理学 (astrophysics) と宇宙論 (cosmology) もオッペンハイマーの集団のメンバーではもう 1 つの魅力であった，サーバーは恒星内でのエネルギー生産の核サイクルを生み出す不成功に終わった試みに参加した，その研究後にハンス・ベーテ (Hans Bethe) によって成功裡に成し遂げられた．サーバーとオッペンハイマーもまた恒星核 (stellar cores) を研究した（論文 19），さらにブラックホール (black holes)*18 の存在を予言した最初の論文としてまとめ上げられたオッペンハイマーとスナイダー (Snyder) の最初の議論をサーバーが投稿した．

　加速器物理学において，サーバーはドン・カースト (Don Kerst) と伴にベータトロン*19 の初期の開発に尽力した，それは多分，加速器が実際に設計される以前において電子軌道理論を詳細に生み出した最初であった．サイバーはアーネスト・ローレンス (Ernest Lawrence) の一員として 184 インチ (467 cm) のシンクロ・サイクロトロンの理論研究を行った．

　独立の考案者として，当時の流行に惑わされない者として，サーバーは 1960 年代を通じて場の理論分野で研究を続けた数少ない理論家の 1 人であった，その当時核民主主義 (nuclear democracy) のような他のことを行うことが流行であった（各々の素粒子はその他のものとの複合から成るというアイデア）．このことはクォーク (quarks) を創案したカルテック（カリフォルニア工科大学）の理論家マレイ・ゲルマン (Murray Gell-Mann) が支持したサーバー規則への寄与となった．

　しかしサーバーの物理学への多大なインパクトは彼の出版著書だけによって示すことは出来ない．その 1 つの理由は彼がプライオリティのクレイムに賭けることに興味が無い刷新者 (innovator) であったからである．サーバーは問題を解くことで満足し，それを使えることの出来る他人へその解を渡してしまったからである．1950 年代に

　　　と終りの定常状態の量子数の関係を規定する規則．素粒子の反応においてはストレンジネス，アイソスピン（荷電スピン），荷電共役，時間反転などの関する選択規則もある．

*17 訳註：　　鏡映核：2 つの原子核について，一方の陽子数と中性子数がそれぞれ他方の中性子数と陽子数に等しい場合に，一方を他方の鏡映核という．たとえば ^{13}C と ^{13}N，または ^{14}C と ^{14}O は互いに鏡映核である．鏡映核の間にはよく似た点が多いのは核力の荷電対称性のためと考えられている．

*18 訳註：　　ブラックホール：極めて高密度かつ大質量で，強い重力のために物質だけでなく光さえ脱出することができない天体である．

*19 訳註：　　ベータトロン (betatron)：磁気誘導によって電子を加速する装置．電磁石が交流によって励磁されると，この円軌道内の全磁束 Φ の時間的変化に比例した $E = (1/2\pi r)\partial\Phi/\partial t$ V/m の電場が円軌道に沿ってできるので，電子は軌道 1 周あたり $2\pi rE$ V ずつ加速される．

ブルックヘヴンから発行された多くの論文の中に，例えばサーバーは容易に別々に出版させるたちなので彼の重要な寄与に対するサーバーへの脚注謝辞が見られる；"繰り込み" (regeneration) 効果の Pais-Piccioni 論文がその1例である；K-long 粒子の発見論文である Landé, Lederman, Chinowsky 論文もその1つである[20]．しかしさらに影響を与えた重要なソースは，他の者たちが容易に理解できる方法を理論物理学の分野で調査するサーバーの能力であった；彼は理解した，そしてどの様にしてそれが全てと合致するのかを明確に表現することが出来た．彼のキャリアを通じて何度も，高エネルギー理論または核理論が全体として如何様に働くのかという構想を詳細化し，その理論の局所不整合性を見抜き，それについて記載されている分野の調査をするようにと同僚たちを手助けし，実験家や理論家たちへの調整者 (coordinator) として奉仕した．ブルックヘヴンにサーバーの1年後に到着した理論家 Joseph Weneser によると：

> サーバーはそれらの背後に在る単純原理を彼が発見するまで，複雑な論点と格闘しそれらを考え続けたようだ．彼がそれらのことをあなたに話す時，彼はそれを"上ったものは下りてくる"のような容易に思わせるようにした，それでなぜこれまで問題にしていたのだろうかとあなたは不思議に思うであろう．その上，彼は議論に対し常に時間を割いてくれた．この種の人間——フェルミがもうひとりの人であった——はその分野へとてつもなく大きな影響を与えた，そのことについて論文または引用文で出くわすことは無いかもしれないが．

サーバーは，多くの異なる関係下でこの総観サービス (synoptic service) を行った．オッペンハイマーの研究助手として，1936年から1938年にかけてのバークレーにおいて，彼は頻繁にオッペンハイマーの度々の理解しがたい批評 (remarks) を学生たちに解説しなければならず，彼は物理学における広い分野からアドバイスしたものだった．アーバナ (Urbana)[21] から去った1942年7月に，オッペンハイマーは原子爆弾の実行可能性の総合的展望に関する討論討を先導する仕事をサーバーに与えた，その会議はバークレーのオッペンハイマーの事務所で開催された．1943年3月，ニューメキシコ州ロスアラモスに在るまだ未完成の研究所の開所後直ちにサーバーは理論的爆

---

[20] A. Pais and O. Piccioni, "Note on the Decay and Absorption of the $\theta°$," *Physical Review* 100: 1487-89 (1955); K. Landé, L.M. Lederman, and W. Chinowsky, "Observation of Long-Lived Neutral V Particles," *Physical Review* 103: 1901 (1956).

[21] 訳註：　アーバナ：イリノイ大学の所在地．サーバーは1938年から1942年までイリノイ大学物理学部の助教授を勤めた．

弾についての知識を集約した5つの講義録シリーズを渡した，この講義録は1965年に開示され1992年にRichard Rhodesと伴にThe Los Alamos Primerとして出版された[*22]．これらの講義録は疑いなく爆弾開発での最も重要な単一の貢献であった．戦後，バークレーの放射研究所 (Radiation Laboratory) で実験家の便益となるその分野の状況レビューの質問を受けた，そして彼は同様の奉仕をブルックヘヴン，フェルミ研究所，SLACでも続けた．

サーバーが言う

Nuel Pharr Davisの著書 Lawrence and Oppenheimer の中で，サーバーのロスアラモス講義録の節で以下の記述を著者は引用している[*23]：

> 痩身で浅黒く目立たない人物，サーバーは大げさなこと (dramatics) を嫌った．話す時に，のどに在るメサ (mesa) からほこりを払うかのように彼はいつも言葉をつかえ，もどかしげに口ごもったが，彼の主題は一滴の水で正当化するほどトリビアルではないのだ．それにもかかわらず彼は彼の聴衆を持っていた．そこに居合わせた聴衆の1人は "彼は大演説家ではなかった" と語った．"しかし我々に役立つ資料として，最新でオッペンハイマーの理論グループが未カバーのもの全てを持っていた．彼はそれが全て面白くない (cold) ものであることを知っていた，かつ彼が気にかけている全てである"．

この記述の示唆の通り，サーバーのスタイルは，完璧な複雑系を観察し，種々の部分を如何にして一緒にし合致させるのか，そして非公式に，経済的に，ファンファーレ無しにそれを表出することであった．サーバーがプライオリティに興味を持たない刷新者であるだけでなく，彼は教科書に興味を持たない教師でもあった．彼のバークレー講義が同僚により記載された時，彼らは単純に**サーバーが言う：第I巻** (Serber says: Volume I)，**サーバーが言う：第II巻**と呼んだ．"**サーバーが言う**" は，直ちにそれらの広範な知識と形式ばらないやりかたの表現として，実際にサーバーの総観話しのトレードマーク題の種類と成った．彼のAPS（米国物理学会）会長退任講演には"**サーバーが言う：第III巻**" (Serber says: Volume III) と表題が付けられた，1987年に核物理学の彼の講義のコレクションは**サーバーが言う：核物理学とは** (Serber Says:

[*22] Robert Serber, *The Los Alamos Primer: The First Lectures on How to Build an Atomic Bomb*, annotated by Robert Serber, edited with introduction by Richard Rhodes (Berkely: University of California Press, 1992)：今野廣一訳，「ロスアラモス・プライマー：開示教本「原子爆弾製造原理入門」」，丸善プラネット (2015)．

[*23] Nuel Pharr Davis, *Lawrence and Oppenheimer* (New York: Simon and Scientific, 1968), 165.

About Nuclear Physics) の標題で出版された*24. 彼のアプローチは同僚たちと大学院生たちに良く適合していた；彼の完璧な大学院生としての経歴から，彼は決して学部生コースを教えることはなかった.

　科学的個性または物理学的個性というようなものは存在しない. 物理学分野を少しばかり知っているだれもが，種々の温度とタックルする問題の選択と，それらへタックルする方法を身に付けた技能を持ち，様々な手法で働く従事者たちのカラフル (colorful) な範囲を認識している. 複雑さの中から詳細な多様性を把握し，総合的にそれらを組み立て，その結果彼が発見したことに比べて一層単純にそれらを説明するサーバーの能力は同僚たちの間で際立っていた. 彼の同僚たちの多くと際立ったコントラストは，サーバーが恥ずかしがり屋で，謙遜屋であり，彼が信ずるものに固執し，最も普及している流行でさえも拒んだことだ. コロンビア大学物理学部の有名な中華軽食堂 (Chinese lunch) での豪勢な宴会で——学科の一員である T.D. リーが彼らのためにエキゾチックな料理を注文した——中国風堅焼きそば (chow mein) 一品と伴に，サーバーは完全に恥ずかしがらず，かつ幸福に成る事の出来る者の 1 人であった. サーバーは比較的私心のない傍観者としての役割を好んだ. 私が見た彼が明らかに興奮した幾つかの話題の 1 つは，量子力学のコペンハーゲン解釈 (Copenhagen Interpretation)*25だった；それは観測者が現実の世界で役割を演じる. サーバーは大声で反対を唱えた. 物理学は宇宙の始まりより世の中の本質の法則 (laws of nature) のようなものだ，その法則は人間とは独立であるべきと主張した. この主題の議論を入れた草稿について何度も話したものの，自分自身を満足させる方法を見つけ出すことは出来なかった.

様々な出来事

　以下の回想に在る様々な出来事は，控えめな表現で，詳細な差異を見抜く鋭い眼力と真面目な顔してのウイット (dry wit) を伴う予備品で時々殆ど手短な散文と結び付けられている. 他の者にとって一層はっきりとまたは大きな感情的効果を引き起こす出来事に対し，サーバーはクールで冷静にその出来事につきあった：オッペンハイマーとキティー・ペニング (Kitty Puening) との青天の霹靂 (coup de foudre)；サーバーの忠誠心に疑いをかけられた保安聴聞会；妻を誘惑したゲイ；妻の自殺；大型帆走船での世界 1 周の旅に出航してからの痛ましいキティーの死. 乗馬中に起きた

---

*24 Robert Serber, *Serber Says: About Nuclear Physics* (Singapore: World Scientific, 1987).

*25 訳註：　　コペンハーゲン解釈：量子力学の状態は，いくつかの異なる状態の重ね合わせで表現される. このことを，どちらの状態であるとも言及できないと解釈し，観測すると観測値に対応する状態に変化する（波束の収縮が起こる）と解釈する.

シャーロットの事故について述べると，貫通した動脈から泉のように噴き出す血によって血まみれとなったジャケットで地面上に彼女は取り残された，サーバーはそこに居た他の者たちの反応のノートを慎重に止めている——ロバート・オッペンハイマー，フランク・オッペンハイマーとエド・マクミラン——これら反応が互いの人格を表現しているかを．サーバーは記述の衝動を阻止することが出来た．読者はオッペンハイマーの最側近の1人であるサーバーがこの魅惑的な個性に踏み込んだ記述の提供を望むかもしれない，アブラハム・パイス (Abraham Pais) の所見："広大な不確実性がいつも彼の外面の性格の背後に隠れて横たわる傲慢と時折の残忍さは，彼の一生にも彼の成長のいずれにも存在しなかった" との説明は助けになるものかもしれない．互いの配偶者の死亡後にサーバーと同居した魅惑的で気難しい (fascinating and difficult) 気質の人であるキティ・オッペンハイマー自身のニュアンスに富む見解の望みを読者は抱くだろう（パイスは彼女を "彼女の冷酷さ (cruelty) の理由で，私がこれまで会ったことの無い最も見下げた女性 (despicable female) である" と言った）[*26]．サーバーが述べる状況および彼と触れ合った人々は大変変化に富んでいるのだが，彼のトーンは高く狭い幅で終始変わらない．

戦時中の出来事

　最も興味を惹く一節 (passages) は，ロスアラモス，テニアン，日本でのサーバーの戦時中の経験を取り扱った事項だ．サーバーはロスアラモスを去りテニアンに出向いた後，シャーロットに定期的に手紙を送った（2人が長期間離れたのはこれが初めてだった），そしてこれら手紙の大量の一節 (passages) が引用のためにここに在る．サーバーは彼が見たものを述べている（最初の数週間は軍事検閲制度下で書かれたものではあるが）．いつもの様に，彼が会った人でも彼の境遇でも，彼自身および彼の行動でも審査をパスしてしまった．感情を表さずに，これらの記述は，予感させることや，この世紀の道徳的論争の出来事が詰められたものについての多量に記載された道徳非難の無遠慮なトーンに欠いている．幾つかの方法で，このことは彼の記述を効果的にさえしている，道徳非難 (moral condemnation) の熟知と確約が（上質の）道徳距離に我々を置くことで惨事に麻薬をかけることが出来るということで．ここでも，詳細に話すこととドライ・ユーモアを彼の散文に散りばめながらサーバーは，彼自身の単純で冷静な表現に徹している．テニアンを離れる時，沖の海中サンゴ礁の輝く色

[*26] Pais, *Inward Bound* (New York: Oxford University Press, 1988), 367（オッペンハイマーに関する記述）および Pais, *A Tale of Two Continents* (Princeton: Princeton University Press, 1997), 242（キティー・オッペンハイマーに関する記述）．

彩を書き；特別の任務で B-29 爆撃機が滑走路にならんでる光景を"日曜の夜に都市に戻る車のようだ"と書き；廣島の瓦礫の上にポツンと突き出た厚い鉄製事務所の安全を書き；火の玉側が焼けただれ，反対側が正常な放牧馬について書いた．サーバーは離陸時に衝突事故を起こす程に大きな荷重の爆弾を飛行機に搭載することを許可したカーチス・ルメイ (Curtis LeMay) 将軍の決定を，長期にわたる戦争下のアメリカ人の生命を救う理由によるとノートしていることは興味深い，何故ならこの理由は原子爆弾の使用決定に関するサーバー自身の心を映し出しているように思われるからである．

サーバーの回想録と戦後の道徳論争

この小節の抄録は科学 (*The Sciences*) 誌，ニューヨーク科学アカデミー 1995 年夏季号に掲載された，その年は廣島と長崎の上空で原子爆弾が炸裂してから 50 周年に当たっている．これら変遷が困難さを増し，困惑さえも数多く見出されるものと予想されるため，サーバーのために原爆計画上の研究の可能である道徳上の正当化概要を私が起草した，そしてその記事に含まれていた彼の考えを書き留めるために彼に質問した．彼をなだめすかして公然と彼自身の見解を述べるように，私は書いた"そのことは重要なポイントだ"と．"そのことは重要なポイントである"と彼は答え，"かつそれは控えめさによってより良く目的に適うと私は思う"と続けた．この結果，ここにあるように，この抄録の本質的な出現を見た．

この記事に対して幾人かの人々は否定的反応 (negative reactions) を持つと思う．その記事は"あまりにも単調で無感情なので，私の目下の反応はハンナ・アーレント (Hannah Arendt)[*27]の有名な言い回し，'悪魔の平凡な言葉 (the banality of evil)' を思い起こさせる"と 1 人が記載した．他の者は，'巨大な人類の悲劇 (the enormous human tragedy)' への対決に失敗したとしてサーバーを非難した．別の人は，サーバーがニューヨーク科学アカデミーに抗議して辞任しようとしているとアナンスし続けた．廣島への原爆投下に関する"真実"はトルーマンがスターリンを威嚇するためであったと断言し，日本人にとってサーバーは"アドルフ・ヒトラーのために働く SS 隊員"と同類のような者だと，その書簡に記載した[*28]．

これら書簡が示すように，第 2 次世界大戦中に原子爆弾を造る合衆国の努力は 1 種

[*27] 訳註： ハンナ・アーレント (1906-1975)：ドイツ出身の米国の哲学者，思想家．著書の多くは日本語訳されている：『革命について』，『全体主義の起源』，『暴力について』，『人間の条件』，『アーレント政治思想集成』，『政治の約束』など多数にのぼる．

[*28] *The Sciences* (November-December 1995), 3; letter to the editor.

の道徳的なロールシャッハ検査 (Rorschach test)*29になってしまった，その中の意見は，それらを演じる人々の想定を示す傾向を表すものとなっている．原爆の日本人犠牲者にだけモラル思考を計算に入れるべきであると，それら投書者は考えていた，——さらに言うならば，日本人被災者は原爆の機先を制する行動は出来なかったと考えていた．しかしその書簡もまたモラル行為自身の性質に関する基本的な考えさえも示している——言い換えれば，モラル思考の表現を考える抑制された行為はモラル責任の欠如を意味する，と投書者たちは考えていた．

現代感覚において，公衆の大げさな騒ぎに対し，ヴィシュヌ (Vishnu)*30黙示録へのオッペンハイマーの回想，"見よ，私は死に行き，世界の破壊者となる"；そして彼の一言："物理学者たちは罪業 (sin) を知ってしまった" は許される反応だった．対照的に，サーバーの自制心は動揺し続けている．戦争という現実から全く遠く離れている我らの年代者たちは，複雑で多義性を持つ歴史的事件の中に単純な真理を発見出来ると確信していた，そして高いモラルを占有し，感情 (feelings) と動機 (motives) を完全に閉ざすことによる伴い無しでの道徳正義 (ethical) として，その行為を認めることは困難であると見ている．彼の感情とモラル思想を維持することが第 5 回修正 (Fith Amendment) のモラル・バージョンとして顕れている：罪への暗黙の告白 (an implicit admission of guilt)，一緒くたにモラルを考えることに対する欠如，従属の結果 (the result of conformity) と否認への引きこもり (a retreat into denial)*31．

（間違った）民間に普及している神話に従い，マンハッタン計画に含まれるそれら全てが犯罪行為 (guilt) でありかつ自責の念 (remorse) を感じていると，科学歴史家 Spencer Weart が観察していた．1950 年代半ばから，廣島上空で最初の原子爆弾を投下した B-29 爆撃機エノラ・ゲイ (*Enola Gay*) のパイロット，ポール・ティベッツ (Paul W. Tibbets) は爆撃記念日に彼の平穏について詮索するレポーターからの電話を受けた．"ティベッツと彼の乗組員の全員が後悔の念も無しに通常の生活を過ごしていることを学んだ時にレポーターらはガッカリしたように感じられた*32"．ティベッツの真実だったものは，マンハッタン計画の科学者たちの真実でさえあったのだ；少なくとも自由意思での行為，または本能的なふるまいと我々は思う，彼らが全ての人類の名において象徴的に懺悔を双肩に担うことによって，その出来事の参加があたか

---

*29 訳註：　ロールシャッハ検査：不明瞭なインクのしみのような，色々に解釈できる 10 個の図形を示し，それを自由に解釈させて人の性格を分析する心理診断の一方法．
*30 訳註：　ヴィシュヌ：ヒンズー教のヴィシュヌ．世界の維持を司るとされる．
*31 面白いことに，幾つか（結果主義者）の道徳正義 (ethical) 見解の中で，行為者の意図と個人感情は，行為の道徳正義性質と相応し無いと主張されている．
*32 Spencer Weart, *Nuclear Fear* (Cambridge: Harvard University Press, 1988), 197.

も事実それ自身によって (ipso facto) 国民全体の姿に替わってしまった如くのようであった.

サーバーが感じた全ての書き下ろしはこの特集で十分だった．(他の寄与因子は，他の人が上手く言ってしまったことを繰り返し興奮した話題にして彼自身が語ることは彼の性格の範疇の外であったということかもしれない) さらに長い議論は必要無いように思われる：ある人にとって，そのことは合理的な品行の無駄な正当化に見えよう；他の人にとって，擁護出来ないものを守る試みに見えよう．それらは，少なくともこれら将来の見込みそれ自身を吟味する現代道徳予想を実行することに失敗したとサーバーをとがめる者たちであろう．尋常でない人類の結末を伴う事件への参加者が，公的道義心を露呈する社会的責務を持つのであろうか? 彼らにとって理由と感情に関して慎重であることは，モラル的に不条理なのであろうか? そのような経験について記述する人物は冷静さ以上のものであることの義務を持つのか? 直観的現代的感受性は肯定的答えを想定しているその答えに少なくとも論争の余地があるという事実は，道徳の枠組み内のインテリジェンスの欠乏を示すことからほど遠いロバート・サーバーの自制，それに関する我々自身の想定の再調査に挑戦することを示している．

回想録

クレイム・クレジットとして，または点数獲得のために多数の科学論文 (scientific memoirs) が使われている，しかしサーバーの論文はそれらの1つではない．発見を手中にしてサーバーが話す時，クレジットは通常他の者に与えている——例えば，マレイ・ゲルマン (Murray Gell-Mann) のクォーク考案において——ゲルマン自身が既に気付いてたことの役割をサーバーは単に明確にしただけだと．そしてもしもサーバーが獲得するスコアーを持つなら，それはエドワード・テラー (Edward Teller) と伴に持つべきだと．テラーはサーバーと共同で行った水素爆弾 (H-bomb) 開発の実現性に関する報告書を作り変えただけでなく——それをさらに楽観的に作り——オッペンハイマーとフリップ・モリソン (Philip Morrison) と同様にサーバーは "物理学者たちの中で最も極端な左翼の1人" と考えれれるとの実にばかげた声明を作り FBI へ "機密情報" として流したのだった[*33]．(カリフォルニア大学評議委員会によって課せられた議論を呼ぶような忠誠宣誓に喜んで署名する程にサーバーの政治活動はマイルドであった，何故ならそれを深刻とは受け取っていなかったからである．) しかし，モラル性格としてのみ記述可能な人物として，サーバーの生涯の終りまで彼はテラーを

[*33] *J. Robert Oppenheimer FBI Security File: A Microfilm Project* (Wilmington, Del.: Scholarly Resources, 1978), reel 1, file 7.

良き友人として接し続けた.

　多数の科学的回想 (scientific memoirs) はその上，著者の生涯のドラマチックなシーンから始まる；彼の若い時分を振り返る前に，例えばサーバーの同僚，ルイス・アルヴァレ (Luis Alvarez) と伴に廣島の任務に飛ぶ回想から始まる．サーバーは，長崎の任務を去る彼自身の逸話を含ませながら，彼の挿話 (episodes) を多数用いるべきと思われた．しかし彼は頑固にそれを拒絶した．要求 (order) と本来の姿 (integrity) を首尾一貫しようとして，彼は誕生の日付の疑問から始めることを主張した．文節の初めから，彼にとってそのケースを知っていることと，その全てを話すだけでなく，真実に対して厳格さが少なく (less rigorous)，単に形式主義的な基準をもって満足させられたものの物思いにふけることが，彼にとって如何に重要であるのかをこのことは示している．もし回想から希望を持たせることがその人の本心 (sence) なら，本書は見事にこれを成し遂げている．

謝　辞

　Joe Anderson, Henry Barnett, Shirley Barnett, Sam Bono, Patrick Catt, Walter Chudson, Fred Knubel, Roger A. Meade, Priscilla McMillan, Joe Rubino, Robert Sanders, Linda Sandoval, Irene Tramm, Georgia Widden, Lynn Yarris は情報と写真を突き止めるための支援をしてくれた．Laurie M. Brown, Gerald Lucas, John H. Marburger, Stephanie L. Stein, Joseph Weneser には導入部とこの原稿の色々な部分で有益なコメントを頂いた．原稿編集担当の Roy E. Thomas と本書の出版を通じて舵取りをしてくれた Ed Lugenbeel に多くの恩義を受けた．そのことで我々を一緒にしてくれたことに対し，本プロジェクトを支援してくれたブルックヘヴン国立研究所と Michael Tannenbaum に大変感謝している．ロバート・サーバーによる "平和の気晴らし (Peaceful Pastimes)：1930-1950" の別刷は *Annual Review of Nuclear and Particle Science,* Vol.44, 著作権 ©1994 年は Annual Reviews, Inc. の許可により再現された．Robert P. Crease と伴にロバート・サーバーによる "爆弾の実地証人 (Eyewitness to the Bomb)" の別刷は「科学」(*The Sciences*)（7-8 月号，1995 年）の好意により再現された．1967 年 2 月 10 日に Charles Weiner と Gloria Lubkin によるロバート・サーバー・口述歴史インタビュー記録の使用は，ニールス・ボーア文庫，米国物理研究所 (American Institute of Physics), カレッジ・パーク，メリーランド州の好意による．

第Ⅰ部

平　和：PEACE

第1章

フィラデルフィアとマディソン，1909-1934

1.1 生い立ち*¹

　私は1909年3月14日にフィラデルフィア(Philadelphia)*²で生まれた——FBIが後年，初期の原子爆弾実現可能性研究のロバート・オッペンハイマー主任助手としてのトップ・シークレットに関する私の機密委任許可調査をしていた1942年に，私の出生を検証出来なかったと申し立てたのは事実である．彼らは出生証明書を発見出来なかった．公式的には私の雇用主であるシカゴ市内のマンハッタン管区冶金研究所の警備員がこの困難に直面した時，私の書類を机の引き出しに仕舞い込み，それらに関する全てを忘れた．私が機密委任許可証を持っていないと知れ渡る前に6ヵ月間もバークレーでのプロジェクトで働いてしまっていた．警備員が出生証明書の紛失が問題であると私に語った時，私の妹のアリス(Alice)に当たってくれと依頼した，彼女は私よりも若いのだが，家族の歴史に関してより詳しく知っているからと．アリスは出かけて行き，彼女と弟の出生を介した医者を探しだした．年を取り，もうろくし，かつ貧弱な記録保持が今世紀初頭では一般に広く行き渡っていた時代だったが，その

---

*¹ 訳註：　節番号および節見出しは原書になく，日本語版翻訳にあたり付けたものです．
*² 訳註：　フィラデルフィア：1682年，クエーカー教徒のウィリアム・ペンが同志とアメリカに渡来，この地に居住区を建設したのが市の起源．ペンはこの地を古代ギリシア語で「兄弟愛の市」を意味する，フィロス=愛，アデルフォス=兄弟，ア=都市「フィラデルフィア」と命名した．18世紀を通じてフィラデルフィアは北米最大の都市で，アメリカの独立前にはイギリス第二位の都市だった．独立戦争時，州議事堂（現在独立記念館）で大陸会議や独立宣言の起草がおこなわれた．また1790年に合衆国の首都がニューヨーク市からフィラデルフィアに移ってくると，新都ワシントン特別区の建設が一段落する1800年までの10年間合衆国連邦政府の首都だった．

図 1.1　世紀変わり目でのデービッドとローズの結婚写真.

医者が私の出産にも立ち会ったと彼女に話した．彼は遅れて出生証明が発行されたことおよび私の機密委任許可が完全であり効力を発するとの宣誓供述書 (affidavit) に署名してくれた．

　私が 65 歳になり，社会保障資格を得た時，この証明書を社会保障局 (Social Security Administration) に贈ってしまった．彼らは FBI または軍情報局 (Army Intelligence) に比べても明らかに手ごわかった，何故なら彼らは追加確認を行い，1 年後に国勢調査局 (Census Bureau) のフィラデルフィア 1910 年国勢調査 (census) 記録の複写写真 (photostat) を私へ送りつけて来たのだから．そのリストには "デービッド (David) とローズ (Rose)・サーバー (Serber) および幼い息子" と記されていた．3 月 14 日の誕生は信じられるべき事項であった．

　その当時，両親は西フィラデルフィアに住んでいた．私が覚えている最初の家は

1.1 生い立ち

Girard アベニューの近く，フェアモント (Fairmount) 公園[*3]に接する 41 番街に在った．子供の時分，多くの時間を公園の周囲を歩き回って過ごした——スクールキル (Schuylkill) 川の土手沿いと 1876 年のフィラデルフィア独立記念百年祭[*4]の時期に建設された園芸ホール (Horticultural Hall) と記念ホール (Memorial Hall) の中を歩き回った．長い白いあごひげをはやした祖父サーバーは数戸離れた処に住んでいた．私が 5, 6 歳の時，祖父はいつも土曜日に白銅貨（5 セント）をくれた，それで私は角の映画館に行くことが出来た，そこの標準料金は，Pearl White 主演の「パウロの危難」(The Perils of Pauline) のようなシリーズものであった．祖父が 1886 年頃にロシアから移民した時，私の父は 2 歳だった[*5]．エリス島 (Ellis Island)[*6]で彼が幾らか長めの略記法としてサーバー (Serber) の苗字を得た話しを聞いた．母の家族もほぼ同時期にポーランドから来たのだが，母はフィラデルフィアで生まれている．

その後，初めて学校へ通い始めた頃，41 番街と 42 番街の間の Girard アベニューに面した角の家に引っ越した．当時，馬は依然として日常生活での共通部であり，我々は馬に曳かせた氷荷馬車の背後ステップに飛び乗り，学校へ通ったものだった．道すがら，小さな店に立ち寄った，その店では 2 セントで休憩時間の食べ物としてソフト・プレッツェル (soft pretzel)[*7]を買うことが出来た．私は公立学校，Leidy Scool に通った，そこの学級は 1 人の教師と普通で無い場合に 1 名または 2 名加わったのだが，恐らく 50 人を超えない生徒で構成されていた．私が記憶している唯一の通常のカリキュラム（課目）以外は，戦没将兵記念日 (Memorial Day)[*8]である，その時南北

[*3] 訳註： フェアモント公園：フィラデルフィア市営公園システムで 63 の公園から成り面積は 3,700 ha である．米国内で最大の都市型公園の 1 つである．
[*4] 訳註： 独立記念日：1776 年にアメリカ独立宣言が公布されたことを記念して，毎年 7 月 4 日に定められているアメリカ合衆国の祝日．
[*5] 訳註： ロシア革命前史：ロシアでは 1861 年の農奴解放以後も農民の生活向上は穏やかで，封建的な社会体制に対する不満が継続的に存在していた．また 19 世紀末以降の産業革命により工業労働者が増加し，社会主義勢力の影響が浸透していた．これに対し，ロマノフ朝の絶対専制（ツァーリズム）を維持する政府は社会の変化に対し有効な対策を講じることができないでいた．1881 年には皇帝アレクサンドル 2 世が暗殺されるなどテロも頻繁に発生していた．1905 年 1 月には首都サンクトペテルブルグで生活の困窮をツァーリに訴える労働者の請願デモに対し軍隊が発砲し多数の死者を出した（血の日曜日事件）．この年の 9 月にはロシアは日露戦争に敗北している．
[*6] 訳註： エリス島：アッパー・ニューヨーク湾内にある島．アメリカ合衆国移民局が置かれ，19 世紀後半から 60 年あまりのあいだ，ヨーロッパからの移民は必ずこの島からアメリカへ入国した．約 1200 万人から 1700 万人にのぼる移民がエリス島を通過し，アメリカ人の 5 人に 2 人が，エリス島を通ってきた移民を祖先にもつと言われている．
[*7] 訳註： プレッツェル：棒状または結び目状の堅いクラッカー；外側に塩がついていてビールのつまみにする．
[*8] 訳註： 戦没将兵記念日：大部分の州では 5 月 30 日を記念日としたが，1971 年以後 5 月の最終月曜日とし，いずれも一般に休日；もとは南北戦争戦没者の記念日であった．

戦争 (the Civil War)*9 の退役軍人たちは，全員彼らの青色の制服を着て，学校を訪問した．

　私の母，ローズ・フランケル (Rose Frankel) の記憶はほとんど無い．母への最も鮮明な記憶は，私が 5 歳だったころの夜，母が劇場に行く前に私の寝室に来ておやすみなさいとキスしてくれた時である．ドレス・アップしていて母を美しいと思った．私が 6 歳の頃，母は神経系の病 (disease of the nervous system) に伏した．後に，潮風が母を楽にさせるだろうと思い 1 年間アトランティク・シティ (Atlantic City) に我々は転居した，そして私はもう 1 年間をおばと一緒にフィラデルフィアで過ごした，両親はアトランティク・シティに残った．その時期の間，最後の 2 ヵ月は猩紅熱 (scarlet fever) の悪性で倒れてしまった．それは私を近視にし，その後メガネを掛けなければならなくなった．私が両親のもとへ戻って以降，母を日常的に見ることは無かった．母は騒音や光の中に立っていることが出来なかった，それ以来，私は暗くした部屋の

図 1.2　ローズとロバートの写真.

---

*9 訳註：　the Civil War：米国の南北戦争 (1861-1865).

1.1 生い立ち

中で週に 1, 2 回母を見るだけであった．我々，子どもたちは，母をわずらわせまいと，習慣的に静かにし，沈黙を守るようにした．

7 歳の初めの頃，メイン州に在る少年キャンプ場，キャンプ・アルカディア (Arcadia) で夏を過ごした．私が大好きなのは野球，水泳，帆走だった．野球は上手でなかったが，その夏の終わりにキャンプ場の水泳競技で金メダルを得た．キャンプ場は多くの帆走カヌー (canoes) と 1 艘の小型スループ (sloop)*10 を所有していた，私はそこで帆走を学んだ．父からの驚くべき話しを受けたのは，1922 年の夏，弟のウイリアム (William) と一緒にキャンプ場に滞在していた時だった．父は母の死を伝えるためフィラデルフィアから車を運転して来た．その話で我々は泣きじゃくったことを覚えている．

私の父は弁護士だった．陽気で愛想の良い人物で，文学と政治に関心を持ち，地方民主党 (Democratic party) の改革運動に積極的だった．私がやっと読むことが出来る年齢になった時，近所の電柱の全てに父のポスターが貼られていたことを覚えている，父は市議会 (City Council) に立候補したことを意味する．当選するとは期待していない，しかし立候補は我々の地域内の候補者名簿の残りのチャンスを強めてくれるだろうと私に語ってくれた．私が記憶していること——それは私が 6 歳だった時，1915 年だったに違いない——父は世界大戦 (World War) 中の誰が善人で誰が悪人であるかの説明を私に試みた，最後に私に質問し，私が間違った答えをしてしまった時，非常に困惑してしまった．1 年後，1916 年 11 月のある朝，ウイルソン (Wilson) が当選したとのニュースを父は電話で受け取り驚いていたことを覚えている，昨晩までは父はヒューズ (Hughes) が当選すると私に語っていたのだったから；昨夜遅くに行われたカリフォルニアの投票が逆転劇を生じさせたのだと説明してくれた．私が高校生の時分，ペンシルベニア大学構内の正しく隣り，Woodlawn と Walnut に在る，父所有のホテル，バートラム (Bartrum) に我々は住んでいた．我々は良いテーブル・マナーを学んだ；正式な晩餐室で燕尾服のウエイターの給仕で食事をした．当時，父はロシアの貿易会社，Amtorg のアメリカ人弁護士だった．そして毎日，朝食には新鮮なキャビア (caviar) が出されたものだった．

妹のアリス (Alice) は 2 歳下，弟のウイリアム (William) はさらに 1 歳下である．アリスが生物学研究室で蛙の解剖を求められた時，ペンシルベニア大学を辞めた——それから，彼女は驚くべきことに，医療技師と成る道へ進んだ．彼が決心するまでは陳腐な貧しい芸術家，同時にアリスとの結婚を望み，決して偉大な画家となることのなかった Robert Carlen と妹が結婚した．彼は素晴らしい趣味と完璧な芸術の

---

*10 訳註：　スループ：1 本マストの縦帆船の一種．

知識を有していた．請求者の無い放棄物品の一掃が行われるフィラデルフィア税関 (Philadelphia Customs House) でのオークションに出向き，ジャーマン・プリント地の旅行用大鞄 (trunk) を 200 ドルで買い，驚いたことにそれを 10,000 ドルで売った．この資産で，彼は家族と芸術ギャラリーを立派に固めることが出来た．彼は最も著名な画家エドワード・ヒックス (Edward Hicks)[*11]の発見者として有名である．インディアン協定を締結したウィリアム・ペン (William Penn)[*12]を描いたヒックスの絵が国務省 (State Department) の条約室 (Treaty Room) 内に貸し出され，長年掲げられていた．

弟のウイリアムは放射線研究者 (radiologist) となった．有名なフィラデルフィア不動産業者の娘，ジェーン・グリーンベルグ (Jane Greenberg) と彼は結婚した．第2次世界大戦中，彼は軍医療部隊で奉仕し，その後多くのフィラデルフィア病院での癌治療専門医となった．長年，フィラデルフィア・ジェネラル病院 (Philadelphia General Hospital) での放射線治療の主任であった．閉鎖された時，彼はハーネマン (Hahnemann)[*13]に行き，そこでは放射線腫瘍部門 (radiation oncology department) のスタッフだった．1996 年に引退しようとしたものの，3 週間後には諦めてしまった．彼は 84 歳になっても仕事を続けている．

1922 年の時，スプリング庭園 (Spring Garden) 近くのブロード通り (Broad Street) に面する中央高校 (Central High School) に入学し，技術者になろうと私は考えていた．私のおじ，レスター・ゴールドスミス (Lester Goldsmith) はアトランティック精製会社 (Atlantic Refining Company) の主任技師だった，彼は私をその方向へ導いた．私は正規の学究課程を取らずに，むしろ "工業技術" (industrial arts) と呼ばれたものを取った．それは，工業製図，鍛冶屋，鋳型制作，家具製作，機械組立を伴う職業教

[*11] 訳註： エドワード・ヒックス (1780-1849)：アメリカのフォーク・アート画家，敬虔なクエーカー教徒．ペンシルベニア州バックス郡で生まれた．彼の最も有名な絵はおよそ 62 のヴァージョンが現存する『平和の王国』で，それはイザヤ書第 11 章にある「狼さえも子羊と住まい，豹は子供の横に伏し，子牛，若き獅子，肥畜も集い，幼き子が彼らを導く」という句を描いたものである．さらにその絵の多くは，その背景に，ペンシルベニア州創設の時のウィリアム・ペンとレナペ族との間に結ばれた有名な協約を表現している．

[*12] 訳註： ウィリアム・ペン (1644-1718)：イギリスの植民地だった現在のアメリカ合衆国にフィラデルフィア市を建設しペンシルベニア州を整備した人物である．ペンが示した民主主義重視は，アメリカ合衆国憲法に影響を与えた．

[*13] 訳註： ドレクセル大学 (Drexel University)：フィラデルフィアに本部を置くアメリカ合衆国の私立大学である．1891 年に創立された．1983 年に全米の大学で初めて全学生にコンピュータを持つことを義務付け，ハイテク教育の最先端に位置してきた．そのため工学色の強い大学であったが，2002 年に MCP ハーネマン大学と一体化し医学部，2006 年に法学部，そして 2008 年にはカリフォルニア州サクラメントに大学院キャンパスの設置に至り，近年は総合大学色を強めている．

1.1 生い立ち

育であったが，物理学，化学，数学，英語，フランス語も相当な量を教育された．

当時，中央高校は格別なフィラデルフィア教育施設であった．学生たちは市の全ての地域から集まった，その標準教育は高等学校よりも公立単科大学 (community college) と比べられる水準であった．学究コースの卒業生は学術士号 (BA degree) を受けた，工業技術の卒業生は理学士号 (BS degree) を受けた．科学教師の殆んどはフランクリン協会 (Franklin Institute)[*14]と関係していた，実際にも有能だった．物理学コースは確かに標準の大学コースと等しいものであった．

高校時代ではアル・パリ (Al Paris) とハリー・ジンマー (Harry Zimmer) という特別な友人がいた．アルはフランス人だった；彼の家族はつい最近この土地に来て，彼が中央高校を卒業すると彼と彼の家族はフランスに戻った．戦後，彼へ手紙を出した，彼は生き残りリール (Lille) に住んでいた，結婚していて大学年齢の息子がいた．ハリー・ジンマーは私と同時期にリーハイ (Lehigh)[*15]に入学したのだが，離れてしまった．通信隊の大佐となり，太平洋上の島で戦死したことを戦後に聞いた．

私が新入生の年に，欠席が多かったために体育 (gym) の単位を落としてしまった．午後の間中，追試験のために来ざるを得なくなった．その追試験中，インストラクターの 1 人が身体訓練課程へ私の興味を起こさせてくれた，私はその標準動作の全てを学んだ．ハリー・ジンマーもまた興味を持ち，我々は一緒にドイツ・体操クラブ (German gymnastics club), Philadelphia Turngemein に加わった，そして週に 2 ないし 3 回の晩を体操クラスで過ごした．合理的で良好な大きな振りを行い，ポイントを稼いだ．数年の後，戦後にフランク・オッペンハイマー宅で行われたバークレーの新年の前夜パーティーで，ルイス・アルヴァレ (Luis Alvarez)[*16]と私は共に体育家

[*14] 訳註： フランクリン協会 (Franklin Institute):非営利団体で科学・技術の啓蒙，普及を目的として活発な活動を行っている；フィラデルフィアに科学博物館と科学教育と研究開発センターを有している．政治家，外交官，物理学者であるベンジャミン・フランクリン (1706-1790) の名誉を称えて名付けられた．ベンジャミン・フランクリン (Benjamin Franklin) は 1776 年，アメリカ独立宣言の起草委員となり，トーマス・ジェファーソンらと共に最初に署名した 5 人の政治家のうちの 1 人となった．

[*15] 訳註： リーハイ (Lehigh) 大学:ペンシルベニア州ベスレヘムに在る 1865 年創立の私立総合大学．工学・応用理学部，文理学部，経営・経済学部，教育学部の 4 つからなる．全米で常に 50 位以内にランクされる大学である．Serber が入学した時代には単科大学 (college) であった．

[*16] 訳註： ルイス・アルヴァレ (1911-1988)：サンフランシスコ生まれ，シカゴ大学で学位取得．1945 年カリフォルニア大学教授．1943-1944 年にはマンハッタン計画に参加，Alvarez は自分自身の手で決定的な技術的転換に寄与した，プルトニウムの周りのその表面に等空間で置かれた 32 点の高爆発ブロック殻を同時に爆裂させる方法，二十面体の 20 の正六角形面の中心と十二面体の 12 の正五角形面とを交互に関連させ，その 32 点を表す．核兵器の高爆発殻は同じ表面配置を持っている──五角形と六角形を交互に──サッカーのボールのように．爆発ブロックに埋め込んだ導火細線への放電で爆破させるために，Alvarez は高電圧コンデンサーを用いた．1968 年水素泡箱による素

図 1.3 中央高校 1926 年報より；"Al" はアル・パリ (Al Paris)，青年時代の友人．

(gymnasts) であったことが分かった．それは少しばかり酒を飲んだ後だった，フランクの居室に横たわっている構造用鉄棒を立派な水平棒にした．他の客たちの沢山の笑いと警告の中で，我々のスキルを見せようと努めた．

私は学校の水泳チームに属していた．飛び込みが好きだった，しかしそれには充分に適応出来なかったので最後には 100 と 200 ヤード (182 m) の平泳ぎ (breaststroke) を行っていた．私が年長組の年，中央高校水泳チームは全国高等学校大会 (National High School championship) で優勝した，その成就への私の寄与は微々たるものであった，また私が全国記録に達したことは無かった．

16 歳となるとすぐに自動車免許を取得し，数年後の間に大変無謀な運転者になった．他の車が交通信号から私を打ち負かさせないように努めた．振り返って見ると，重大な事故には決して遭遇し無かった．最初に売り出された 1 年後にクライスラー (Chrysler) を父が購入した；人々にスポーツカータイプの車と思われていた．我々の自動車許可ナンバーは A14 だった．当時，特別なナンバーを購入出来なかった，しかし敵対見物人によって容易に覚えられることは不利であるとの政治的地位 (political pull) の標識であった．私が 16 歳で 1 歳年下のいとこのダビッド (David) が訊ねて来

粒子の共鳴状態に関する研究によりノーベル物理学賞を受賞．1980 年地質学者である息子のウォルターと白亜紀から第三紀の境界の粘土層に含まれるイリジウムの濃度が高いことを見出し，隕石衝突による大量絶滅の説を発表した．

図 1.4 大学時代，机に座る若い学生（1920 年代の終り）.

た時，私に運転を教えてほしいとねだった．市道の向こう側に車が無い道を見つけ，彼はハンドルを握った．2, 3 分後，我々の前方に駐車料金機の脇の道端にたたずむオートバイ警察官を発見した．ダビッドが叫んだ "どうしようか?"．私は言った "このまま進め"．勿論，彼は学習許可免許を持っていなかったし怖がっていた．彼は，オートバイをかする結果を導いた程に警察官を注目し続けた．バック・ミラーを眺め，警官が大きく口を開いていたのを見た，そしてオートバイは溝の中へ横倒しされた．ダビッドが叫んだ "どうしようか?"．私が言った "急げ! (Step on it)"．私の足を彼の近くに伸ばし，アクセルを踏んだ．ある理由から——多分オートバイの故障かまたは単に 2 人の子供に同情したのか——その警察官は我々の追跡をしてこなかった．

1.2 大学での生活

私は 1926 年に中央高校を卒業した．おじの忠告に従い，良好な技術者の学校であるペンシルベニア州ベスレヘム (Bethlehem) に在るリーハイに入った．学生として，私は内気 (quiet) で孤独であったし，時々無邪気であどけなかった (naive)．クラスでの最初の日，掲示版注意書きから化学実験室の部屋と机の割当を読み取りそこに行くと，空っぽの教室を発見した．チョットばかり奇妙に思ったが，装置類は全てそこに在った，私の実験本には私が思ったことが書かれていたので，素直に実験を始めた．

第 2 日目も同じことが起きた，学期 (semester) の休みまで続けた——人っ子 1 人も姿を見せなかった，常に自分 1 人で研究を続けた，そしてそのことに疑問を持つことは無かった．クラスの最後の日，私の割当を終えて，周りを見ることにした．隣の部屋の中に，せわしげに活動している研究室を見た．インストラクター（講師）のもとへ行き，半年間の学期研究報告書の沢山のノート束を彼に渡した．彼は驚いた様子で私を見た，私が学期の全てを行ってしまった場所を彼に知らしめた．勿論，他の誰もがそうしていると思っていた，そして明らかに最初の掲示版の転記が不正確だった，そしてそのことに気付く心を持たなかった唯一の 1 人だった．私が彼に話している時，信じられないと彼は頭を振ったが，私の実験報告書を認めた．それらは全て正しかったに違いない，何故なら 1 学年の期末に，新入生クラスの中で最高水準平均の賞を獲得した．その賞品は素敵な茶色の革製ケースに入った計算尺 (slide rule) だった，その表面には私の名前が大きな黒文字でプリントされていた．私は今でも机の上にそれを置いている：その計算尺は長年の間，計算するのに使われた，ロスアラモスにも持って行った，当時までに，重要な問題には Monroe 机上計算機を使っていたのではあるが．

リーハイでの 1 学年の期末に，エンジニアリング学生は多くを望む工学の特定学科を決めなければならなかった．私のおじと同じように機械技術者になることを意図していたが，工学コースよりも純粋科学コースを望んでいることが自分でも分かった．新しいカリキュラム，物理工学 (Engineering Physics) と呼ばれる，が丁度 1 年前に設立されていた，そして私はそれを選択した．1 つは，新しいということの優位性である，要求事項は良く確定されているものでは無かった，コースの要求事項はそんなに多くも無かった．私が興味を持つものに集中する自由が有った——その最も興味有るものは物理学，化学と数学だった．我々は標準物理学カリキュラムの全てを受けた——力学，光学，熱力学，音響学，電気学，磁気学——そして上学年の終りは，原子物理学コースだった．それには旧量子理論 (old quantum theory) を含むと私は予測していた——プランク (Plank)，ボーア原子 (Bohr atom) と光電子効果 (photoelectric effect)．新しい量子力学 (new quantum mechanics)——デイラック (Dirac)，ハイゼンベルク (Heisenberug)，シュレディンガー (Schrödinger) の研究——は私が年長学年 (senior) であった時より，たったの 3 年前の出来ごとだった．

新入生学年中，私は水泳チームに属していた，しかしその後まで続けなかった．ベスレヘムはフィラデルフィアからたった 6 マイル (9.65 km) 離れているだけで，家に帰るのに容易なリーディング鉄道 (Reading Railroad) には感謝している．その結果，ベスレヘムでの社会生活を多く持つことは無かった．私が思い起こす唯一の出来ごとは，私の同級生の 1 人の父親がベスレヘム鉄鋼会社 (Bethlehem Steel Company) の取

図 1.5 モリス・レオフ (Moris Leof), シャーロットの父である "322" の主人.

締役だったので，取締役たちのためのベスレヘムに在るギャンブル・ハウスで賭けをし，昼食のために我々はそこに出かけ，黒パン (rye) の上のキャビアやバミューダタマネギ (Bermuda onion) サンドウイッチを楽しんだ．

1.3 フィラデルフィア物語*17

　私が高校生の時，窯業家，壁画家で陶芸家のフランシス・レオフ (Frances Leof) と父は再婚した．私の継母のおじはフィラデルフィアの有名なドクターだった，モリス・レオフ (Morris V. Leof) という名の一般開業医はカリスマ的人物だった，彼はロシアで生まれ，世紀が替わる前に合衆国へ移民し，322 南 16 番通りに 4 階建ての褐色砂岩の邸宅を持っていた．彼の専門のオフィスは 1 階にあった，大きな居室，食堂，台所は 2 階にあり，寝室は 3 階と 4 階にあった．
　我々が言う "322" はフィラデルフィアの若い作家や芸術家たちへの 1 種のサロンだった，殆んどはレオフ (Leof) の子供たちの興味から，一部は多分レオフ (Leof) 夫人——ジェニー (Jenny)——の興味から 12 の聖餐テーブル・セットを常に用意した，

---

*17 訳註： フィラデルフィア物語 (Philadelphia story)：1940 年制作のアメリカ映画．同名のブロードウェイ劇の映画化作品．フィラデルフィア上流階級の令嬢トレイシーは，石炭会社の重役であるジョージとの結婚を控えていた．そんな彼女の前に現れたのは，2 年前にけんか別れした前夫デクスター……．

第 1 章　フィラデルフィアとマディソン，1909-1934

　誰かがディナーに紛れ込む場合を考えて．Leof（レオフ）家の子供たちの最年長はマデリーン（Madelin）("Madi")，自由契約のジャーナリストで意欲的作家 (aspiring novelist) だった．彼女は同時に記事をタイプしながら，全く異なる話題を話すことが出来る特別な才能を持っていた，後に計算機言語でタイム・シェアリング (time-sharing：時分割) として知られるようになった手法である．彼女は 1901 年に生まれ，1928 年にサム・ブリッツスタイン（Sam Blitzstein）と結婚した，彼は個人銀行のオーナーでアメリカの作曲家，マーク・ブリッツスタイン（Marc Blitzstein）[*18]の父となった．Madi の 4 歳下の弟ミルトン（Milton）("Mick") と彼の妻 Sabina ("Tibi"，弁護士）はレオフ邸の 4 階に住んでいた．彼は歯科医でかつ相当非凡 (exceptional) だった，なぜならフィラデルフィア交響楽団の木管楽器部 (woodwind section) の全員が彼のサービスを受けていた——彼らたちは本気で歯を必要としている人たちだったのだから．1911 年に生まれた最年少の子供，シャーロット（Charlotte）は Madi の 10 歳下だった．私が初めて会ったのは，彼女が女子高校（Girl's High）に通っていた時だった，その後，彼女はペンシルベニア大学へ通った．彼女は深い，印象的な目と，ページボーイスタイル[*19]の断髪した黒髪を持ち，明るく，愛らしくかつ知性の持ち主だった．数年後，作家のハーコン・シュヴァリエ（Haakon Chevalier）[*20]は彼女を短編ロマ

[*18] 訳註：　　マーク・ブリッツスタイン (1905-1964)：アメリカ合衆国の作曲家．オーソン・ウエルズが演出したミュージカル『ゆりかごは揺れる』の脚本・音楽で知られている．第二次世界大戦中は，アメリカ空軍に勤務し，空軍制作映画の音楽を担当したり，ロンドンのアメリカラジオ放送でディレクターを務めたりした．この経験をもとに 1946 年に交響曲『空輸』を作曲した．彼はマルクス主義者の劇作家ベルトルト・ブレヒトとも親交があり，クルト・ワイル作曲の『三文オペラ』の英訳を行っている．しかし 1958 年，彼は下院非米活動委員会に召喚され，1949 年までアメリカ共産党に加入していた前歴や挑戦的な態度が問題視された．

[*19] 訳註：　　ページボーイスタイル (page-boy haircut)：肩までたらした髪の先を内巻にした女性の髪型．

[*20] 訳註：　　1930 年代の彼（オッペンハイマー）の新しい友人で，ハーコン・シュヴァリエという，バークレーの教授でフランス文学の翻訳家には，オッペンハイマーの独特の風貌が鮮明な記憶として残っている [p.85]（『原子爆弾の誕生 下』啓学出版より）．
　　　　　　この間，FBI はアメリカ人にも目を光らせている．ある晩，戦争が始まってほどないころ，オッペンハイマーは車でハーコン・シュヴァリエの自宅を訪ねた．シュヴァリエは同じ大学の教授であり，友人でもある．それを 1 ブロック先から見つめていたのがふたりの FBI 捜査官である．シュヴァリエが共産党員であり，政治討論のための集会を催していることを捜査官は知っていた．もちろん，共産党員だからといって法律に反するわけではない．だが，たとえアメリカ人でも共産党員であれば，ソビエトに忠誠心を抱いてもおかしくないように思えた．共産党員であることと，忠実なアメリカ市民であることが両立できるのか．それは無理だと FBI は考えていた．だからシュヴァリエのように共産党員であることがわかっている人物については，その友人や同僚にも特別な注意を向けていたのである．1941 年，FBI はオッペンハイマーを監視の対象に加えた [p.43]（『原爆を盗め！』(2015) 紀伊国屋書店より）．

1.3 フィラデルフィア物語　　　　　　　　　　　　　　　　　　　　　　　　　　　　　　　　　　　　　　　15

ンとして区分された "神となる男" (The Man Who Would be God.) の中で "ちっちゃな小鳥のようだ" と述べた. "彼女は本当は可愛くないのだ, 何故なら彼女がそうであるべき魅力として彼女自身を操る手法を持っているからだ" と記述した.

　週末の晩, 弟のビリー (Billy)[21]と私は, レオフ兄弟姉妹たちと一緒にブロード通りに在る Horn & Hardart へよく出かけたものだった. 大恐慌 (Depression days) 時代, Horn & Hardart は安価な食事の中心レストランだった, そこではコーヒー 1 杯だけで数時間の車座を続け, 一種のボヘミアンのたまり場になった. 我々はまた週末の多くの時を 322 の居室で過ごし, 政治的なものから芸術までのあらゆる範囲の活気にあふれる話しを聞いた. 人々がちょっと訊ねてきた. 訪問者した著名人の中には, 脚本家のクリフォード・オデット (Clifford Odets), 彼はそこで彼の劇の幾つかを朗読した, やジャーナリストの I.F. ストーン (Stone) たちがいた. 他の 2 人の 322 の常連 (habitués) はジャン・ロイスマン (Jean Roisman) とハリー・カーニッツ (Harry Kurnitz)[22]だった. ジャンは詩人で後にリベラル弁護士レオナルド・ボーディン (Leonard Boudin) と結婚した, そして札付きのテロリストのキャシー・ボーデン (Kathy Boudin) の母となった. カーニッツに関しては, つまらない盗みから音楽批評までの多才能な男であった. もしレオフ夫人が彼女の寝室に 20 ドル紙幣の入った財布を置いて来た時にカーニッツが家に居たならば, 紛失してしまう可能性が高い. 彼はまた公立図書館で安全カミソリの刃 (razor blade) で本のページを切り取る癖を持っていた. 彼は彼の作品 "アグヌスネスデイ (神の子羊：Agnus Dei)" とサインしたフィアデルフィアのレジャー (Ledger) 新聞[23]のためリーハイでバッハ (Bach) 祭をカバーし, ペンネーム "マルコ・ペイジ (Marco Page)" を使って完全に成功した 2 篇の小説を書いた. 彼は後に指揮者レオポルド・ストコフスキー (Leopold Stokowski)[24]の娘と結婚した. その時までに私はロスアラモスに居た, 彼はハリウッド (Hollywood) に移り, Thin Man シリーズの 1 つ[25]および彼自身の推理小説の脚色, Once More, with Feeling, これは深夜テレビで今でも放送されている, が含まれる数多くのシナリオを

---

[21] 訳註：　　　William の短縮愛称；Will, Willie, Bill, Billy など.
[22] 訳註：　　　ハリー・カーニッツ：おしゃれ泥棒 (1966), 暗闇でドッキリ (1964), 情婦 (1957), 影なき男の影 (1941) の映画の脚本を担当した.
[23] 訳註：　　　レジャー紙；フィラデルフィア, ペンシルベニアで発行された日刊紙 (1836-1942)：Public Ledger 紙のことである.
[24] 訳註：　　　レオポルド・ストコフスキー (1882-1977)：20 世紀における個性的な指揮者の 1 人. イギリスのロンドンに生まれ, 主にアメリカで活躍した. 1912 年にフィラデルフィア管弦楽団の常任指揮者に就任, 以来 1940 年にいたるまでその地位を守った. フィラデルフィア管弦楽団を世界一流のアンサンブルに育てた. その後は全米青年管弦楽団 (1940-1941), ニューヨークシティ管弦楽団 (1944-) やアメリカ交響楽団 (1962-) といったオーケストラを創設した.
[25] 訳註：　　　影無き男の影 (Shadow of the Thin man).

16　　　　　　　　　第 1 章　フィラデルフィアとマディソン，1909-1934

図 1.6　シャーロットの姉，マデリーン (Madelin)（"Madi"）と夫のサム・ブリッツスタイン (Sam Blitzstein)．

書いた．どの様な往来だったか思い出せないが，ジァン (Jean) とハリー (Harry) に伴われて有名な物理学者ウオルファング・パウリ (Wolfang Pauli) と夫人が 322 に来邸し，週末のプリンストン訪問へ彼らを招待した．就寝時刻になった時，フランカ・パウリ (Franca Pauli) はジァンに伴われて寝室へ；数分後にウオルファングはハリーに伴われて同じ寝室へ消えた．客たちはお互いを見て驚いたことであろう——パウリたちは保証されてない独占を持つことになった——しかしホストたちをまごつかせるよりもむしろそれをパウリたちは我慢した．

　リーハイでの初学年の間に，私は 75 ドルで T 型フォード (Model T Ford) を購入し，フィラデルフィアへの週末帰省に使った．全ての T 型と同様に，フロントに立ち，スタートするようクランクを回さねばならなかった．車はそれ自身の癖を備えていた．しばらくすると，クラッチ・バンドが擦り切れ，伝動ギアを持っていたので，もはや真のニュトラルに戻らなかった．クランクでエンジンをスタートさせた時，車は直ちに前へ動き出した．ラジエターの表面を両手でおさえながら，横から飛び乗り，すれちがいざまに運転席へ飛び込んだ．しかしながら，結局最後には新しいクラッチ・バンド装着法を学ばなければならなかった．その他の癖（トリック）はタイヤ投げだった．我々は路を下っていた，その乗り物 (ride) が突然大きく揺れた，そしてチョット横の方へハンドル（運転ホイール）を取られた．それはタイヤがリムから離れたことを意味した，そしてそのタイヤが我々の前の路を下っていくのを見た．そ

1.3 フィラデルフィア物語

れは停止して，タイヤを追いかけ，再装着し，再度動き出すことを意味した．

　暫らくしてからまた，オイル・パンのガスケットから漏れが生じ始めた，私はオイルのレベルの確認を全く記憶していなかった．それで運転を続けていたが，突然あたかも急な坂を上り始めたかのように感じた．自動車は緩やかにぎしぎしこすりながら停止した，そしてフードの下から煙が湧きでて来た．フードを開けた時，エンジン・ブロックはサクランボ色の赤に (cherry red) 輝いていた．しばらくじっとしていて，それを冷やした，そして次のガス・ステーションまで行き，オイルを継ぎ足した．このようにモデル T 型フォードは素晴らしい車だった；そのようなインシデント (incidents) が相当な害を及ぼしたとは思えなかった．

　私がカレッジ (college) 学生の時，わたしのおじ Lester はいくらかの夏季の仕事（ジョブ）をくれた．第 1 番目はフィラデルフィア・ガス工場での仕事だった，そこで私は通信販売部門の梱包スタッフとして従事した．その仕事に関する注目すべきことは，我々に金貨で支払われたことだった．2 週間毎に我々は現金出納係の前に並び，そこには映画館内であなたが見かけるような 1 種の両替機 (change dispenser) が在った．我々は支払票を差し出し，出納係はボタンを押し，金貨と銀貨を小さな金属皿に滑り込ませた．

　次の夏には，配管取りつけを学びながらの配管工助手として石油精製工場での仕事を得た．第 3 番目の夏は更に興味深かった．おじの Lester がアトランティック精製会社のタンカーでの仕事をくれた．フィラデルフィアからテキサス州のコーパスクリスティー (Corpus Christi) へ航海し，北上してノバスコシア (Nova Scotia)，セント・ローレンス川 (St. Lawrence River) へ，モントリオール (Montreal) へ南下，そこでオイルを供給し，その後フィラデルフィアへ戻った．私の仕事は火夫 (fireman) だった，機関室のシフトに就き，時間毎に交替でボイラーのバーナーを掃除した．それはホット (hot) な仕事だった．通風機 (ventilator) が止まるや否や，温度は約 140 度 (60°C) にもなった．しかし，2 ヵ月もの間水夫もどきになれたことが愉快であった．最後の夏，それは卒業後の夏であるが，私はとうとう，ブルックリンに在るスペリー・ジャイロスコープ会社 (Sperry Gyroscope Company)[*26] で幾分現実的責任を伴う仕事についた．初日，私を研究室に連れて入り，仕事の委任について話した男が私のボスだった．彼の机の上に電動モーターと電池に繋げた拳大のジャイロスコープが置かれていた．彼はジャイロを持ちあげ，私に話した "さあ，今から半時間あまり，熱的平衡になるまで待とう"．半時間後，彼はジャイロ軸を水平位置へ回し，その心棒 (axle) の

[*26] 訳註：　スペリー (Elmer Ambrose Sperry)：米国の技術者・発明家；ジャイロスコープを発明 (1860-1930)．

端に近接する金属製ポインターを調節 (aligned) した ("さて，何が起こるかを待って見てみよう")．2時間後，その間にジャイロは数度ドリフトしていた，彼はそれを止め，ポインターを再調節して再び起動し，2時間を超すまで待とう，と私に告げた．それを3日間続けた——我々2人はジャイロを起動し，彼は時々それを再調節した．3日目の朝，青服の男たちが来て，私のボスを精神病院 (nuthouse) に連れ去った，そして私は彼の職 (position) についた．

我々が使っていたその装置 (apparatus) は石油井戸の探査のために用いる装置だった．ジャイロは井戸の奥まで下げられ，決まった方向に留まることで，紙テープ上での井戸の傾きと方向を記録するものだ．私が学んだことは，その主な使用目的が法的適合であること．彼らの地所 (property) の端近くにドリルを埋め込み，ドリルをずっと掘り下げ，隣の所有権上の油田に入り込む角度のドリルの方向を変えるくさび (wedge) を付ける，それらが掘削者たちの共通の業務であったようだ．この闘いで，敵対するパーティー (offended party) は石油井調査の裁判官命令を得ようとするものだった．短期間で，非常に良く働くものを得た，そして予測通りの動きをした；その大きな要素は手順が簡略で，より頑丈な部品が取りつけられていたことによる．それで私はフィールドでの実験を行うためルイジアナ (Louisiana) へ下った．それは大そう愉快だった，プロペラ駆動のボートでバイユー (bayous)[*27]の周りを乗り回し，掘削パイプをデリック (derricks) で上げ下ろしをした．ブルックリンに戻った時，スペリーの方々は極めて熱心に私をスペリーの仕事に就けるように誘ってくれた．しかしながら，最後の年に，私の教師たちは大学院へ行くべきだと勧めてくれていた，その言葉が私には魅力的だった，そして教師たちはウィスコンシン大学[*28]の教育助手職 (teaching assistantship) を見つけてくれた，私は喜んでそれを受け入れた．そこで私はスペリー入社を断り，ウィスコンシン州マディソンへと去った．

1.4 大学院での生活

私は幸運だった：大恐慌 (the Depression) が深まり，1930年は教育助手職 (teaching assistantship) またはその他の職を得ることが出来た最後の年だったからだ．私は他

[*27] 訳註： バイユー：(米南部) 大河の支流・湖からのよどんだ流れ・河口・入江．
[*28] 訳註： ウィスコンシン大学マディソン校：ウィスコンシン州マディソンに本部を置くアメリカ合衆国の州立大学である．1849年に設置された．マディソン校はウィスコンシン大学システムの中核校であり，20以上の学部を擁する総合大学である．同大学は，「パブリックアイビー」と呼ばれ，ウィスコンシン州屈指の研究機関として高く評価されている．博士課程まで進む学生が多く，大学パフォーマンス評価センターの2006年調査によれば，博士授与者 (Ph.D.) の人数は全米6位である．卒業生には，ノーベル賞受賞者11名を擁する．

1.4 大学院での生活

図 1.7　ジョン・ヴァン・ヴレック (1899-1980)，ウィスコンシン大学を 1920 年卒業，ハーバード大学より 1922 年に Ph.D. を取得，磁気の量子力学の発展に寄与した．ハーバードに去る前ウィスコンシンで教鞭を取った (1928-1934)，そこで彼は物理学科長となっている．

の路においても幸運だった．アメリカの大学の中で物理学が進んでいることに対する知識に全く無知であった；リーハイの教師たちが推薦した処へ応募し，ウィスコンシンへ行った，何故なら私の仕事を提供してくれたからである．私は，ジョン・ヴァン・ヴレック (John Van Vleck) の指導下（彼は 1975 年にノーベル賞を受賞），素晴ら

しい物理学者で教師であり，かつ親切で思いやりのある男を発見したのだ．"ヴァン"は，Edwin C. Kemble の学生として 1922 年にハーバードで Ph.D. を取得し，1928 年にウィスコンシンへ着任し，彼の世代においてヨーロッパでは無く，アメリカ国内で訓練された数少ない者の 1 人であった．当時，彼は通常階下のオフィスに居た，我々の問題を彼に話すために何時でも下りて来なさいと明確に指示してくれていた；週に 1 ないし 2 回，誰もが正しいことを行っているのを確認するために我々のオフィスを歩き回った．当時の国内での最も素晴らしく興味深い学校の 1 つをウィスコンシンが作ってくれた，もう 1 つのファクターが，多くがニューヨークからの利発な青年たちで占められた Alexander Meiklejoh's 実験カレッジ (Experimental College) の存在であった．

教育助手職で年 800 ドルを得た，大恐慌価格で，我々は大きな困難さも無く生活が出来た．学生会館 (Student Union) での夕食費は 35 セントで，深夜のハンバーガーは 5 セント白銅貨で買えた．冬場の会館の中が 30 度 ($-1°C$) 以下の時は，幾らか問題が生じた．私は教育助手職のオードリィ・シャープ (Audley Sharpe) と同部屋だった，彼は大学の地震学者も兼ねていた．我々の最初のアパートメントには全く暖房設備が無かった：我々の階下に住む家主は，燃料によりもむしろ我々の食べ物のために月 25 ドルを使うことを好んだ．我々はそこで睡眠を取ったが，スターリング・ホール――勉強を動機づけさせる配置の部屋――の中の暖かいオフィス内で起きている間を過ごさねばならなかった．時折，我々はイタリア人街のもぐり酒場 (speakeasy)[*29]で赤ワインを飲んでくつろいだものだった――それらは禁酒法時代 (Prohibition days) のことだ．我々は時々化学科の友人をおだてて幾らかのアルコールを巻き上げ，それに水を加えて我々が "パンサー・ピス (panther piss)[*30]" と呼ぶものをこしらえた．後に，我々は居室に石炭ストーブの在るアパートを手に入れた；依然として，台所のテーブルへ夕方に置き忘れた茶のカップが朝までには凍りつくしまつであったのだが．

極端な冬の気候は幾らかの償いをもたらした．エレガントなあられを伴う嵐 (hailstones) だけでなく，小さなテーブルまたは半インチ幅の六角形の頂点，厚さ 1/8 インチで高さ半インチの六角軸 (stem) を持つ様式化されたマッシュルームのように見えるオーロラが時々現われた．しかし素晴らしい光景は幻日 (sun dogs)[*31]と他の不可解な現象の 1 つ，それは冬の正午 (one winter noon) の展覧会 (exhibition) だった．太陽は水平線上約 20 度だった．輪の中で，水平線の周りに各々 30 度に実際の太陽と

[*29] 訳註： speakeasy：（米俗）禁酒法実施中 (1920-1933) のもぐり酒場．
[*30] 訳註： panther piss：ピューマの小便．
[*31] 訳註： 地平線近くに現れる小さな虹．太陽と同じ高度の太陽から離れた位置に光が見える大気光学現象のこと．

1.4 大学院での生活

同じ輝きの太陽の像があった．それらの連結が白い水平の帯だった．各々から火柱は地面に達し，虹は天頂に昇った．他の虹のパターンは空に輪を描いた．その光景はある時間で終わった——それが 15 分だったのか，半時間だったのか，今となっては答えることが出来ない．その午後遅く，オードリィと私は図書館に行き，気象学の本の中に古い銅版刷りの復刻版を見つけた，それは我々が見たものとまるきりそっくりなもの (dead ringer) だった．そのキャプテンは，"1753 年に南極地方 (Antarctic) で捕鯨船長によって報告された如く" と語っていた．

私が着くや否や，体験も説明も無しに私は教育物理学研究室へ放り込まれた．私の最初の割当は "家政学" (Home Ec) の女性科だった．幸運だったのは最初のトラウマから私を救ってくれた若い専任講師（インストラクター）によって教育される似たような科の研究室を我々は共有した．彼は大変賢いと感じたものだが，後に彼が教えた初めてのカレッジのクラスであることが分かった．彼の名はリーランド・ハワース (Leland Haworth) と言った．研究報告書を私に見せようと持ってきた少女への特別な思い出がある，彼女は奇妙なへま又はそのようなことをしでかした．私の素朴なふるまいから，大きな声でそのことで笑ってしまった，勿論彼女の気持ちを傷つけた．リーは私の脇に立ち，頭をものすごく振り，私にそんなことをしてはいけないと語った．後に，リーはブルックヘヴン国立研究所長，原子力委員長，アメリカ国立科学財団 (National Science Foundation) 会長として彼の才能を人事管理に用いることになる．

1930 年秋に私がウイスコンシン大学に到着した時，ヴァン・ヴレック (John Van Vleck) は実際には居なかった；彼はセメスターでヨーロッパへ出かけていた，そこでソルベー会議 (Solvay Conference)*32 に出席してた．戻った後，彼は量子力学のコース

---

*32 訳註：　ソルベー会議：無水炭酸ナトリウムの製造法（ソルベー法）を開発し，特許料で莫大な資産を得たエルネスト・ソルベーとヴォルター・ネルンストが，1911 年に初めて開催した一連の物理学に関する会議．1つのテーマに絞って 3 年ごとに現在でも開催されている．最も有名な会議は 1927 年に開催された第 5 回ソルベー会議で，主題は「電子と光子」であり，世界中の高名な物理学者が定式化されたばかりの量子力学について議論を交わした．同年にウエルナー・ハイゼンベルクによって不確定性原理が導かれ，量子力学の解釈を巡る激しい議論が繰り広げられたのもこの時期である．1930 年の第 6 回ソルベー会議での主題は「磁性」であった．この会議では，位置と運動量の不確定性 ($\Delta x \cdot \Delta p \simeq h$) と同様に，時間とエネルギーの不確定性 ($\Delta t \cdot \Delta E \simeq h$) があるかどうかが議論されたとき，アインシュタインはこの不確定性があり得ないことを示す実験を提案した．一晩考え抜いたボーアは，質量を測るためには重力が必要で，シャッターを上下させることによって重力場中を上下すれば一般相対性理論で時間も変化するので $\Delta t \cdot \Delta E \simeq h$ となってしまう，と反論した．1933 年の第 7 回の主題は「原子核の構造と性質」であった．戦後の 1948 年の第 8 回の主題は「素粒子」で，1951 年の第 9 回は「固体」，1954 年の第 10 回は「金属中の電子」，1958 年の第 11 回は「宇宙の構造と進化」であった．

を組んだ，そこでその主題に私が初めて接することになった．ヴァンのコースは過去の量子力学原理を扱ったもので，原子と分子問題への適用に絞ったものだった．私は沢山のことを学び，彼の古典書電磁気感受率 (Electric and Magnetic Susceptibilities) のゲラ刷り校正から，ヴァンの良きふるまいを見て沢山得るものがあった．

最初の1年でPh.D.を得たものは皆無だった．もしあなたが教育助手職を得たなら，学位論文を終了させることは無いだろう：それを得たとしても仕事は無いのだから．新しい教育助手職は無かったので，次の年は古い仲間と伴に始まった．ヴァンは親切にも先進量子力学 (Advance Quantum Mechanics) を，その次の年には先進量子力学 II を講義してくれた．

4年の間，エマヌエル・ピオレ (Emanuel Piore) ("マニー (Manny)") と同じオフィスを共有していた．マニーはハリー・ガーグソン (Harry Gerguson) という名のおじの話しで私を楽しませてくれた，彼のおじはマイク・ロマノフ (Mike Romanoff) の仮名 (pseudonym) で良く知られていた——ミヒャエル・アレクサンドロビッチ・デミトリ・オボレンスキー・ロマノフ (Michael Alexandrovitch Dimitry Obolensky Romanoff) 大公——ニューヨーカー紙が1932年に5部構成のプロフィールで追ったのが彼である．ロマノフは魅力的で，愉快な人物で，かつ富豪から遠のいていた．彼はトランス・アトランティック・ライナーでのファースト・クラス乗車は止めていた，そして常に移民局とのトラブルに巻き込まれた．過って，エリス島に抑留されていた時分，2人の移民局官の監禁から上陸許可が出るようにと当局を説得した．彼は彼らをナイトクラブに連れだって行き，彼らに飲ませ，姿をくらましたものだった．裕福な時，彼はマニーに気前がよかった，そして破産が起きた時，マニーの母である妹の家に滞在した．後に，ガーグソンは有名なハリウッドのレストラン，ロマノフズ (Romanoff's) を設立した．第2次世界大戦後，マニーは大学の物理研究に融資する海軍研究事務所 (Office of Naval Reserch) 長となった，さらに後に IBM の研究担当副社長となり，そこの理事会の会長となった．

ウィスコンシンでは，それと専任講師（インストラクター）のラグナー・ローレソン (Rangnar Rollefson)，彼は大戦後に物理部長となった；アメリア・Z・フランク (Amelia Z. Frank)，彼女は私が授与されたと同じ頃に学位を取得した．彼女は学士取得の唯一の大学院生女性物理学者であった；その分野での女性の立場は，現在の状況に比べれば当時は決して良かったとは言えなかった．アメリアは後にユージン・ウィグナー (Eugene Wigner) が1936年にそこに現れた時に，彼の最初の妻となった，しかしその後すぐに亡くなった．2人のコモンウエルス・フェロー (Commonwealth Fellows) が居た——その奨学制度は英国のローズ・給費生 (Rhodes Scholars) と同等である——ヴァンと一緒に研究するために来ていた；ロバート・シュラプ (Robert

1.4 大学院での生活

Shlapp) と言うスコットランド人，彼はついにはエジンバラで教えることになった，もう 1 人はビル・ペニー (Bill Penney)，彼は後に英国使節団としてロスアラモスの一員となり，1945 年 9 月に廣島と長崎での損害調査研究のため私と一緒に日本へ向かった．彼は英国原子力企業への戦後の奉仕によりナイト爵に叙され，最後にはペニー卿 (Lord Penney) と成った．卒業前の学生たちの中には，ウィスコンシンに留まり Ph.D. を 1937 年に取得したドン・カースト (Don Kerst) (彼と私は後にイリノイで共同研究を行った) や，ファン・デ・グラフス (Van de Graaffs)[*33]の世界の一流の専門家の 1 人となったレイ・ハーブ (Ray Herb) が居た．

ウィスコンシンの数学科は物理学者が直接使えるコースを与えるというユニークさが在った；大学院数学コースは通常，未熟な数学者のみに対して設計されている．コロンビアの物理学者 T.D. リー (Lee)[*34]が数学者と物理学者間の関係を例証する設計についての物語を語っている．奇妙な町中で数日後，汚れた衣服を束ねた男がホテルを去り，ランドリーを探して通りを下った．窓に "ここはランドリー実施済み (Laundry Done Here)" のサインを掲げた店の前に来た．彼は店の中に入り，その束をカウンターの上に置き，"何時頃に出来あがりますか？" と訊ねる．その店員が答える，"我々はランドリーを行いません"．"しかし窓のサインが……？"．"我々はサインをペイントしたのです"．

幸いにもウィスコンシンでは物事は異なっていた．私はルドルフ・レンジャー (Rudolph Langer) とワレン・ウエバー (Warren Weaver) の数学コースを受けた．後にハーバードへ移ったレンジャーは微分方程式，偏微分方程式と積分方程式を教えた——我々が必要とする丁度その通りに．我々はワレン・ウエバーの確率論のコースを受けた，彼は後にロックフェラー財団自然科学部門のディレクターとなった．最初の日，ウエバーは "起こりそうもない出来ごとが毎日起こっている: Improbable things happen every day." と言って講義を始めた．彼の電磁気コースは満足と言える程ではなかった；物理学に費やすべき時間を彼の数学的な興味の観点から脱線してしまう傾向が強かった．ウエバーとマックス・メイソン (Max Mason) の共著で出版したばかりの "電磁界: *The Electromagnetic Field*" を彼は教科書として我々に徹底的に試した．

[*33] 訳註： ファン・デ・グラフス加速器 (静電高圧発生装置；ベルト機電機): 1931 年に R.J. van de Graaff によって最初につくられた．先のとがったものは放電を起こしやすい性質と，導体球または中空球はそれ自身の電圧とは無関係にいくらでも電荷を受け取ることができる性質を利用したもの．

[*34] 訳註： T.D. リー：T.D. リーと C.N. ヤンは，弱い相互作用においてパリティが破れているとしてもそれまでの実験結果と矛盾しないことを指摘，さらにこの仮説を検証するために 2,3 の実験を提唱した (1956)．これらの実験は直ちに行われ，原子核の β 崩壊と π 中間子の崩壊においてパリティが破れていることが確認された (1957)．

24　　　　　　　　　　　　　第 1 章　フィラデルフィアとマディソン，1909-1934

　我々は勿論自身でも学力増進に努めた．私はディラックの本を読んだ，我々の多くは E.T. Whittaker と G.N. Watson の "現代解析のコース：*A Course of Modern Analysis*" 受けた．ビル・ペニーは運動論 (kinetic theory) と水力学 (hydrodynamics) の非公式なコースを設けて教えてくれた．

　アーネスト・ラザフォード (Ernest Rutherford) の義理の息子である R.H. ファウラー (Fowler)[*35]がケンブリッジのキャベンディッシュ研究所からしばらくの間訪れ，我々に量子統計力学の幾つかを講義した．学部長のチャールズ・メンデホール (Charles Mendenhall)[*36]の光学コースを受講した，取り分け重要なのは "Mendy"（彼）は全くベクトル記号を学ばなかったという事実だった．彼はデカルト座標 (Cartesian coordinates) でマクスウエル方程式を講義の半分の時間を費やして黒板に書き出した．1932 年，中性子の発見で我々は興奮した，そしてそれに対する幾つかのセミナーが開かれた．しかしウィスコンシンで原子物理学 (nuclear physics) を真剣に研究している人は皆無だった．

　ある人物がヴァンに算術計算を行う機械型計算機をくれた．それは約 30 インチ (76 cm) × 18 インチ (45.7 cm) の装置で机の高さになる脚を持って設置されていた．それは数字をセットするがっちりとした真鍮製の手の込んだ渦巻きと大きなクランクであり，前面に単語 *Millionaire*（百万長者）が刻まれていた．それは私が使用した最初の機械だった．数年前にマディソン通りにある IBM ビルで計算機の歴史展示会が開催され，私はそこで窓の 1 つに在る百万長者を見た．

　1931 年の秋，ウィスコンシン・フットボール・チームがペンシルベニア大学とアウエーで試合した．どちらが勝ったか覚えていないが，ペンシルベニア大学を応援したシャーロット・レオフが私へノートを送るのにその機会を利用した．2 年間彼女と

[*35] 訳註：　　　電界放出を最初に観測したのはアメリカのウッド (Robert Williams Wood: 1868-1955) で，1897 年のことであった．電子論的説明は 1928 年にイギリスのファウラー (Ralf Howard Fowler: 1889-1944) とドイツ生まれのノルトハイム (Lothar Wolfgang Nordheim) によってなされた．

[*36] 訳註：　　　チャールズ・メンデホール (1872-1935)：彼の父 Thomas Corwin Mendenhall は物理学者で東京帝国大学物理学教授として招聘された．両親と伴に 6 歳に来日し 3 年間を日本で過ごした．父のポストは明治政府が外国人のために用意した 4 つのうちの 1 つであった．他の 3 つのポストは土木工学の W.S. Chaplin（チャップリン），哲学の E.F. Fenollosa（フェノロサ），動物学の E.S. Morse（モース）が赴任した．日本文化に触れた彼は生涯を通じて日本美術品の収集と日本人の政治的手腕と外交術に関心を持ち続けた．1898 年に Johns Hopkins University より Ph.D. を取得．1901 年に R.W. Wood の招聘要請を受けて Johns Hopkins を去り光学の専門家として University of Wisconsin へ移る．1904 年に准教授，1905 年に教授となり，1917-20 年の戦争期間にワシントンで仕事をした以外，亡くなるまでウィスコンシンの教授であり，かつ 1926 年以降，物理学部長であった．彼の終生変わらぬ関心は，高温物体からの光学的放射と高温測定法 (pyrometry) である（Biographical Memoir of Charles Elwood Mendenhall by J.H. Van Vleck, National Academy of Science (1936) より）．

1.4 大学院での生活

は話しをしていなかったが，文通を始めた．1932年の夏，実家へ帰った時に彼女と再び会った．シャーロットは1932年のクリスマス休暇にマディソンを訪れた．彼女が滞在していた間にヴァン・ヴレック夫妻がシャーロットと私をディナーに招待してくれた．ヴァン・ヴレックは蒸気機関車の熱狂的ファンだった，ヴァンは彼女が乗ったフィラデルフィアからの汽車が給水のために何処で何回停車したのかと彼女にしつこく詰問した時，シャーロットにとって全く興味が無く，ディナーのテーブルで適当に対応することさえ全く出来なかった．

シャーロットがペンシルベニア大学を卒業した1933年の春，彼女と私は結婚した．それはプライベートなセレモニーだった．私の父は私たちを市公会堂 (City Hall) に連れて行き，父の友人である判事に引き合わせた．私の妹アリスが唯一の立会人だった．セレモニーが終り，父は判事と握手をし，彼にそっとウイスキー1本を差し出した，それは禁酒法下で違法行為だった，しかし当時の道徳的習慣 (mores) の象徴であった．我々のハネムーンはアトランティック・シティ[*37]のボードウォーク（海岸遊歩道：Boardwalk）に面したブレーカーズ・ホテル (Breakers Hotel)[*38]での週末だった．その日は本当にロマンチックだった——レオフ一族のMadiとジェーン・ロイズマン，同様にマイク (Mick) とTibiは我々の室内であたかも居候のようにふるまった．それから我々はマディソン内の月25ドルのアパートメントへ引っ越した．その年は，シャーロットは自由寄稿ジャーナリストの姉Madiをまねて，ボストン・グローブ (Boston Globe) 紙やセントルイス・ポスト・ディスパッチ (St. Louis Post Dispatch) 紙のような全国流通日曜特集版や日刊新聞紙に物語を売り込んだ．フランク・ロイド・ライト (F.L. Wright)[*39]の邸宅，タリアセン (Taliesin)[*40]，そこに彼は建築学校を所有していた，で彼へのインタビューを行った．ライトは不親切さで有名だったし，威圧的な態度を取っていた：彼はシャーロットを面前に座らせ，彼の周りを1ダースの学生たちで取り囲ませた．彼女が質問すると，答えてくれそうな学生を名指しした．

1年目の終りの前にヴァンは私に研究を開始させた．それは，当時の学部卒業の学

[*37] 訳註： アトランティック・シティ：ニュージャージー州アトランティック郡に位置する観光都市である．1976年にはギャンブルを合法化，現在では同国ネバダ州ラスベガスと並び，カジノが多く存在する都市である．ラスベガス同様，家族向けのリゾート地を目指している．

[*38] 訳註： breaker：1. 波浪，2. 破砕者，3. 破岩機，4. 水樽．

[*39] 訳註： F.L. Wright (1867-1959)：アメリカの建築家．ウィスコンシン州に牧師の父ウイリアム・ライトと母アンナの間の第1子として生まれた．ウィスコンシン大学マディソン校土木科を中途退学した後，シカゴへ移り住んだ．建築事務所で働き1893年に独立して事務所を構えた．日本国内に現存する作品としては，帝国ホテル，自由学園明日館，旧林愛作邸などがある．アメリカ大陸に多くの建築作品がある．

[*40] 訳註： タリアセン：F.L. Wrightが1925年からウィスコンシン州Spring Greenの近くに建てた別荘兼建築学校．

生に対し無謀なタイミング (heady time) であった；量子力学が新しいブランドと成り，研究の課題はありあまるほど (a dime a dozen) 存在していた．その場かぎりの様式でのみ時々解釈されていた物理学の 1 世紀が，今現在，理論的な措置への原理化が受け入れられる際中であった．分子理論と原子理論のどの対象 (subject) も再吟味しなければならなかった．彼が私に与えた課題は，磁場下で生じる光線の回転偏光のファラディー効果 (Faraday effect)[*41]への量子力学の適用であった．初めて参加した米国物理学会 (APS) 会合，それはいつもシカゴで開催される 1931 年の感謝祭会合だった，で私はその研究を報告した．シカゴ大学物理学建屋で行われたその会合には多数の参加者が詰めかけた；約 150 名の参加人数，そして誰もがそれらの発表を聞こうとして 1 部屋へ集まった．私は終えることが出来なくて 10 分間の制限時間をオーバーしてしまった時，当惑してしまったことを覚えている．座長が私に止めるように求めた，しかし私の困惑さを見て，誰かが私にさらに 5 分間の延長を許すようにと言ってくれて，それが認められた．その年に私は米国物理学会に加入した．1931 年――正しく大恐慌の年――に，米国物理学会はたった 13 名の新加入者をむかえた．

私の研究を論文に纏め，U.S. 物理学会誌の筆頭誌である *Physical Review* 誌に投稿するようにとヴァンは私に言った．次年の春 (1932 年)，ファラディー効果の最初の草稿を彼に渡した，彼は読み，修正し，私にそれを返した．各々の方程式の間の余白に，$ サインと，*Physical Review* 誌が方程式のタイプ組にどの程度コストがかかるかとの図を書き込んでいた．当時，ヴァンは *Physical Review* 誌の編集委員会の委員であり，それらのことが念頭にあったのだ．読者自身で計算するように数式を少しばかり残して，極めて少ないカットだけで論文を纏めることが出来た．

1932 年 9 月のある日，ヴァンはリプリントの束を与えて量子力学クラスを始めた――丁度発行されたばかりの私の *Physical Review* 誌の論文のリプリント，"分子中のファラディー効果の理論" (The Theory of the Faraday Effect in Molecules)（論文 1）であり，それはどういうわけか彼に送られたものだった．彼は私に誇らしげに渡してくれた，その間クラス員は拍手喝さいし，彼へ署名入りの 1 つを渡すように求めた．まごつき，不器用に，その通常でない謝辞について彼に質問した．彼が "著者より謹呈" (With the compliments of the author) と答えた．私はその言葉を正確に書き下ろし，その後は私の記述が若干暖かくなるように "感謝を込めて" (with gratitude) を付け加えるようにしている．

[*41] 訳註： ファラディー回転：磁場の加えられたプラズマの中を直接偏波の電磁波が磁場に沿って伝播するとき，プラズマに入射する前とプラズマから出たあとで，偏波方向が磁場方向を軸として回転する現象．回転角が磁場の強さに依存することから，プラズマ中の磁場測定に応用される．

1.4 大学院での生活

その古い *Physical Review* 論文でスペクトルを示した図は，測光器 (photometer) の連続カーブによって 30 年後にポルカープ・クーシュ (Polykarp Kusch) が検証した "ファラディー効果" 論文の中のスペクトル帯の 1 つの章となっていた[*42]．電子出版以前において，再生産の品質は充分な程良好で，そのような測定を誰もが実際に行うことが出来た．

私は 1934 年に Ph.D. を取得するまでに，半ダースの論文を出版した（論文 1 から論文 6）．カー効果 (Kerr effect)[*43] の古典的理論に量子力学を適用することが私の次のテーマであった，電場に入った光線が速度の異なる 2 つの光線に分かれる現象である（論文 2）．その研究の途中で，所与温度での統計学的平均を計算する技法を開発し，直ちに出版した論文にてそれが解るように説明した（論文 3）．これは置換群を助けるため多電子システムのエネルギー水準計算として一般化されたディラック法を追従したものである（論文 4）．この研究をヴァンに示した時，彼は同じことを試み失敗したと告げ，驚いていた．論文 5 と論文 6 は化学物理学誌 *Journal of Chemical Physics* に掲載された "置換退縮を伴う問題の解" (The Solution of Problems Involving Permutation Degeneracy)[*44] と "炭化水素分子のエネルギー" (The Energies of Hydrocarbon Molecules)[*45] である．米国化学学会会合での講演の招待要請状を数多く受け取ったが，私の化学者としての限られた資格証明を認識しており，それらを断るに充分なほど私は用心深かった．

1934 年，ヴァンは彼の量子力学クラス，私自身もそのクラスの一員だった，を引き継ぐように要請された時，大学院生に教えた私の最初の経験だった，一方，彼は学期（半年）(semester) の一部としてスタンフォードに出かけた．彼は散乱理論の N.F. Mott と H.S. Massey の本のコピーを私に与えて，その話題を教えるようにと私に話した．それは私にとって全く新しいものだった．毎日，前夜に学んだものを，出かけて行ってクラスで話したものだった．

4 年間，ウィスコンシンで Ph.D. を取得した者が居たとの記憶は無い．誰も我々をけり出すことはしなかった．仕事が無いことが我々の修了の誘因を抱かせなかった，誰もが引き延ばしを図っていた．しかし，私は 1934 年に学位を取得した．その最終

[*42] Kusch, P., *Journal of Molecular Spectroscopy* 11: 385 (1963).
[*43] 訳註： カー効果：静電場内の等方性の透明物質が，電場方向に光軸をもつ単軸結晶と同様の屈折を起こさせる現象を電気的カー効果，または電気複屈折という．1875 年に J. Kerr が発見した．
[*44] 訳註： 縮退 (degeneracy)：縮重ともいい，一般に線形関係の存在による自由度の減少，あるいはいくつかの自由度に対応する量が同等の関係になることをいう．
[*45] 訳註： 炭化水素：炭素と水素だけから成る化合物の総称．炭素原子の連なり方によって鎖式炭化水素と環式炭化水素とに大別される．

第 1 章　フィラデルフィアとマディソン，1909-1934

諮問で私は困惑した時を過ごすことになった．最初の質問は，私の学位の題に関するもので，ヴァンが私に話しをして渡してくれた私の論文の題名を思い出すことが出来なかった．

米国学術研究協議会給費研究員 (National Research Council Fellowship) を授与されたことで，私は学位を取得したのだった．その NRCF は基本的に 1,200 ドルの奨学金を運んでくれた．国内の理論物理学で支給されるのは，たった 5 箇所だけであった．私は今もその刻印された支給証明楯を持っている，その証明楯はすばらしい証書だ：アメリカの物理学，数学および化学のおえら方 (big shots) からなる選抜委員会メンバーによる署名がされていた．40 年後にそれを見たイジドール・ラビが言った，"彼らは自身の手中からパワーを解き放そうとしなかった輩たちだ"．それは A. Flexner, Oswald Veblen, Charles S. Mendenhall, Robert A. Millikan, George D. Birkhoff, E.P. Kohler, Karl T. Compton, F.G. Keyes, F.W. Willard, Gilbert A. Bliss と Roger Adams が署名していた．

ヴァンは私を学位授与式に出席させた．60 年間で私は他に 2 回だけ出席した（私の息子の 1 学年から 12 学年の修業式を除いて）：1 つはリーハイから名誉学位を受けた時ともう 1 つはマレイ・ゲルマン (Murray Gell-Mann) がコロンビア大学から学位を授与された時，彼に付き添ったからだ．しかし 1996 年，さらに 2 回参加した：息子 Zach（ザチャ）のコロンビア・カレッジの卒業式と，その 2 日後にウィスコンシン大学から科学名誉博士号を授与された時である．

アメリカの他の大学で何が行われているのか，当時の私は無知だった．ヴァンは私にプリンストンのウイグナー (Wigner) のところで給費研究員となるようにと勧めた，それで私は NRC にその選択結果を連絡した．1 学期（半年）後，シャーロットと私はマディソンで購入した黄褐色ナッシュ・ロードスター (roadster) の中古車に我々の身の回り品の全てを積み込み，東部に向かって走り始めた．

道の途中のアナーバー (Ann Arbor) で車を止め，ミシガン大学で開催されている著名な夏季物理学校に出席した．この夏季学校は，著名な欧州物理学者たちの交流の場として，数年前にオランダの物理学者のサム・ゴーズミット (Sam Goudsmit)[*46]とジョージ・ウーレンベック (George Uhlenbeck)[*47]により設立され，新しい量子力学を

[*46] 訳註： サミュエル・ゴーズミット (1902-1978)：1925 年にジョージ・ウーレンベックとともに電子のスピンを発見したことが有名である．オランダのハーグにユダヤ系の家庭に生まれる．1927 年にアメリカに帰化し，ミシガン大学に勤めた．第二次世界大戦中は MIT の技術研究所でレーダーの研究をした．

[*47] 訳註： ジョージ・ウーレンベック (1900-1988)：オランダの植民地だったジャワ島で生まれた．ライデン大学ではポール・エーレンフェストの元で，量子力学を学んだ．1927 年，結婚した後，ミ

合衆国へ流入する上で重要な役割を果たした．私にとって，その夏季学校は重要だった，何故なら我々はウィスコンシンで相当に孤立していたからだった．この場所で私は多くの初対面者に紹介され，沢山の新しいアイデアを，物理理論の最前線のアイデア，取り分けデイラック方程式の場の理論における困難性について紹介された．しかし，私にとって最も重要なことは，アナーバーがロバート・オッペンハイマー (J. Robert Oppenheimer) と初めて会った場所となったことだ．

シガン大学で職を得た．1943 年から 1945 年の間は MIT でレーダー研究のグループで働いた．戦後はミシガン大学に戻り，その後プリンストン大学，ミシガン大学，ロックフェラー研究所で研究した．

第 2 章

バークレーとパサデナ，1934-1938

2.1 オッペンハイマーの下での物理研究[*1]

　1934 年夏，ロバート・オッペンハイマー (J. Robert Oppenheimer) は 30 歳——明るい青目とふさふさとした黒髪を持つ長身で，痩せた堅苦しい男だった．頭の回転が速く，彼の話は能弁であったため，全ての聴衆をほぼ支配してしまった．彼は天才だ，かつ大変魅力的だった．アナーバーでのその夏，彼に魅了されてしまった——"飲み物" とはレモネードであると解かったパーティーで一寸ばかり我々は知り合いになった——そして私の米国学術研究協議会給費研究員資格で彼の下で過ごす望みに変えた．NRC がその変更を認めてくれたなら了承する，と彼は言った．

　オッペンハイマーは 1925 年にハーバードを卒業，1927 年にゲッチンゲン (Göttingen) で Ph.D. を取得した．2 年間，ライデンとチューリッヒでポスドクとして過ごした．ライデンでニックネーム "オッペ" (Opje) を身に付け，それは 1934 年まで使用し続けた．2 年後までには，それはアメリカ風に "オッピー" (Oppie) となった．1940 年の結婚後，彼の妻キティー (Kitty) は "ロバート" (Robert) を使うようにと言い張った．しかし私への手紙の署名は常に "Opje" だった．1929 年にカリフォルニア大学バークレー（そこでは理論物理学助教授）とパサデナに在るカリフォルニア工科大学 (California Institute of Technology)（そこでは准教授）[*2]の共同指名を受けて合衆国へ

[*1] 訳註： 節番号および節見出しは原書になく，日本語版翻訳にあたり付けたものです．
[*2] 訳註： 米国の大学教員の序列は下から講師 (instructor)，助教授 (assistant professor)，准教授 (associate professor)，教授 (professor) の 4 段階に分かれている．

第 2 章　バークレーとパサデナ，1934-1938

図 2.1　ロバート・オッペンハイマー (1904-1967)，ハーバード大学を 1925 年に卒業，当時の多くの輝ける U.S. 物理学者たちと同様，欧州に渡り 1927 年ゲッチンゲン大学から Ph.D. を授与される．1927-28 年ハーバードとカルテックの米国研究員だった．1929 年，カリホルニア大学バークレーとパサデナに在るカリフォルニア工科大学からの共同指名を受けた．1942 年にロスアラモス科学研究所を立ち上げ，1943 年に所長に指名された．1946-1952 年に亘り米国原子力委員会の一般諮問委員会委員長だった．1954 年に彼への安全保障リスクの告発が成され，政府プロジェクトから締め出された．1946-1966 年，ニュージャージーのプリンストン高等研究所の所長であった（写真はカリフォルニア大学バークレーの好意による）．

帰国した．彼はバークレーに理論物理学の学校を確立させた，私が行くことを希望したのはその学校だった．

　アナーバーでの夏季講義の終りに，シャーロットと私はナッシュに乗り，我々の家

2.1 オッペンハイマーの下での物理研究

族訪問計画通りに東部への旅を続けた．フィラデルフィアに到着した時，ワシントンの米国学術研究協議会 (NRC) 事務所へ電話し，プリンストンからバークレーへの変更が可能かと質問した．彼らは，もしウイグナー (Wigner) が合意するなら，この変更は申し分ないと言ってくれた．私がプリンストン物理学部に電話すると，ウイグナーはヨーロッパに居り，数カ月間滞在すると話してくれた，そして多分私が彼と一緒に研究したいと応募していることさえ知らないだろうと言った．私は NRC に電話をかけ直すと，彼らはプリンストンの他かの誰かの合意が得られるならその変更を許すと言ってくれた．

暑い夏の午後，シャーロットと私はフィラデルフィアからプリンストンへドライブした，勿論のこと，街中に物理学部の者はひとっこ一人居なかった．秘書の 1 人がエド・コンドン，もう 1 人の著名な物理学教授がニュー・ホープ (New Hope) に夏季別荘を持っていると話してくれた，そこはたった数マイル離れている処だった．我々はその場所を容易に見つけ出し，前庭芝生のリンゴの木の下で飲み物を手にして腰掛けているエドを見つけた．もし彼が私の年齢だったなら多分オッピーと一緒に研究するために行くだろう，と語って，私を祝福してくれた．

それで，8 月に中古のナッシュ・ロードスターを再びぐるっと回しバークレーへ向けて西部へと車を進めた．我々はその旅を殆んど成し遂げた；バークレーから 13 マイル (21 km) 手前，カリフォルニア州ロデオ (Rodeo) でナッシュは故障してしまった．我々はオッピーの事務所に電話しエド・ユーリング (Ed Uehling) とつながった，彼はその年にオッピーと一緒の研究を選択したもう 1 人の米国学術研究協議会給費研究員であった．エドは我々と手回り品を車に乗せ，ナッシュは修理のためにそこに残して出発した．

エドは我々を大学に連れて行った，それは 9 月初めで，既に学期の 2 週間が過ぎていた．彼はメルバ・フイリップ (Melba Phillips) (数年後に彼女は Melber と改名した) に我々を紹介した，彼女は我々の住む場所を探すための手助けを自主的にしてくれた．1 年前に Ph.D. を授与されたメルバは，オッピーの最初の博士課程の学生だった，そして現在は物理学部の専任講師（インストラクター）だ．我々が到着するちょっと前に，その 2 人は広まった悪評物語で困惑していた．その物語によれば，バークレーの警察官がバークレーの丘の上で，車の中で熟睡しているメルバを発見した．彼らが彼女を起こした時，オッピーが運転し，丘の上まで彼女を連れ出した，彼に何が起きたのか解からないと答えた．調査の末，学部クラブ (Faculty Club) の彼の部屋で寝ているオッペンハイマーを彼らは発見した，彼が歩いて家に帰り，——彼女と彼の車のことに関する全てを忘れて——ベッドに入って眠りに就いたことは確かだった．この物語は世界中の新聞で忘れん坊の教授噺ジャンルの古典として採り上げられた；オッ

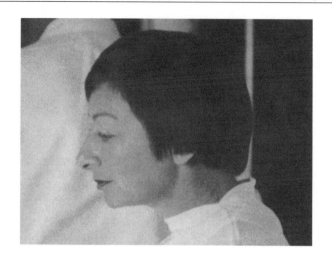

図 2.2 シャーロット・レオフ・サーバー (写真はヘンリー・バネットの好意による).

ピーの弟,フランク (Frank) は英国のケンブリッジでその記事を読んだ.オッピーはそれについて従来通り少々弁解ぎみだった.彼のバージョンは,歩いて家まで帰るから,メルバが車を運転して戻すようにと話したのだが,彼女は居眠りしていて彼の話しを聞いていなかった,ということだった.

メルバは数時間を割いてくれ,我々は成功の当ても無くバークレーの周りの全てのアパートメントを探し回った.後に,我々は実際の不動産仲介者に行き,そこで充分に満足できる 2 階の部屋を見つけ出した.その部屋を手に入れることで合意した後,階段を下っているとき,我々と出くわしたのがメルバだった,後で解かったことだが彼女は 1 階に部屋を借りていた.彼女のプライバシーの自然な認識から,彼女自身の部屋がある家の空き部屋を我々に示さなかったのだ.彼女とは結構きまりの悪い思いをしたが,我々とは良き友達となった.

大学で,バークレーに到着した後の日に,オッピーは実に理論物理学のハーメルンの笛吹き (Pied Piper)*3 そのものであることが解かった.その年の全国の理論物理学専攻 NRC 給費研究員の 5 名の中で 3 人がバークレーに居ることを選択したのだっ

---

*3 訳註: ハーメルンの笛吹き:(ドイツ伝説) ねずみの来襲に困っていた Hameln の町から,笛の妙音でねずみを誘い出して Weser 川におぼれさせたが,約束の報酬を町が出さなかった腹いせに笛で町の子供たちを山中に隠してしまったという伝説の人物.

2.1 オッペンハイマーの下での物理研究

図 2.3　オッペンハイマーの学生グループたち.

た；エド・ユーリングと私自身の脇の 3 人目がフレッド・ブラウン (Fred Brown) だった．1934 年までに，オッピーは国内最大の活気あふれる理論物理学校を立ち上げてしまっていた．彼の学生の中には，過去および現在において，Harvey Hall, Frank Carlson, Leo Nedelsky, Wendell Furry, Arnold Nordsieck らが居た．アーネスト・ローレンスと一緒に研究していたポスドクのエド・マクミラン (Ed McMillan) も理論屋たちとの付き合いを好んだ；エドとは直ぐにオッピーに次いで最大の親友となった．スタンフォードのフェリックス・ブロッホ (Felix Bloch)[*4] とはそう遠くないため，我々は彼と彼の学生たちとの合同セミナーをしばしば開催した．

　我々が到着した 1 週間または 2 週間後に，宵にバークレーでの映画を彼と一緒に観賞したくはないかとオッピーが我々に訊ねた．その宵が大変に特別親密な我々の関係の始まりとなった．私は今でもその映画を覚えている；それは *Night Must Fall*（夜は必ず来る），ロバート・モントゴメリー (Robert Montgomery) 主演のスリラーだった．

[*4] 訳註：　フェリックス・ブロッホ (1905-1983)：スイスのチューリッヒに生まれる．チューリッヒ工科大学を 1927 年に卒業．ライプツィヒ大学で物理の研究を続け 1928 年に博士号を取得．1933 年にユダヤ系ということで，ナチスから逃れるためドイツを離れ，スタンフォード大学で働くため 1934 年に移住．1939 年に合衆国に帰化．第 2 次大戦中，ロスアラモスで原子力エネルギーの研究を行う．その後辞任し，ハーバード大学でレーダーのプロジェクトに加わっている．1952 年に「核磁気の精密な測定における新しい方法の開発とそれらの発見について」でノーベル物理学賞を受賞．1954-1955 年に欧州原子核研究機構 (CERN) の初代長官として働いている．

どういうわけか，その宵で雰囲気が変わってしまった．

オッピーの学生たちは彼を崇拝し，彼のスピーチと独特の癖を真似た．完全な英語文節で話す素晴らしい能力を有していたので，その結果は殆どためになった．オッピーの魅力に屈し無かった唯一の人物がフレッド・ブラウンだった．一度，オッピーがフレッドに鋭い口調で言った時，フレッドの熱情的なメキシコ人妻ヨウィータ (Jovit) は彼を叱りつけて彼を完全に黙らせた，それはユニークな体験だった．彼の学生たちは物理学の指導と同様に文化教育を受けていた；彼らは食べ物，芸術，音楽の彼の好みを学んだ．弦楽四重奏として，バッハ，モーツアルト，ベートーベンは受入可能だった．同様印象派の芸術家たちも．

オッピーは学生たちに気前が良かった，彼ら全員が僅かの生活費 (shoestring budgets) で暮していたのだった．セミナーの後で，オッピーは仲間全員をサンフランシスコの美味しくて高価なレストランへと時々連れ出した，普通，その処はジャックス (Jack's) だった，大恐慌時代のその日暮らしをしていた我々にとっての好機だった．一度，学生の Chiam Richman がウエルダンのローストビーフを注文した，オッピーは冷やかに彼の方を向いて言った "何故君は魚を食べないのかい?" と．スタンフォードでの合同セミナーのジャックスでの夕食が終わり，ブロッホが打ち解け，かつ体を屈めてその小切手を取り上げた．彼は小切手を眺め，目をしばたかせ，体を屈めてその小切手を元へ戻した．

シャーロット，オッピー，エドと私はサンフランシスコで多くの宵を過ごした．ベイブリッジ (Bay Bridge) はまだ建設中で，バークレーとサンフランシスコ間は湾を横切るフェリーを用いた．サンフランシスコ端のフェリー・ターミナルは低級な酒場が集まっている処で，次のフェリーを待つ場合には，我々は通常ボクシングを1つか2つ見て，帰宅前の2隻のフェリーに乗り遅れたものだった．ある夜，メキシコ人の酒場（バー）で，そこで我々は水チューサーと伴にテキーラ (tequila) を飲んでいた，ウエイトレスが赤唐辛子の皿を渡してくれた，そしてその1つが私の口を燃え上がらせてしまった．水が満杯のグラスを掴み上げ，一気に飲み干した，底まで達しないうちに，それは水ではなくてストレートのジン (gin) だと悟った．誰かがチューサーを間違えたのだ．オッピーのパッカード・ロードスター[*5]，その名はサンスクリットの神の使者から名付けられたガルーダ (Geruda)，にはランブルシート[*6]があり，オッピーとシャーロットは私をその席に押し込んだので，帰りの旅で充分に空気を吸い込むことが出来た．

[*5] 訳註： ロードスター (roadster)：幌付きのオープン・カー．
[*6] 訳註： ランブルシート (rumble seat)：自動車の後部に取り付けた屋根のない折り畳み補助席．

2.1 オッペンハイマーの下での物理研究

図 2.4 エドウィン・マクミラン (1907-1991)，カルテックより 1928 年に B.S. を，1929 年に M.S. を授与される．プリンストン大学から 1932 年に物理学の Ph.D. を取得．1932-1934 年にバークレーの米国研究員であり，バークレー放射研究所スタッフと大学の学科に加わっていた．彼はネプツニウムの共同発見者であり，炭素-14 の発見に係わった．第 2 次大戦中は MIT の放射研究所とロスアラモスで働いた．戦後，マクミランは粒子加速器に興味を向け，サイクロトロンの製造を可能とした，相安定性 (phase stability) の原理を 1945 年に発見した (Vladimir I. Veksler とは独立に)．グレン・シーボーグと共同で 1951 年のノーベル化学賞を受賞した．1958 年のアーネスト・ローレンスの死後，ローレンス・バークレー研究所長を引き継ぎ，1973 年の引退まで所長を務めた (写真はカリフォルニア大学バークレーの好意による)．

当時，サンフランシスコで非情な港湾労働者 (longshoreman) ストライキが行われており，コミュニティの雰囲気の緊迫度が高まっていた．レオナルド・ローブ (Leonard Loeb)，物理学教授の 1 人，さえカリフォルニア・フットボールの選手たちがストラ

イキ潰しの輩としてふるまうようにと試みた. ある日, サンフランシスコの港湾労働者組合の大きな集まりが行われ, そして彼の友達, エステル・コーエン (Estelle Caen) が彼に喜んで出席するかと問い合わせてきた, と我々に語った. 我々に一緒に行くかどうかを彼はいぶかしげに話した. 我々は一緒に行ったのだ, そこで私は初めてエステル・コーエン (Estelle Caen) と会った. 彼女はサンフランシスコ・クロニクル紙のコラムニスト, ハーブ・コーエン (Herb Caen) の妹だった, 彼は 60 年程その新聞社で過ごし, 亡くなる 1 年前の 1996 年にピュリッツァー賞を受賞している. その会合は, いくらか旧マディソン・スクエアー庭園に似た巨大な公会堂で開催された. 我々はバルコニーの中の高所に座っていた, 終りまでにストライキ中の人達の熱狂に捕えられてしまい, 彼らと一緒に"ストライキ!, ストライキ!, ストライキ!"と叫んでいた. 後に, 我々はエステルのアパートで港湾労働組合のリーダー, ハリー・ブリジス (Harry Bridges) と会った.

　研究を進めると同様に, バークレー放射研究所内で進捗中の核物理学に直ちに参加した. その目的に関するその他の唯一の接触はウィスコンシンで 1 年前に起きた出来ごとだ, 1932 年のハイゼンベルクの核物理学論文[*7]を読んだ時である, その論文はその目的の旧約聖書 (the Old Testament) として記述できるものだった. ミルト・ホワイト (Milt White) は 27 インチ (68.6 cm) サイクロトンからの 0.7 MeV の陽子を霧箱 (cloud chamber) 内の水素で散乱させる陽子-陽子 ($p - p$) 力を検出するための実験を行っていた. 私は $p - p$ 力を生み出すモットー (Mott) 散乱公式の修正を導いて, ^1S 位相シフト[*8]を発見した, 私がミルトの粗い結果を得て最適にフィットさせたと推定した, そして位相シフトを与えるに必要な井戸深さ (well depth)[*9]を計算した. 正方形井戸を古典的電子半径に等しいとし, その仮定は当時においては便利な選択であった, その深さは 12.7 MeV だった——それは, 正しい答えである 11.8 MeV の数パーセントの範囲内である. 放射研究所のドアの処でミルトと会い, 彼が私に数値を訊ね, 記憶をたよりにその数値を彼に与えたと覚えている. それで, 数値が置き換わり, その深さがミルトの論文[*10]で 17.2 MeV として記載されたのは私の責任かもしれない. ミルトの実験は, Dunning, ペグラム, Fink, Mitchell による低エネルギーの

[*7] W. Heisenberg, *Zeitschrift für Physik* 77:1 (1932).

[*8] 訳註：　　位相のずれ（散乱波の）：一般に波の形のずれを表す量をいう. 量子力学系の中心力による散乱について, 角運動量を表す方位量子数 l によって散乱波を部分波に分けて考えるとき, 各部分波の外向波成分が持つ位相と入射波の位相との差をいう.

[*9] 訳註：　　井戸型ポテンシャル：原子核は水滴モデルに示されるように, 核子がごく近くの核子とだけしか作用しないとすると, その中の核子のポテンシャルは, 水滴の中の水の分子のように, 水滴の表面で, 内部と外部で急にポテンシャルが変化し, 井戸型となる.

[*10] M.G. White, *Physical Review* 47:573 (1935).

2.1 オッペンハイマーの下での物理研究

中性子-陽子 ($n - p$) 断面積の最初の測定，それは *Physical Review* 誌の次号として出版された[*11]，に先んじていた，事実，我々はその力と等価であると何故気がつかなかったのかといぶかった時はその数年後であった．

エド・ユーリングが原子エネルギーの真空分極効果の計算をしていた．真空分極 (vacuum polarization) はディラック方程式の驚くべき帰結の1つであった．この理論によれば，電磁場が直ちに真空中から電子-陽電子対 (electron-positron pair) を生成出来るということである．その場は電子と陽電子を反対方向へ押し出すことから，これが絶縁媒体の分極と丁度同じく真空の分極を生み出す，そしてその結果，マクスウェル場方程式を修正することが必要となる．例えば，ポイントを変えて，もはや純粋なクーロン場を形成せず，距離の逆2乗から外れる．電子のコンプトン波長，4.8×10^{11} cm より短い距離において，明らかにこの法則の修正が存在するだろう．障害が在った；その絶縁定数を計算した時，それは無限大となってしまうのだった．1930年代の電磁気学において無限大は普通であった．大学院生のウィリス・ラム (Willis Lamb)[*12]は，一度，完全な有限積分へと立ち向かい，その推定桁範囲を与えた．実際に見積もられるべきであるとして場理論で起きている積分問題が，彼には起きなかった．そして，フェリックス・ブロッホ (Felix Bloch) は過って言った，"量が無限だからといって，それがゼロであると意味するわけではない"．

真空分極問題を解くため，ディラックは無限項の引き算のスキームを提案した，それで1つの有限結果が残された．ハイゼンベルクはディラック提案を採り上げ，引かれなければならない項について精密な計算を行った，しかしそれらの両項ともに無限項に集中し，残された有限項の完全な評価はしなかった．これがエド・ユーリングが研究している問題だった——静電場 (electrostatic field) での真空分極の計算．未補正ディラック理論に基づき，水素原子の ^{2}S と ^{2}P 状態は同一エネルギーを有するだろう．^{2}S 電子が原子核に近接している時間が長いため，真空分極がこの状態でさらに大きな効果となろう，そして2水準のエネルギーに分かれると予想される[*13]．カルテッ

[*11] J.R. Dunning, G.B. Pegram, G.A. Fink, and D.P. Mitchell, *Physical Review* 47: 910 (1935).

[*12] 訳註： ウィリス・ラム (1913-2008)：カリフォルニア州ロサンゼルスで生まれた．1934年にカリフォルニア大学バークレーで化学の学士号を，1938年に物理学の博士号を取得した．水素スペクトルの微細構造に関する研究により1955年度のノーベル物理学賞を受賞した．ラムとポリカプ・クッシュは，ラムシフトと呼ばれる，特定の電子の電磁気的性質を正確に定義することに成功した．博士課程の指導教員はロバート・オッペンハイマーである．

[*13] 訳註： ラム・シフト：電子に対する電磁場の反作用によって生ずるエネルギー順位のずれをいう．1947年に実験で確認され，後に朝永-シュウィンガーの繰り込み理論で説明されて，その実験的根拠の1つとなった．水素原子の $2^2S_{1/2}$ 準位が，ディラックの電子論の計算結果よりわずかに高いことは S. Pasternack によって指摘されていたが，ドップラー効果の方がスペクトル線の分離間隔より大きく確認できなかった．W. Lamb Jr. と R. Retherford は超短波による磁気共鳴で $2^2P_{3/2}$ と

クの分光研究者 (spectrscopists) チームはそのような分離の証拠は既に存在していたのだとクレイムを出した，それは波数 (wave numbers) 0.03 の値で分かれると，この証拠は世界で認められたものではなかったが[*14]．オッピーは多分真空分極は確実であると考えていた，そしてエドが予測効果を計算した．しかし真空分極によって生じる線シフトは，実験的に推測される値に比べ 30 倍も小さくなることをエドは認めた．

感謝祭休暇の初め，オッピーが陽電子理論のハイゼンベルク論文[*15]を私に与えた，そして修理したばかりの我々の車でモハーベ砂漠 (Mojave desert)[*16]への週末旅行へとシャーロットと私を送り出した，その期間中にその論文を読もうと考えていた．その帰路で，私はエドの静電場への真空分極補正計算を任意の電磁場に対する補正へ一般化した（現在の用語法で言えば，光子伝関数 (propagator) への e^2 補正）．その上，因果律により要求された，光の核の外側を消し去る効果も検証した．バークレーからの最初の論文の名は "マクスウェル場の方程式の線形補正" (Linear Modifications in the Maxwell Field Equations)（論文 7）と言い，1935 年 4 月に *Physical Review* 誌に送り，7 月にエドの論文と背中あわせ (back-to-back) で一緒に出版された．

2.2 パサデナでの物理研究

オッピーはカルテックとバークレーの両校に任用されていたので，バークレーの学期中は月に 1 回パサデナに滞在した．バークレーはアブノーマルな大学暦年で運営していた——8 月中旬開始，4 月前に終了——そしてオッピーはカルテックの普通の大学暦年の残りの四半期をパサデナで過ごすことが出来た．彼の学生たちの幾人かは，彼と伴にぶらりと南下した (traipse down)．車で運べるものより多くの所有物を持たなかったので，我々はバークレーのアパートメントを手離し，パサデナ庭園コテージ (cottage) を月 25 ドルで賃借りした——それはバークレーでは普通だった月 40 ドルに比べても本当に安かった．

カルテックでは "オッピー" は "ロバート" へと変身した．チャーリー・ローリッツエン (Charlie Lauritsen)[*17]一家の連中らと交わった：ウイリー・ファウラー (Willy

---

$2^2S_{1/2}$ のあいだの遷移をおこさせて，その間隔を測定した．ヘリウムについても同様な 2S 準位のずれが発見された．

[*14] W. Houston and Y. Hsieh, *Bulletin of the American Physical Society* 8: 5 (24 November 1933) and *Physical Review* 45: 130 (1934).

[*15] W. Heisenberg, *Zeitschrift für Physik* 90: 209 (1934).

[*16] 訳註： モハーベ砂漠：カリフォルニア州南部にある砂漠で Great Bastin の一部をなす．

[*17] 訳註： Charles Christian Lauritsen (1892-1968)：デンマーク生まれのアメリカ物理学者．1911 年に Odense Tekniske Skole の建築学科を卒業し，1916 年に妻と子供たちを連れてアメリカへ移民．

2.2 パサデナでの物理研究

Fowler), Tommy Bonner, Louis Delsasso ("Del") と Richard Crane. チャーリーの息子，トミー (Tommy) は学部学生だった．トミーはローリッツエン検電器 (electroscopes) を造り，他の研究所へそれらを売ってポケット・マネーを得ていた．ある日，簡単に"ラザフォード"と署名されているキャベンディッシュ研究所からの 25.87 ドルの小切手を周りに見せた．現金支出では，郵便料金 87 セントを支払う必要無しといえども，トミーはそれを証拠として所有する誘惑にかられたのだ，と語った．チャーリーの百万ボルトの X 線管で癌患者を治療していた英国人の X 線技師スタート・ハリソン (Stuart Harrison) も居た．当時の錬金術者 (alchemist) の夢は，癌の治療法を見つけ出すことだった，そしてどこの研究所でも高電圧加速器を癌研究プログラムのため所有していた．

X 線管は Kellogg Radiation Lab 内の高さ約 50 フィート (15 m) の洞窟のような部屋に在った．それは研究室空間に備え付けられた平屋根付き小屋 (shack) の頂部高さ 14 フィート (4.3 m) の構造物である．その加速器は私が関係したどの加速器よりもさらに派手なものだった．Kellogg で，天井からぶら下がり，高電圧端に向かってロープが掛けられた金属球は，本物の雷鳴を轟かせながら，本物の光のフラッシュを導いた．一度ウイリー・ファウラー (Willy Fowler)[*18] と Delsasso に，どういうわけか誘われたシャーロットが研究室小屋 (shack) の頂上に立った，そして充分な電圧が彼女の髪の毛を直立に立たせた．

それが Kellogg 流だった．アシニーアム (Athenaeum) クラブから二階建てアパートメントへ移動したスタート (Stuart) の新築祝いのパーティーを覚えている．トイレの中に本物の金魚が，浴槽の中にはアヒルがいた．その時，裏のポーチにいたチャー

設計技師として働いていたが，1926 年にロバート・ミリカンの公開講義講座に出席して活発な質問をして，彼からカルテクへの招待を受けた．彼は家族とともにパサデナへ直ちに移り住み，カルテック大学院の物理学科の院生となった．1029 年に Ph.D. を取得，1930 年に物理学部に加わった．1962 年の引退までカルテックの物理学者として奉職した．Ralph D. Bennett と共同で高圧 X 線管を開発し，癌の放射線治療のために Kellogg Radiation Laboratory を設立した．

アメリカが参戦する 1 年以上前の 1940 年には，兵器と兵器設計の研究を始めた．主に海軍のロケット兵器開発に携わり，戦争末期の数ヵ月間はファットマン型原爆を模擬した高性能"パンプキン(かぼちゃ)爆弾"の開発を行った．大戦後も兵器開発の研究に携わり，朝鮮戦争では前線に出向いて兵器の効果についての調査を行った．アメリカ政府への助言者として数々の委員会のメンバーを務めた．専門は癌への X 線療法と核物理学である．彼の妻 Sigrid は南カリフォルニア医学大学の最初の女性卒業生であり，放射線技師として Kellogg Radiation Laboratory で働いた．

[*18] 訳註： ウイリアム・アルフレッド・ファウラー (William Alfred Fowler: 1911-1995)：ペンシルベニア州ピッツバーグで生まれた．オハイオ州立大学を卒業しカルテックで核物理学の Ph.D. を取得．1946 年カルテックの教授に就任．後に宇宙物理学者となった．Kellog Radiation Lab 所長職をチャーリー・ローリッツエンから引き継ぐ．1983 年「宇宙における化学元素の生成にとって重要な原子核反応に関する理論的および実験的研究」でノーベル物理学賞を受賞した．

リー・ローリッツエンは大きな丸いバス・マットをつまみ上げ（そのマットはずぶぬれだった，なぜならアヒルのためにバスタブに水が満たされるまで，いつもの通り誰かが水を止めるのを忘れたからだ），"これは私がエバーグレーズ[*19]で投げ網で魚を獲ったやり方だ"と言いながら，バス・マットを放り上げた．20フィート(6 m)下のX線看護婦のMaisieに真に当てスコアを挙げた，Delsassoは裏庭で彼女を追いかけ回っていたのだった．チャーリーはデンマークからアメリカに来た当初，エバーグレーズで本当に漁師をしていた；彼は合衆国地図を眺め生活が楽で容易な暖かい気候の場所を見つけたのだと話してくれた．地図の上では，エバーグレーズが完璧な選択であると思ったと．

Kelloggでの週1回のイブニング・ジャーナル・クラブ会合の後，チャーリー家で参加者たちのパーティーが行われた．それは居室から裏庭まで広がる，主に飲み物と歌のパーティーだった．"西ヴァージニアの山々 (The West Virginny Mountains)" や "彼女の名はリル (Her Name Was Lil)" のような，デンマーク人とドイツ人のお気に入りのアメリカ民謡だった．家族がパサデナに住んでいたエド・マクミランも家に滞在していた時には参加した．他の人気のあった行動はオルベラ (Olvera) 街でのメキシコ料理のディナーだった．

リチャード[*20]とルス・トールマン (Ruth Tolman) もまた良き友達だった．相対性理論と統計力学の専門家のリチャード (Richard) はカルテック大学院の部長 (dean) だった．カルテック・スタッフのその他のメンバーは，ポーランド生まれの数理物理学者ポウル・エプスタイン (Paul Epstein)[*21]だ，彼は The Blue Angel の初部分でエミー

[*19] 訳註： Everglades National Park：米国フロリダ州南部にあり，マングローブの湖沼地．珍しい鳥や植物などで有名．

[*20] 訳註： Richard Chace Tolman (1881-1948)：マサチューセッツ州西ニュートンで生まれる．MITで 1910 年に Ph.D. 取得．数理物理学/物理化学（統計力学）が専門で 1922 年にカルテックに奉職．1934 年出版の専門書で，膨張宇宙説に基づく黒体輻射の残りが宇宙マイクロ波であると解釈した．
「カルテックはアインシュタインの招聘にも動いた．大学院の主任を務めていたリチャード・チェイス・トールマンの天文学の仕事にひかれていた．トールマンはマサチューセッツ生まれのクェーカー教徒の物理学者だった．パサデナ近い山岳地にあるウィルソン山天文台で行われる観測が，一般相対論が提示した 3 つの予言のうちの最後の 1 つである，高密度の星で起きる重力による赤方遷移を確認してくれる可能性があったのだ．トールマンは使者をベルリンに送った．1931 年，アインシュタインはパサデナを訪れることにした．しかし，この渡り鳥は結局パサデナに巣を作らなかった．アメリカの教育者のアブラハム・フレクスナーがカルテックにアインシュタインを訊ねてやって来た．当時，フレクスナーは，1930 年に寄せられた 500 万ドルの寄付をもとに，新しい研究所を創設しようとしていた．高等研究所はニュージャージー州のプリンストンに設立された [pp. 312-313]．」(Richard Rhodes, The Making of the Atomic Bomb：神沼二真/渋谷泰一訳，「原子爆弾の誕生 上」，啓学出版 (1933) より)．

[*21] 訳註： Paul Sophus Epstein (1883-1966)：現在のポーランドのワルシャワで生まれる．モスクワ

2.2 パサデナでの物理研究

ル・ジャンニングス (Emil Jannings) と全く同じようにドレスして振舞った．ある日，アテナイオン (the Athenaeum) での昼食時に，岩の上で遊んでいるアザラシを半時間も観察した先日の日曜日の浜辺での探検物語をテーブル・マットを用いて解説して我々を面白がらせた．彼は最後にそれらを数えることに決めた：2頭だったと．

Willy（ウイリー），Del とチャーリー (Charli) は，^{9}B から ^{17}F までの鏡映核 (mirror nuclei)[*22]を用いて放射される陽電子の上限エネルギー測定をしていた．これはウイリーの学位論文だった．鏡対間のエネルギー差異はクーロン・エネルギー差異として記述出来ると彼らは記した．陽子と中性子の交換によって鏡対に差異が生じるのだから，$n-n$ 力と $p-p$ 力は等しいと結論付けた．私の記憶では，ヤングの論文が在るものの[*23]，原子安定性のシステマティックに基づく電荷独立を示唆していること，これは独立の発見で学位論文の前に発表された[*24]．原子核が均一荷電球であると考え，ウィリー (Willy) はクーロン・エネルギーは $(3/5)(Ze)^2/R$ であると言った．ヴァン・ヴレックの学生として，交換項を含む殻モデルとフェルミ気体に対するクーロン・エネルギー計算と算出法についての全てを私は知っていた．しかしそのデータ精度がそのような誇張的理論を保証してないとチャーリーとオッピーが言い，ウイリーを大いに悩ました，出版された論文では単純に半径を変えていた――声明とは独立なモデルとして．その論文の題は "低原子番号の放射性元素" (Radioactive Elements of Low Atomic Number) と言うもので，多分その題名が気を引く宣伝とはなっていないため，誰もその論文に気がつかなかった．1 年後の 1937 年，ウイグナー (Wigner) が鏡映核対称を再発見し，ハンス・ベーテは ^{3}He-^{3}H 対の考察を行った[*25]．

1935 年 6 月の初め，ディラックは世界一周旅行の途中にパサデナに立ち寄った．ある日，アン・ノルジック (Arn Nordsieck) と私が研究している処にオッピーが彼を連れて来て紹介し，我々の研究している問題がディラック自身の研究に帰する結果だと彼に話した．オッピーが去り，ディラックは腰掛け，アンと私は何を研究しているかの 15 分間レジュメ (résumé) を与えた．説明し終えた時，ディラックに面と向かい，彼のコメントを緊張して待った．彼が言った，"一番近い郵便局は何処にありますか?"．私が答えた，"我々がそこへ連れて行きます，道すがら我々の問題を討論出

帝国大学で数学と物理学を学ぶ．1914 年に Technische Universität München で Ph.D. を取得．1921 年にミリカンの招聘に応じてカルテックに奉職．1930 年科学アカデミーの会員に選出された．

[*22] 訳註：　鏡映核：2 つの原子核について，一方の陽子数と中性子数がそれぞれ他方の中性子数と陽子数に等しい場合に，一方を他方の鏡映核という．たとえば ^{13}C と ^{13}N または ^{14}C と ^{14}O は互いに鏡映核である．

[*23] L.A. Young, *Physical Review* 47: 972 (1935), 48: 913 (1935).

[*24] W.A. Fowler, L.A. Delsasso, and C.C. Lauritsen, *Physical Review* 49: 561 (1936).

[*25] H.A. Bethe, *Reviews of Modern Physics* 9: 71 (1937).

来ますから". ディラックが答えた, "私は1度に2つのことは出来ないのだ"と.

　数日の後, ディラックは日本へ向け出航した. オッピーは桟橋まで彼をエスコートした. 途中で彼らは書店を通過した, オッピーは長い船旅で読めるように幾つかの書籍を彼のために購入したいと申し出た. ディラックが答えた, "私は絶対読まない. 本は思考の妨げとなる"と.

2.3　ペロカリエンテ牧場[*26]

　1935年夏, カルテックの学期終了時に, オッピーはニューメキシコ州の牧場へシャーロットと私を招待した. アリゾナ州は舗装, ニューメキシコ州はダートの当時2車線道路の66号線（ルート66）をドライブした. まだ大恐慌の日々であり, 道沿いのガス・ステーションのどこでも3ないし5ドルでナバホ敷物 (Navajo rugs) が買えた——それはナバホ族がガソリン代として交易に用いた敷物である——今日では, その敷物の価値は数千ドルにのぼる. 我々が到着した時, エド・マクミラン, メルバ・フィリップスとオッピーの弟フランクが既に居た. 牧場での我々の紹介はオッペンハイマー流の典型だった；他の客たちに集まるように彼は声掛けし牧場が少々込み合った, なぜ我々が2頭の馬を連れてこないのかと問い, そして馬に乗り山々を横切る3日を要する80マイル (129 km) 離れた北の地点, タオス (Taos)[*27]へと我々を旅立たせた. 牧場の北側に拡がる大地は, いかなる種類のキャンプまたは避難小

[*26] 訳註：　1928年の夏, その7月のある日キャサリン・ペイジはロスピノスより1マイルほど登る山へ, オッペンハイマー兄弟を乗馬に連れ出した. 標高9500フィートという高原の草原に囲まれて, 半分割の幹と煉瓦でできた素朴な小屋があった. 硬い粘土の暖炉はキャビンの一方の壁を占拠しており, 狭い木の階段が二階の小さな寝室2つに通じていた.
「どう？」, キャサリンがロバートに訊いた.
ロバートが頷くと, この小屋と154エーカーの牧草地と小川は貸し物件であることを彼女は説明した.
「ホットドッグ（すごい）!」と, ロバートが叫んだ.
「ノー, ペロカリエンテよ!」と, キャサリンがからかった. ロバートの「ホットドッグ」をスペイン語に翻訳したのだ. その冬, ロバートとフランクは父親を説得して, 牧場の4年貸借契約に署名させた. そしてそこをペロカリエンテと名づけた. ここは1947年まで貸借し, その年オッペンハイマーは1万ドルで買い取った. 牧場は, それから長い間, ロバートの密かな隠れ家となる [pp. 142-143]（K. Bird and M. Sherwin, AMERICAN PROMETHEUS：河邊俊彦訳,「オッペンハイマー　上」, PHP研究所 (2007) より）.

[*27] 訳註：　タオス：ニューメキシコ州中北部にあるタオス郡の町で, 郡都. タオス・プエブロに近い位置にあるため, 町の名前もそれが由来になっている. 「タオス」という言葉は, ティワ語で「赤い柳」を意味する. タオス在住の多くの人々は,「タオス・ハム」と呼ばれる, 発生源が不明の怪音現象を経験していて, 多くの推論が唱えられている.

2.3 ペロカリエンテ牧場

屋の建設も禁止の連邦政府荒野保全地域だった，それで一日中乗馬しても他の人々とまったく出くわさ無いことが直ちに理解出来た．さらに12,500 フィート (3,800 m) の Jicoria Pass を横切らなければならない．私のこれまでの人生で乗馬したことは無い．シャーロットは東部で，少しばかり英国式鞍の乗馬経験がある．勇ましく，我々は出発した．初日の午後遅く，オッピーの記載したメモの方向に従って，その夜を過ごすメキシコ系アメリカ人の小さな村を見つけるため高地を下った．その時，私は本当に苦労していた，鐙で足を傷つけ，筋肉痛で約1平方フィートの皮膚は擦れはがれた．同様に，我々自身以上に馬たち，アオ (Blue) と Cumbres を気にかけた．馬たちの保護のために厳格なインストラクションをかけていた：3時間毎に鞍帯 (cinch) を緩めて休息させる，もしもラフ (rough) に嵌まったら馬から降りて馬たちを導くことで馬たちを疲れ過ぎにさせないように注意した．残り2マイルのダウンヒルで，哀れな野獣 (beasts) は足の間に頭を持ち，1フィート (30 cm) 前に進むことも困難だった．しかし，我々はオッピーが話してくれた1夜を過ごす場所の家にたどり着いた．家主は我々の馬を柵に入れ，夕食を出してくれた，その後に2頭の馬が元気よく路上をトロットで駆け下りて来た時，我々はフロント・ポーチで休憩を取っていた．信じられなかった．柵から逃げ出した我々の馬，不思議な力が健康と活力を復活させたのか？そうだった．これが馬と楽しく過ごし，かつ馬のユーモアのセンスを学ぶ我々の教育の始まりだった．我々のホストはピックアップ・トラックを出し，道から1マイル (1.6 km) 下ったアオと Cumbres を我々が取り囲み上へ上げた．

2日目の夜は野営し，3日目にスケジュール通りタオスに着いた．ランチョス・デ・タオス (Ranchos de Taos)[*28]のイン (inn) で休め，とオッピーは我々に伝えていた，それで我々は馬をインの柵へ連れて行った．オッペンハイマーの連中は馬を常に大変気遣い，重すぎるものを運ばせないように注意を払っていた，それで我々は着替え用の靴下と下着，歯ブラシ，チョコレート・グラハム・クラッカー箱，ウイスキー1パイント (0.473 リットル)，沢山の燕麦 (oats) を詰めた本当の牧場スタイルでの出立だった．我々が持っていた唯一の旅行用荷物は馬の食糧用バッグだった，それは日焼けで熱く，汚れくたびれたものだが，我々は下着，靴下と歯ブラシをその中に詰めていたのでホテルのロビーにそれを持ち込んだ．ギリシャ人のホテル・オーナーがロビー内の我々の行く手をはばんだが，オッペンハイマーから来たと聞くと，暖かく迎え我々の部屋へ自ら案内してくれた．シャワーをまず初めに浴びようとしたが，ブーツを脱ぐことが出来なかった．手伝ってくれと叫んだ．丁度脱衣したシャーロットは裸のま

[*28] 訳註： ランチョス・デ・タオス（タオス牧場）：タオスの西南4マイル (6.4 km) に在る町．タオス郡内での国勢調査場所 (CDP) となっている町で，2000年国勢調査では人口は2,390人である．

まクラッシック・ブーツを取る位置へ引き上げ，私に背を向け，足の間に 1 足のブーツを掴みもう 1 つを押すための準備として彼女の尻の上にもう一方を置かせた．丁度その時，我々の 1 階の大きな映画スクリーン様窓が低い塀，馬を繋ぐ柱の列，伝統的な表情の無い顔で我々を見つめるインディアンの列に面していることが判った．シャワーを浴びて，ロビーに戻った丁度その時，その所有者が他のゲストたちに声だかの調子で噂話をしているのを聞いた，"我々は非常に**クレージー**な客を得た．ミリカンの助っ人の助っ人だ"と．

　数年後，1948 年に，カルテックでのロバート・ミリカン (Robert A. Millikan) の 80 歳の誕生パーティーでの晩餐後のスピーカーとして，アメリカ人の良心としてのミリカンの立場を示すものとしてオッピーがこの話しをした，アインシュタインはその反対に位置する孤高の人物と認識されていた唯一の科学者だった．

　次の日，我々は帰りの旅を始めた．オッピー，フランクとエドともう 1 つのスペイン系アメリカ人の村，Truchas Town*29 で落合う予定であった．午後 2 時遅く，Truchas から約 5 マイル (8 km) の処の松林の中を乗馬していて，シャーロットが突然馬から滑り地面へ落ちた．彼女は横向きに横たわり，それで私は降りて彼女の脇に跪いた時，血まみれの茎と思われるものが彼女の頬を突き刺さっているのを見た．私はそれを引き抜くことを試みた，そしてそれに触った時に 1 フィート (30 cm) の高さまで血しぶきが上がるのが判った．松の針葉 (a pine needle) は動脈を突き通してしまった，我々は血の流れを止めることは出来なかった．シャーロットは布切れを頬の上に当て，それ以外のことは何も出来ず，彼女の背中を鞍に押し込むのを助け，そして我々は Truchas へ向け旅を続けた．町近くの森を脱出した時，大きな草原の端に居た．一方の端，1/4 マイル (0.4 km) 向うにフランク，オッピーとエドを見つけた．私はシャーロットを歩かせ続けようと試みたが，彼女は馬に乗りギャロップで走らせた，そして彼らの処に達した時に再び落馬した．彼らは仰天して凝視した；彼女は完全に血まみれとなったジャケットのまま地面の上に横たわった．彼らの反応は 3 者 3 様だった．オッピーは心配そうに気遣いを見せながらそこに立ち尽くした．エドは膝まずいて "私に見せて，私に見せて" と言いながら彼女の顔を覆った衣服を取り除いた．フランクは背を向けて言った "美しい日没が見られるよ" と．

　牧場は 1/4 平方マイルの面積（各々の辺が 1/2 マイル）(65 ha) を有し，片方が Grass Mountain に接し，Pecos 川の上流に在った．牧場は標高 9,000 フィートから 10,000 フィート (3,000 m) に拡がっていた．1 軒の丸太小屋 (log cabin) が，その下方には馬

---

*29 訳註：　　Truchas：南のサンタフェと北のタオス間を繋ぐ風光明媚な High Road の中間地点に在る町．Truchas はスペイン語のニジマス (trout) から名付けられた．

2.3 ペロカリエンテ牧場

図 2.5 オッペンハイマー牧場のベランダ（ポーチ）の上で.

の畜舎 (corral) が在った．最初の数日，いかなる物理学の仕事も息づくことは無かった．牧場の家の 1 階に大きな居間と台所が在った．居間には大きな暖炉と暖炉の前のカウチ (couch)，床の上にインディアン絨毯 (rug) が敷かれていた．まあ，そんなところだった．台所には流しと大きな薪ストーブを備えていた．浴室は無かった，しかし外側を塀で囲んだポーチの端に一種の野外便所 (outhouse) が在った．オッピーよりも頑健で器用なフランクは家の上方の湧水まで配管を引き，台所と便所内に流水を引きいれた．寝室として使用予定の未完成の 2 階が在り，オッピーが結婚する前までに出来あがる事は無かった．我々は全員がポーチの床上の簡易寝台 (cots) で寝た.

畜舎には 6 頭の馬が居た．オッピーの馬はクライシス (Crisis：危機)[*30]，フランクの馬はプロント (Pronto：すばやい)，シャーロットの馬はアオ (Blue)，私の馬はCumbres と他に 2 頭だった．牧場の日課は乗馬だった．我々は松林やカンバ (birch)の森の荒野区域，背の高い草が茂った草原や花々が咲き乱れる草原，サングレデクリスト (Sangre de Cristos) 山脈[*31]の尾根伝いに，13,500 フィート (4,104 m) まで登る，

[*30] 訳註： オッペンハイマーは，キャサリン・ペイジからクライシスという名の乗用馬を借りるように手配した．「クライシス」とは上手くつけたものだ．この馬は半分去勢された大きな牡馬で，ロバート以外だれも乗りこなせなかった [p. 155]（K. Bird and M. Sherwin, AMERICAN PROMETHEUS：河邊俊彦訳，「オッペンハイマー 上」，PHP 研究所 (2007) より）.

[*31] 訳註： サングレデクリスト (Sangre de Cristos) 山脈：ロッキー山系最南端の支脈．コロラド州

遥か北の Truchas ピークまで馬を乗り回した．我々は1日から1週間まで全てを試みた．タオスまでの我々の旅と同様にそれらの旅の食糧は貧弱だった．パサデナの心理学者，ルス・バレンタイン (Ruth Valentine) は過って，典型的オッペンハイマー小旅行の疑わしい勘定書を受け取った：それは真夜中のことだった，我々の周り全て照らす明かりをつけて，どしゃ降りの冷たい雨の中を尾根伝いに我々は馬に乗って進んでいた．小道 (trail) の分岐点にさしかかった，そして "あの道を行けば家まで7マイルだ，しかし，この道はちょっとばかり遠いが，さらに一層美しい風景が見れる" とオッピーが言ったのだ．

　稀に訪問者が来た時を除いて，牧場では物理学を話すことは禁止されていた．ジョージ・ガモフ (Gerrge Gamow)[*32]が1度やって来て，彼の最新著書をカバーする説明を我々に話した事で私は衝撃を受けた，それはベクレル (Becquerel) による放射能 (radioactivity) の発見を導いた写真，フィルムの上に置かれた鍵の影を伴う偶然に起きたフィルムの露出による写真は，1枚のフィルム上に横たわる鍵を越えて閃光波でガモフ自身によって造られ，実際，模造されたものでの説明を意図したものであった．ジョージ・プラツェック (George Placzek)[*33]も1度やって来た．ワイスコップ (Weisskopfs) も1度訪問した，そしてオッピーは近所でベーテ (Bethe) と偶然遇い，彼を牧場に連れて来た．ウォルター・エルサッサー (Walter Elsasser)[*34]は運の悪い訪問者だった．彼が訪れた夜，オッピーはチリ・スープの1つを出した，それはほぼ1週間ストーブの上に置かれていたもので，熱く，熱くなっていた．我々残りの者たち

中部のポンチャ峠から南南東へニューメキシコ州にいたる全長約400 km．山脈の名は，1719年スペイン探検家によってスペイン語で「キリストの血」を意味する言葉がつけられた．

[*32] 訳註：　　ジョージ・ガモフ (1904-1968)：ロシア帝国領オデッサ（現在はウクライナ領）生まれのアメリカの理論物理学者．1928年，レニングラード大学を卒業後，ケンブリッジ大学に移る．1934年，ジョージ・ワシントン大学教授に就任．のちコロラド大学に移る．1928年に，放射性原子核の α 崩壊に初めて量子論を応用し，それが原子核の周りのポテンシャル壁を α 粒子がトンネル効果で透過する現象であるとの理論をたてた．一般向けに難解な物理理論を解りやすく解説する啓蒙書を多く著わしている．

[*33] 訳註：　　ジョージ・プラツェック (1905-1955)：チェック人物理学者．モラビア（チェコ東部の地方）のブルノでユダヤ人の両親の子として生まれる．マンハッタン計画で指導的地位についた唯一のチェック人であった，そこでは1943-1946年まで英国派遣団の一員として働いた．ロスアラモスでは友達のハンス・ベーテに替わって理論グループのリーダーとなった．

[*34] 訳註：　　ウォルター・エルサッサー (1904-1991)：マンハイム出身のドイツ系ユダヤ人の物理学者で，「ダイナモ理論の父」と呼ばれる．1935年にエルサッサーは放射性重元素核中の陽子と中性子の結合エネルギーを計算した．エルサッサーが最初に考案したこの公式を用いた研究によって，ユージング・ウィグナー，マリア・ゲッパート・メイヤー，ヨハネス・ハンス・イェンゼンの3人が1963年度のノーベル物理学賞を受賞した．エルサッサー自身は，2度ノーベル賞にノミネートされたが，受賞はならなかった．

は，既にカルス (callus) が口の中に形成されていた．エルサッサーがスプーン 1 杯を試した時，彼の目から涙が流れ出した．彼の口一杯が見事に腫れ上がり，オッピーを向いて言った，"これは正しいのかい：Is it right?"．エルサッサーはそれ以来 2 度と乗ってこなかった．オッピーは彼に短い旅を勧めた．彼はエルサッサーをアオに乗せた，それはシャーロットの馬だ．アオは数歩ためらいがちなステップ (tentative steps) をし，自分が指揮者であると感じギャロップで丘を下り畜舎の門を鼻先で開けて入ってしまった——彼がどう扱うのか知識を有しているかを我々が判らないでの悪戯だった——そして開放小屋の低い屋根の下でエルサッサーをアオは首にした．

1935 年から 1941 年まで毎年の夏を我々は牧場で過ごした，私が名を掲げられる訪問場所は多岐に亘る．エド・マクミランとメルバが 1935 年に牧場に居た；次の年以降，バークレーから他のだれ 1 人としてそこに居た者は無い．

2.4　再び，バークレー，パサデナでの物理研究

8 月中旬にバークレーに戻り，我々は正規の住まいで再び生活を始めた．シャーロットはフリーランス・ジャーナリストとしての仕事を再び始めた．ある日，インタビューを受けるために我々のアパートメントを訪問して来た若い著者は『飛ぶブランコの上のすてきな若人』(The Daring Young Man on the Flying Trapeze) を出版したばかりのウイリアム・サロイヤン (William Saroyan)*35 だったことを覚えている．彼はまだ人とは異なる特徴を備えていた，後の経歴で失われた特徴であるが．シャーロットは Boston Globe の物語を話した，それはサロイヤンの最初の大規模出版書だった．シャーロットは女性投票者連盟 (League of Women Voters) のバークレー支部でも活動した．

ハイゼンベルクの新論文，それは電磁場と電荷場の両方を量子化する完全な量子場理論に関する最初の論文だった，の研究を始めた．以前の研究では 1 つだけを取り扱うか，他を古典的に与えられるものとして取り扱っていた．真空分極に用いたような減法方法による欠点を解消する提案をディラックがしていた，しかし電子の自己エネルギー発散の除去に失敗した時に，それを断念してしまった．ハイゼンベルクの計算の中に 1 個の間違いを私は見つけた：その単独の自己エネルギーは本当に消去出来

---

*35 訳註：　ウイリアム・サロイヤン (1908-1981)：トルコ東部から 1905 年にアメリカへ移住したアルメニア人の末っ子として，カリフォルニア州のフレスノに生まれた．1 歳半のときに父を喪い，4 人の兄姉とオークランドの孤児院に入り，5 年後，女工の母に引き取られた．学業半ばの 12 歳のときから，電報配達や新聞売り子などで稼いだ．作家を志し，1930 年ころから，雑誌や新聞に書いた．庶民の哀歓を明るく綴り続けた作家は，必ずしも温かい夫，優しい父親でなかった．

た，そしてその電子の導電関数は e^2 のオーダーになることが計算出来た．しかしながら減法スキームはさらに高次では失敗することが判った（論文 8）．*Inward Bound* 誌のアブラハム・パイス (Abraham Pais)[36]論文に従い[37]，その論文は用語**繰り込み** (renormalization) を物理学の語彙として導入される上での著名な論文となっている．

1936 年 6 月に米国物理学会の会合がシアトルで開催された．当時，会合参加のための旅行費用を支払う者は皆無だった，我々が参加する唯一の会合は西海岸で開催される米国物理学会 (APS) の会合のみだった．我々はパサデナからオッピーと一緒に車で北上し，残りのローリッツエンの分遣隊とそこで落合った．この旅は巨大な木々と北西太平洋の険しい海岸への魅惑的な導入部があった．その会合で私は，時間の脆弱性 (foibles) を示す当時興味があった私の最初の核物理学論文（論文 9）を報告した．最初に，反撥的核による明白な方法では無く，交換力により，A と比例する核結合エネルギーを導く力の"飽和"が説明された．次に，核力が弱い相互作用の結果であると説明した．ベータ相互作用の形態の知識はそう多くなかった．フェルミのベクトル対はスピン交換を説明していなかった；歪んだ実験エネルギー・スペクトルは導関数対を要求しているように思われた．その論拠周辺の変更を試み，弱い対を決めたことで，適切な飽和核力を与えることが出来た．結論が何であったかを思い出せない：聴衆を驚かせたものとして，発行された発言要旨が残った．

シアトル会合でのもう 1 つの論文（論文 10），オッピーと私自身の共著，は Breit-Wigner 公式と核反応のボーア解釈の年以前の核結合形成と多くの核子間の励起エネルギーの区分としての報告により触発された，フェルミ気体模型に基づく核レベル密度の推定値の計算結果を発表した．これはホットな話題だった；我々の要旨とベーテ[38]による類似の考察は *Physical Review* 誌の同一号に掲載された．

オッピーもまた電子・陽電子シャワー (electron-positron showers)[39]に関する彼の

---

[36] 訳註： アブラハム・パイス (1918-2000)：アムステルダム生まれの物理学者・物理学史家．1941 年ユトレヒト大学で Ph.D. を取得．戦後ニールス・ボーア研究所でボーアの助手を務めたのち，1947 年に渡米しプリンストン高等研究所所員となる．1963 年，ロックフェラー大学教授に就任．1970 年以降は自らの研究生活にもとづく物理学史の著書を多数刊行した．著書に『神は老獪にして…』（産業図書），『ニールス・ボーアの時代』（みすず書房），『物理学者たちの 20 世紀』（朝日新聞社）などがある．

[37] Abraham Pais, *Inward Bound* (New York: Oxford University Press, 1986), 385.

[38] H.A. Bethe, *Physical Review* 50: 332 (1936).

[39] 訳註： 電子・陽電子シャワー：「カスケード・シャワー」とも言う．エネルギーの高い電子または光子が物質内を通過する際に，逐次電磁相互作用により電子と光子が「ねずみ算」的に増殖してシャワー状になる現象を言う．高エネルギー光子は，原子核の近傍で負のエネルギー状態にあった電子を正エネルギー状態にたたき出すが，その際に，抜け穴としてできる陽電子を一緒にたたき出し，電子・陽電子の対生成を起こす．

2.4 再び，バークレー，パサデナでの物理研究

第1番目の論文を発表した．その当時，主要な宇宙線は高エネルギーの電子であると推定されていた．物質を通過する高エネルギーの電子は光子を生成する，その光子が電子・陽電子対に替わる，それがさらに多くの光子を生成させる，それで電子と陽電子のシャワーが湧きおこるというわけだ．オッピーは地表深くのシャワー源は説明できないものの，シャワー理論が地面の上での宇宙線のシャワーとバーストの良い説明となると言った．宇宙線問題はそれ以来，カルテックとバークレーの両方で活発となり，我々のこの分野での研究の大きな部分を占めた，バークレーでは R.B. Brode，カルテックでは Millikan, Carl Anderson, I.S. Bowen, H.V. Neher らが活発だった．カルテックの宇宙線研究者たちと我々との関係は核物理と同じような非公的なものでは無かった，情報交流は主にオッピーを通じて行われた．私が多くの接触を持ったのは，カール・アンダーソン (Carl Anderson) とセス・ネッダーマイヤー (Seth Neddermeyer) だけだ．

会合の後も留まり，シアトル内のワシントン大学の夏季学校で教えた．当大学教授の友人フレッド・シュミット (Fred Schmidt) が真新しい広大な住宅開発地区内の家を我々のために借りてくれた．その家は平地に在った；さらに高価な家々は我々の背後の丘を段状に削り取った上に建っていた．ある日，フレッドの仲間たちが我々をピュージェット湾 (Puget Sound)[*40]でのセーリングに招待してくれた，そして本当のどしゃ降り (downpour) が始まるまで愉快な午後を過ごした．家に戻った時，丘の泥流と平地の洪水を見た．基礎土台に繋がれていた我々の哀れな犬は基礎階段の最上段で震えていた：泥と水が基礎からそのレベルまで押し上げられたのだった．

私の NRC 給費研究員は 1936 年の春学期末で満了となった．オッピーは彼の研究助手としてバークレー物理学部で指名されるよう努力した．その指名が思ったよりも困難なことに彼は驚かされた．学部長のレイモンド・バージ (Raymond Birge) は不本意ながら年俸 1,200 ドルを支給した，そしてオッピーはアーネスト・ローレンスを説得しその他に 400 ドルを出させた．

バークレーに私が着任するまでに，オッピーの量子力学コースは完璧に確立されていた．オッピーは敏感で，せっかちだった，かつ鋭い舌を持っていた．彼が教え始めた最初の頃，彼は学生達を脅嚇しているとの噂が立った．5 年間の経験後の今日，彼は穏健になった——もしも初期の学生達が信じられるとしたならば．彼のコースは教育の達成と同時に鼓舞 (inspirational) する功績だった．彼は学生達に物理学の論理構

[*40] 訳註： ピュージェット湾：USA 北西部のワシントン州にある湾．氷河の侵食が形成した入り組んだ湾が南北に渡って続き，北のファンデフカ海峡を通じて太平洋とつながる．湾の東岸にシアトル，南端にオリンピアの町がある．沿岸はシアトル大都市圏と重なり，400 万人の人々が住む太平洋岸でも重要な産業・物流・交通・文化の中心地である．

造の美しさの感動と科学の発展の興奮を伝達した．そのコースの学生の多くは1回を超えて聴講した，そしてオッピーは3回目の聴講に来る学生達を拒絶するための困難に時折遭遇した．1人のロシア人女性が4回目の聴講を試みた，そして彼女を説得するオッピーの努力は彼女のハンガーストライキによって挫かれてしまった．オッペンハイマーの量子力学授業の基礎論理は *Handbuch der Physik* のパウリの論文から導かれたものだった．その大学院生には，多くのキャンパスで使われた，取り分けレオナルド・シッフ (Leonard Schiff) のを用いた，ともに彼自身の改訂版であったが．オッピーの研究助手としての私の職務の一部は，彼が外出している時——例えば，パサデナに居る時——このクラスの講義を行うことであった．

研究生と伴に研究するオッピー流もまた独創的だった．彼のグループは8名ないし10名の大学院生と半ダースのポスドクのフェローから構成されていた．彼は事務所内で1日に1回グループと会った．約束時間の少し前に，メンバーはバラバラに来て，彼ら自身をテーブルや壁のように措置した．オッピーはやって来て，学生たちの研究問題の状況について順繰りに1人1人と討論した，その間他の連中はそれを聞き，コメントを出した．オッペンハイマーは全ての事に興味を持った，そして1つの主題からもう1つの主題へと導き，他の全てのものと共存させた．ある日の午後，我々は電磁力学，宇宙線，宇宙物理学と核物理学の討議をしようとした．オッピーと個々の学生との討議の終りに，いか様にして続けるかを学生に助言した．全てを終わらせて彼は引き揚げた．連中の多くはそこに留まり，そして私の仕事が始まる：各自にオッピーが何を行えと言ったのかについての説明を行った．彼らは理解不足をオッピーからよりも私が明示することをより多く希望していた．

我々がバークレーに着いた当時，彼が移った Shasta Road 上のアパートメントで，オッピーと私は夜間に一緒に研究を時折行った．そこはサンフランシスコと金門橋の壮観な風景を伴う典型的なバークレーの丘の上のハウスだった．オッピーのアパートメントは下の階に在った．彼の女家主，Mary Ellen Washburn，彼女の夫はバークレーで経済学を教えていた，は上の階に住んでいた，そこはハウスの前面は通りの水準，背面は地面から30フィート (9.2 m) 上に位置していた．

オッピーは暗い色の木製壁面，至る所に在るバークレー暖炉，コーチと机を備えた中間サイズの居間を持っていた．小さな台所，バスルーム，寝室が在った．窓は夏でも冬でも，何時も広く開けられていた，それはオッピーを最初の場所であるニューメキシコへ追いやった肺の問題の名残であった．冬に1度苦しんだ；本当に寒かった．暖炉に加えて，鉄格子（グリル）で蔽われたガス床暖房が在った．火をつけるのにあまりにも我々が不精だった時に，私はしばしばそのグリルの上に立った，一方オッピーは部屋の中を行きつ戻りつした．靴が苦痛を受け，革が焼けている臭に気付くま

2.4 再び，バークレー，パサデナでの物理研究

でその上に私は立ちつくしていた．

　研究を始める前に，我々は時々オークランドにメキシコ料理の晩餐のために出向いた，意気消沈した時には映画を見に行った．何時も一緒に来るシャーロットは，我々が研究したり読んでいる間，目立たない場所にいた．

　オッピーの社会生活の一部は彼の学生たちにまとわり付かれていた．我々は沢山のパーティーを行った，その幾つかはオッピーのアパートメントで，そこで飲み，ダンスをし，食事をし，そして勿論物理学について話した．オッピーが食べ物を提供した時，新参者たちはオッピーが給仕したホット・チリにより苦しんだ，それは彼らが食することを要求された社会道義事例である．しかしオッピーは，大学の他のエリアからの友人たちともう1つの社会生活を持っていた，それは残りの全ての部分は女友達と一緒に行うべきものであった——彼女らは Estelle Caen，ジーン・タトロック (Jean Tatlock)，Sandra Bennett である——彼の学生たちは彼女らに決して会っていない．例えば，私はオッピーと一緒の Jean を見たことは無い，そして彼女のみを知っているのは，彼女が Mary Ellen 家の友達だったからだ．

　しかしながら，この時までに我々はオッピーの弟，カルテックの物理学の大学院生だったフランク (Frank) と良い友達となった．1936 年のパサデナ訪問期間中に，彼は我々のための蓄音機を作った，それは家庭電子機器の初期事例であった．彼はある宵の真夜中ごろに仕事を終えた，そしてテストのために音声を上げた．彼はアテナイオン (Athenaeum：アテネ神殿) から遥かに隔たったカルテック・キャンパスを目覚めさせたに違いない．その 10 月に彼はジャッキー (Jackie) と結婚した——そして次の春，シャーロットと私は彼らたちと家をシェアーし合った．

　1937 年，シアトルでのシャワー理論のオッピー説明の 1 年後，アンダーソンと S.H. ネッダマイヤーおよび J.C. ストリートと E.C. スティヴンソン[*41]による宇宙線の侵入要素の質量粒子（ミューオン：muons）[*42]の発見から 1 ヵ月後，湯川秀樹が $n-p$ 交換力説明のために仮定した粒子[*43]に違いないと推定し，オッピーと私は *Physical*

[*41] S.H. Neddermeyer and C.D. Anderson, *Physical Review* 51: 884 (1937); J.C. Street and E.C. Stevenson, *Physical Review* 51: 1005 (1937).

[*42] 訳註：　　ミューオン：μ 粒子ともいう．それは湯川理論の中間子と長い間混同されて，1942 年の坂田，谷川による二中間子の理論的予言と 1947 年の発見とによってはじめて両者が区別されるようになった．

　π 中間子：中間子の一種でパイオンともいい，単に中間子と呼ばれることもある．β 崩壊を媒介する場の粒子として核力を説明するために湯川によって予言され (1935)，C.F. Powell らによって宇宙線中から発見された (1947)．アメリカ・カリフォルニア大学の 400 MeV のサイクロトロンの中で人工的に創生されたことが 1948 年 C.M. Gardner, G. Lattes によって発見された．

[*43] H. Yukawa, *Proceedings of the Physico-Mathematical Society of Japan* 17: 48 (1935).

Review 誌にレターを投稿した（論文 12）．湯川の論文は 1935 年に出されたのだが，その論文を参照したものを見たことはなかった，そしてそれを知ったのは湯川がオッピーに別刷を送ってくれていたからだった．我々のレターの目的は，その論文に注目を向けさせることだった．しかしながら湯川理論が飽和的性質でもって類似または異質の力の等価性を満足させ得たこと，または陽子と中性子の磁気モーメントを説明していることの何故なのかが見えないとして，"あまりにも不自然だ" (extreme artificiality) との言葉で不満を述べた．当時，1 次宇宙線は電子と陽電子であると信じられていた，さらに中間子 (mesons)[*44]は，対生成と同様に核内で光反応生成される 2 次粒子であると我々は推測していた．海面位置における重吸収下で生成されるシャワーを引き起こす電子の衝突（ノックオン）だと我々は主張した．中間子の強い核相互作用と中間子の巨大な浸透力間の矛盾については触れていなかった．

中間子は電子と中性微子 (neutrino) に弱い力で結び付き，仮想中間子を介してベータ崩壊が起きる，それは中間子であって核子 (nucleon)[*45]では無いと湯川は示唆していた．我々の論文の意図は，もしも湯川が正しければ，その中間子の寿命はマイクロ秒であり，空気中での吸収は地中物質中に比べて大きいことを指摘することだった．しかしオッピーがこのアイデアを持ち出した時，ミリカンは Arrowhead 湖での彼自身が行った吸収測定ではそのような効果は無かったと言って拒否した．ミリカンの反感を買わないように書きなおすべきであろうとオッピーは言った．彼らしくない態度で，その書き直しを私が行うように論文を置いて行った，いずれにせよ，彼が満足していなくとも私は論文に加筆した．私の 4 番目の草稿が拒絶された後，私は苛立ちながら言った，"完全にカットしましょうか"．オッピーはびっくりした目で私を見つめ，言った "君は本当にそう思うの？"．それで完了．怒った気分のままの論文はそのまま残された．1 年後，ハイゼンベルクと H. オイラーは同じ視点[*46]でブルーノ・ロッシ (Bruno Rossi) を啓蒙した；エリトリア (Eritrea) での実験で彼はこの効果を観測した[*47]．

1937 年の初め，ボーアがバークレーを訪れて 3 つの公開講義を行った．最初の講義中，私は物理学部長，Birge の隣の席に座った，彼は公式の記録係だった．ボーア

[*44] 訳註： 中間子：強い相互作用をする粒子（ハドロン）のうち，バリオン数が 0 の粒子を中間子と呼ぶ．かって，核子よりも軽く，電子よりも重い粒子を一括して中間子と名付けたことがあったが，最近では核子より重い中間子も見つかっている．1934 年湯川秀樹により，核力と β 崩壊を媒介する新しい場の素粒子として理論的に導入された．

[*45] 訳註： 核子：原子核の構成要素である陽子と中性子の総称．ディラック方程式に従うスピン 1/2, パリティ + の粒子で，質量は互いにほぼ等しい．

[*46] H. Euler and W. Heisenberg, *Ergebnisse der exakten Naturwissenschaften* 17: 1 (1938).

[*47] B. Rossi, *Review of Modern Physics* 11: 296 (1939).

2.4 再び，バークレー，パサデナでの物理研究

はマイクロホンにつながれていた，彼は時折そのケーブルをからませて，解きほぐさねばならなかった，しかし Birge はそのバックアップだった．規定時間の間 Birge は献身的になぐり書きした．そしてその講義の終りに正確に彼のノートブックをパチンと閉じた．ボーアは話しを続けた．数分後に，Birge はノートブックを開き，書き始めた．彼の肩越しに，見た "もしもあなたが私に数分の時間を下さるなら"．ノートブックが閉じられた．5 分後に "もしもあなたが私を満足させたいならもうちょっと長く"．ボーアはさらに半時間話し続けた——しかし Birge のノートブックは閉じたままだった．

ボーアの研究助手の Fritz Kalckar が彼と一緒に来て，数カ月間を我々と一緒に過ごした．我々は良き友人となった．我々のパサデナへの年中行事の移住に彼に伴い海岸線を南下し，そこで週末旅行にボレゴ (Borego) 砂漠[*48]に出かけたことを覚えている．我々がまだバークレーにいた頃，Fritz，オッピーと私で論文を書いた，"高エネルギーの光核効果" (Note on Nuclear Photoeffect at High Energies)[*49] (論文 13)，これは非常に成功したものではないが，水準が重なり合った時の核反応理論を我々が理解する試みであった．そしてチャーリー・ローリッツェンの影響下のパサデナから戻り，我々は "軽核変換の共鳴について" (Note on Resonances in Transmutations of Light Nuclei) (論文 14) を書いた．我々のポイントは，強力なアルファを放出出来る $p + {}^{11}B$ と $p + {}^{19}F$ の反応において，非常に広いレベルと非常に狭いレベルの両者が観測されていた，そしてある強力な選択規則がその狭いレベルからのアルファ放出を禁止するのに働いているのではないかということだった．総スピンと角運動量が，3 重から単一スピン状態への遷移則から得られるものとして，両者とも非常に近い定数になることを我々が示唆した．1937 年春の時点において，そのテンソル力は考察外だった．

しかしそう長くは無かった．1937 年 12 月にスタンフォードで開催された米国物理学会 (APS) 会合で，私は "核力のダイナトン理論について" (On the Dynaton Theory of Nuclear Forces) (論文 15) を発表した，この論文は湯川近似理論から現実的な $n-p$ 力を得る最初の試みであった．"ダイナトン" (dynaton) が何処に由来するのかを私は知らなかった，明らかにローカルな創作 (invention) だった．スカラー中間子とベクト

[*48] 訳註： ボレゴ (Borego) 砂漠：アンザ・ボレゴ砂漠州立公園は南カリフォルニア，コロラド砂漠に位置する州立公園．名称は，18 世紀スペイン人探検家ファン・バウティスタ・デ・アンサと，ボレゴ（スペイン語 borrego：ビッグホーン）に因む．

[*49] 訳註： 光核反応：高エネルギーのガンマ線（光子）を原子核に照射したときに起こる核反応の事である．起こり得る核反応はガンマ線のエネルギーや標的核の性質などにも依存するが，核子やアルファ線や重陽子といった粒子放射線を放出したり，パイ中間子や K 中間子などを放出する事もある．

ル中間子の両者を用いた（Alexandre Proca のベクトル中間子理論の最初の応用）[50]，前者は中心力を与え，後者は，核子にカップリングしているテンソルでもって，スピン依存とテンソル力を与えるもので，核の観測されたスピン依存性と異常な磁気モーメントの両者を説明していると私は言った．しかし私は電荷中間子のみを考えていたため，電荷の非依存性について説明出来なかった．数ヵ月内に湯川，坂田，武谷[51]，Kemmer[52]，および Bhabha[53] が独立にテンソル力を導いた（それと電荷非依存性が得られる中性中間子を導いた）のだが，我々にとって重陽子 (deuteron)[54] 上の効果について考えもしなかった．ラビと同僚たち[55] が重陽子四重極モーメント (quadrupole moment)[56] を発見し，そしてラビは全く思いがけずにテンソル力を予測してしまった1939年まで，その効果を説明出来なかった．

同じスタンフォードでの APS 会合で，ウイリス・ラム (Willis Lamb) と私は中性子・重陽子反応理論の論文を発表した（論文16）．

チャーリー・ローリッツエン一家が会合参加のためにパサディナからやって来た，そして我々全員はパロアルト (Palo Alto) の同じホテルに滞在していた．ある晩，小さなパーティーを開いた．しばらくしてから，パーティーは，2対の全家具付き部屋から全ての家具——ベッド，たんす，椅子，テーブル，それら全て——をモーテルの中庭へ運び出し，ダンス・フロアーを作った．ちょっとばかり騒々しかった，そのモーテルの経営者は我々の狂態を認めなかった．翌朝，退去を要求された．

当時，スペイン内戦 (Spanish Civil war)[57] が進行中で，バークレーの我々全員が情緒的に共和制支持者 (loyalists) 側への関わりを持った——以前には政治または社会

---

[50] A. Proca, *Journal de physique et le radium* 7: 347 (1936).

[51] H. Yukawa, S. Sakata, and M. Taketani, *Proceedings of the Physico-Mathematical Society of Japan* 20: 319 (1938).

[52] N. Kemmer, *Nature* 141: 116 (1938) ; *Proceedings of the Royal Society* 106: 127 (1938).

[53] H.J. Bhabha, *Nature* 141: 117 (1938).

[54] 訳註： 重陽子：重水素の原子核 ^{2}H（d, D とも書く）．1個の陽子と1個の中性子が結合したもの．

[55] J.M.B. Kellog, I.I. Rabi, N.F. Ramsey, and J.R. Zacharias, *Physical Review* 56: 728 (1939).

[56] 訳註： 四重極：四極子とも言う．大きさが等しく向きが反対の双極子2個がきわめて接近して存在するものとみなされる．電気的四極子，磁気的四極子などがあるが，電気的四極子が特に重要である．一般に，四極子はテンソルで表される．電荷 $e_i (i = 1, 2, \cdots, n, \sum e_i = 0)$ の座標を (x_i, y_i, z_i) とすれば，そのテンソルを四極子モーメントという．

[57] 訳註： スペイン内戦 (1936-1939)：第二共和政期のスペインで勃発した内戦．マヌエル・アサーニャ率いる左派の人民戦線政府（共和国派）と，フランシスコ・フランコを中心とした右派の反乱軍（ナショナリスト派）とが争った．反ファシズム陣営である人民戦線をソビエト連邦が支援し，フランコをファシズム陣営のドイツ・イタリアが支持するなど，第二次世界大戦の前哨戦としての様相も呈した．

2.4 再び，バークレー，パサデナでの物理研究　　57

主義運動に全く興味を持たなかったオッピーでさえもそうなった．彼の叔母である Hedwig が，彼女の息子アルフレッドと息子家族と一緒に最近ナチス・ドイツから逃れ，オークランドの近くに住みついた．彼の変化は，その叔母の影響が大きかったものと私は思った．バークレーの英語教授の娘，ジーン・タトロック (Jean Tatlock) から疑いも無くもう1つの影響を受けた．彼女はスタンフォード大学医学部精神科の学生だった．彼女は，気を合わすことがかなり困難かつ鬱病にかかりやすい，美人で大そう知的な女性だった；彼女とオッピーは発作的な熱情とあっという間に消える出来ごとを持った．

家からの手紙は，シャーロットの父，ドクター・レオフがスペイン共和制支持者の医療援助委員会 (Medical Aid Committee) フィラデルフィア支部長であることを伝えていた．レオフ家での会合の逸話がある，そこでドクター・レオフが大義のために多くの医者を参加させようとしていた．彼らの1人が医療品を両方に送る提案をした時，階段に座って聞いていたシャーロットの母，ジェニーが突然叫んだ，"医薬品をファシストに送るべきだって？彼らには毒を送るべきよ！"．オッピーの励ましによって，シャーロットはバークレーで医療援助委員会支部を組織化して支部の秘書となった．彼女の活動は医療品のための募金を募るカクテル・パーティーの差配から成るものであった．

最近，バークレーのキャンパス内に教員組合結成された，そしてオッピーと私自身を含む彼の学生の多くが組合に加入した．教員組合の争点は，当時の教育助手の支払いを増額させようとすることだった——立派な動機である．

1938年1月のAPSのニューヨーク会合でのことだったと思うが，オッピーがグレゴリー・ブライト (Cregory Breit) と話をしていた，彼は強い相互作用の電荷独立性が，選択規則 (selection rule)*58の帰結として，軽い核でほぼ保存されるアイソス

---

*58 訳註：　選択規則：任意の量子力学系が摂動（たとえば電磁場との相互作用）によって遷移をおこなうとき，遷移のおこり得る始めと終りの定常状態の量子数を規定する規則．遷移確率にもとづいて定まり，主として運動量保存則と角運動量保存則に対応するものが多い．たとえば電磁波の放出（または吸収）にさいして，全角運動量（内量子数 J）および磁気モーメント（磁気量子数 M）に関する選択規則はつぎのとおりである．電気双極放射では $\Delta J = 0, \pm 1$, $\Delta M = 0, \pm 1$.
　内量子数 (inner quantum number)：全角運動量の大きさを表す量子数．j で表すが，多粒子系の合成角運動量では J を用いる．
　磁気量子数：軌道角運動量 l の z 成分 l_z の大きさを表す量子数．m_l で表すが，多粒子系の合成角運動量では M_L を用いることもある．全角運動量 j の z 成分 j_z の量子数 m（または M）をさすこともある．
　方位量子数：軌道角運動量の大きさを表す量子数．l で表すが，多粒子系の合成角運動量では L を用いる．
　スピン量子数：スピンの角運動量の2乗の固有値を $(h/2\pi)^2 s(s+1)$ とするときの量子数 s（多粒子

ピン (isotopic spin)*59を導くのだと指摘した．このことが Kalckar と共著の我々の 1937 年論文の再考を促すことになった．"ボロンと陽子との反応について" (Note on the Boron Plus Proton Reaction)（論文 17）という題で，オッピーと私は直撃ケースを考察した．陽子を ^{11}B に衝撃させて観測される 0.16 MeV 共鳴水準は，励起エネルギー 16 MeV を伴う結合核 ^{12}C の水準である．広範囲のアルファ線がその基準水準 (ground state) での ^{8}Be を残して放射する，そして ^{12}C の基準水準への遷移に対応する 16 MeV のガンマ線をそのアルファ線の収率 10 ％で放射する．ガンマ放射に比肩する点へ広範囲のアルファ線放射を何が禁じているのか？ 我々は現時点で 16 MeV 状態が $J = 2$ を持つ $T = 1$*60であったと言える，それは ^{12}C の基準状態，$T = 0, J = 0$ へのガンマ線放射を許す，しかしアルファ線崩壊を禁止する，何故ならアルファと ^{8}Be の両方ともに $T = 0$ を有しているからである．それは 20,000 (詳細構造定数の平方) の一部を保持しているに違いないと言って，我々は T 選択規則の有効性 (validity) を過大評価してしまった．共鳴水準の幅*61が 6.5 keV であることが現在知られている，その殆んどは短範囲アルファ線を放射する崩壊と 2.9 MeV での $T = 0, J = 2$ に依る ^{8}Be の励起状態から放たれるものである．T 選択規則の有効性は，アルファ線放出を許す ^{12}C の低エネルギー共鳴水準の崩壊をこれと比較することで観察出来る；10.3 MeV での $T = 0, J = 0$ 状態から，500 倍も広い 3 MeV の幅を持つ ^{8}Be ($T = 0, J = 0$ である) の基準状態に加えてアルファ線への崩壊をする．

アイソスピン選択規則の最初の例に加え，完全アイソスピン対称性を示す類似状態の最初の例をも与える．^{12}C の 16 MeV 状態は $T = 1$ 三重項の $M_T = 0$ 水準になる．$M_T = -1$ 水準が ^{12}B の基底状態であるべきだと我々は主張した．これは全く正しい

　　　　　系では S とも書く)．
*59 訳註：　アイソスピン（荷電スピン）：W.K. Heisenberg は陽子と中性子とは全然別のものではなくて，1 つの素粒子（核子）の内部状態だけがたまたま異なるものと考え，その内部自由度を記述するものとして電荷スピンを導入した (1932)．強い相互作用は荷電独立であるが，電磁相互作用は荷電独立でも荷電対称でもない．このため荷電多重項の質量のちがいは，電磁相互作用によるものと考えられる．荷電空間や荷電スピンは素粒子の内部の運動を表現するためのものと考えられるが，その具体的な像はまだ分かっていない．
*60 訳註：　"もしもアイソスピンの対称性が正確ならば，核システムの全アイソスピン T はその運動で一定値となる．例えば T と M_T が与えられた共鳴状態は，同じ T と M_T 状態の生成物にのみ壊変出来る．電磁気力を含ませた時には，その対称性がもはや正確にはならない；しかしその運動に対し M_T は定値を保つ，何故なら M_T 保存は電荷保存と等価であるからだ．T 選択規則がもはや正確でないが，電磁気力が相対的に弱いとの観点からほぼ有効であると我々は予想した，特に軽原子核の低いエネルギー水準ではクーロン相互作用による影響がそれほど大きく無いからである" [p. 197] (*Serber Says: About Nuclear Physics*, World Scientific Publishing Co Pte Ltd., (1987) より)．
*61 訳註：　準位幅：エネルギー準位の幅ともいう．連続的な分布をもつエネルギー帯の幅をさすこともあるが，1 つの状態のエネルギー準位も不確定性原理にもとづく幅 Γ をもつ．

2.4 再び，バークレー，パサデナでの物理研究

訳ではないことが明らかになった；その類似状態は，実際は 0.95 MeV が第 1 番目の励起状態である．

　ファウラー，デルサッソ (Delsasso) とローリッツエンによって設定された例に従い[*62]，我々はその論文の有意さを包み隠すタイトルを選択した．それは注意を引かなかった，そして類似状態は，その主題がロバート・アデール (Robert Adair) によって発展させられた 1952 年まで再発見されなかった．

　私の次の論文（論文 18）は宇宙線に関するものだった．我々バークレーのグループで最良の数学者であった大学院生，ハートランド・スナイダー (Hartland Snyder) がオッペンハイマーとカールソンのシャワー理論の改良版を丁度その時に与えくれた．ユタから来たハートランドは世評によればトレーラー (ex-truck) の運転手だった．彼の話し方とマナーは我々上位中産階級の標準に比べて少々粗雑だった．我々は彼を"荒地の中のダイヤモンド"と呼んだ，その鋭いエッジはローカルな社会的圧力の下で徐々に蝕まれてしまったのだが．私は幾つかの些細な改良を行った，そして主要宇宙線は陽電子と電子であると想定し（それは当時のカルテックのゴスペルであった），入射角全体を平均して上部大気中の理論的遷移曲線として予備値 11 GeV（その時は BeV と呼ばれた）を与えた．この結果はボーエン (Bowen)，ミリカン (Millikan)，ニール (Neher) のサン・アントニオ-マドラス差分曲線 (San Antonio-Madras difference curve)[*63] と極めて似ているように見えた．その理論曲線は 12 放射長で死に絶えた；これと比較して実験曲線は入射 1 次線当り 2 次貫通要素の半分がその深さで存在していた．そのシャワー曲線の最大での増倍は理論的には 11，実験的には 9 であっ

[*62] W.A. Fowler, L.A. Delsasso, and C.C. Lauritsen, *Physical Review* 49: 561 (1936).

[*63] 訳註：　サン・アントニオはテキサス州西部の商業，金融，工業の中心地．ロッシの遷移曲線 (Rossi's transition curve) の様相を指してテンガロンハット（カウボーイハットの一種．高いクラウン（山部），幅広いブリム（つば），飾りひもを持つ）を意味し，マドラスはマドラス靴（ハイヒール）のことか；ロッシの遷移曲線の形状から，彼らはそう呼んでいたのだろう．
ブルーノ・ベネディッティ・ロッシ (1905-1993)：電気技術者の息子であったロッシはイタリアのパドヴァ大学とボローニア大学で教育を受けた．1938 年，イタリアでの反ナチ政策からアメリカに移民した．シカゴ大学とコーネル大学で研究していたが，1943 年，原子爆弾の研究開発をするため，ロスアラモスへ移った（爆縮法開発実験での計測器開発など，宇宙線計測器の開発の経験をもとに放射線測定機器の開発に従事した），戦後の 1946 年，MIT の物理学講座の教授に任命され，1970 年に引退するまでそこに留まった．1974-1980 年までイタリア・パレルモ大学で教鞭をとった．ロッシの主要な研究は宇宙線分野であった．1934 年，ロッシはエリトリアの山中に彼のカウンターを設置し，東からの粒子が 26% 過剰であることを見出し，宇宙線の大多数が正に荷電していることを示した．ブルーノ・ロッシ著，小田稔訳，『物理学者 ブルーノ・ロッシ自伝；X 線天文学のパイオニア』中公新書 (1993) は生い立ちから宇宙線物理学者としての経歴が詳しく記述されている．訳者はロッシの下で研究し，MIT 教授，宇宙科学研究所長を経て理化学研究所理事長を務めた．専門的な記述については，訳者注を加えて宇宙物理学以外の者にも理解出来るよう解説を加えている．

た，この差異はエネルギーが 2 次貫通の生成物に入り込むならば想定され得るものである．私にとって幸運だったことに，理論曲線は，その 1 次粒子が陽子であって陽電子ではなかった事実によりあまり敏感でなかったことだ．1 次粒子が陽電子であることに対しては 1 年後の 1939 年に Jonson と Barry により主張され[64]，1941 年に Schein，Jesse と Wollan によって証明された[65]．

私は科学歴史家（それが誰だったか思い出せないことを詫びなければならないのだが）に借りが在るこの論文に関する物語が在る．当時，私はその論文の研究中であり，イリノイ大学から来ていたジム・バートレット (Jim Bartlett) がサバスチカルの学期として我々と一緒に過ごしていた．彼は 2 つのプロジェクトを持っていた．その 1 つは英語オリジナルのディラックの本とロシア語版を読み比べることでロシア語の学習をすることであった．もう 1 つは，高エネルギーの電子とガンマ線によって制動輻射 (bremsstrahlung) と対生成 (pair-production) のベーテ・ハイトラー公式に現れる阻止定数 (screening constant) を再計算することであった．その標準公式は 183 の対数が阻止定数であった[66]．ジムはその主題でのセミナーを開催し，彼は初めて 191 の対数を言って，セミナーを終わらせた．それで私のシャワー理論ではバートレットが言った最新の値として 191 を用いた．ロシアのレフ・ランダウ (Lev Landau) が私の論文から 191 を採り上げ，その値を彼の後に続く研究で用いた．歴史家の私の友人のジョークでは：それより数年間，ベーテの 183 を持ち出して，阻止定数の再計算を行う 2 ないし 3 人のアメリカ人プロジェクトが存在し続け，そしてランダウの 191 の確認を行った 2 ないし 3 人のロシア人の努力が在ったのだからだ，と．

---

[64] T.H. Johnson and J.G. Barry, *Physical Review* 56: 219 (1939).
[65] M. Schein, W.P. Jesse, and E.O. Wollan, *Physical Review* 59: 615 (1941).
[66] 訳註：　　阻止能の定義と S_i の一定であることから

$$(dE/dx)_\gamma = -(ZS_i/\alpha)E$$

となり，

$$E = E_0 \exp\left(-\frac{ZS_i}{\alpha}x\right)$$

が求まる．E_0 は物質への入射電子エネルギーである．放射長 X_0 (cm) は電子が放射損失をしそのエネルギーが $1/e$ になる距離と定義され，

$$X_0 = \alpha/ZS_i \text{ (cm)}$$

である．これらの式より，

$$\alpha = 718 S_i A/\rho Z \ln(183 Z^{-1/3})$$

となり，^{238}U では $\alpha = 803$ (MeV) が求まる．$\ln(183 Z^{-1/3})$ は $Z = 1 \sim 92$ まで変わっても 5.2 ～ 3.7 しか変化しない．

2.4 再び,バークレー,パサデナでの物理研究

オッピーと共著の"中性子恒星の核の安定性"(On the Stability of Stellar Neutron Cores)の題でもう1つの論文が直ちに現われた(論文 19).パサデナで,オッピーはウイルソン山天文台のスタッフと彼の友人リチャード・トールマンに影響を受けた,そして彼はしばしば宇宙物理学に興味を持った.恒星モデルに関するエリス・ストロムグレン(Elis Strömgren)の研究は我々に太陽エネルギー源として炭素サイクル成就を試みることに駆り立てた,しかし幾つかの間違った実験情報によって考え違いをしてしまい,失敗した,そしてベーテが我々を出し抜いてしまった.それで,これは我々の第 2 番目の試みであった.ランダウが星の主要シーケンスは中性子の核を持つに違いないと示唆していた[67].その核が持つ最小寸法をランダウはかなり過小評価してしまった,と我々は主張し,恒星モデルが根本的に変更される程に大きな補正した推定値を最小質量として与えた.もしも $n-n$ 力の含有が質量を十分に減少させるならばと問い,それは結論を変えさせ,合理的な力は伴わないことを見出した.次の年 (1939),オッピーはジョージ・ヴォルコフ (George Volkoff) と"大質量中性子の核について"(On Massive Neutron Cores)[68]を,ブラックホール (black hole) の第 1 番目の記述となったハートランド・スナイダーと"連続的重力収縮について"(On Continued Gravitational Contraction)[69]を書いた.私はブラックホールに関する最初の手振り激論 (hand-waving discussions) の場に居た,しかしバークレーを去る前までには,その研究はさらに遠くまで進んでしまった.

バークレーで,核物理学と素粒子物理学の我々の興味から電磁力学の問題を引きだしてしまった.一方では,スタンフォードでフェリックス・ブロッホが核物理学の実験研究を行いながら,同じように電磁力学の研究を続けていた.1937 年ブロッフォとノルジック (Nordsieck) が赤外発散 (infrared divergence)[70]を説明した[71].1939 年にシド・ダンコフ (Sid Dancoff) はオッピーの下で学位を取得し,スタンフォードへポスドクとして赴任した.フェリックスは彼に紫外頂点補正 (ultraviolet vertex

---

[67] L.D. Landau, *Nature* 141: 333 (1938).
[68] J.R. Oppenheimer and G.M. Volkoff, *Physical Review* 55: 374 (1939).
[69] J.R. Oppenheimer and H. Snyder, *Physical Review* 56: 459 (1939).
[70] 訳註: 赤外発散:場の量子論を使って自己エネルギーや真空の分極などを計算したときに生ずる無限大で,今日の素粒子論における本質的な欠点とみられている.自己場の中の低エネルギー部分,高エネルギー部分による無限大をそれぞれ赤外発散,紫外発散とよぶ.赤外発散は自己場を構成する素粒子が質量をもたない場合(たとえば光子)にだけ現われる.F. Bloch と A. Nordsiech は,摂動論的展開のすべての項をまとめると赤外発散が消えることを証明し,困難の本質は紫外発散にあることをしめした.その後電磁相互作用における発散を質量と電荷とにくりこんで処理する理論が,朝永振一郎を中心にした日本のグループと米国の J. Schwinger とによってそれぞれ独立に作られた.
[71] F. Bloch and A. Nordsiech, *Physical Review* 52: 54 (1937).

corrections) の計算研究を命じた．ジドは出版前の論文原稿を私に見せた，そして私は間違いを見つけた．彼はその間違いを直さなかった，しかしそのことを脚注に記し，結論には実際的に影響しなかったと語った[*72]．後に，フェリックスはオッピーに，"もしのジドが正解を得てしまったなら，彼はそれが意味するものを知ることは無かったに違いない，しかし我々は確かに持ちえたのだ" と語った（彼らがそこでその時には繰り込み問題の解を理解していたことを意味している）．

中性子恒星の核に関する論文がバークレーからの私の最後の論文だった（オッピーが 1938 年 9 月初旬にそのことをレターに書いた）．1938 年春，私はアーバナに在るイリノイ大学から助教授職の提供を受けた．最初，私はそれを断り，それでオッピーはその仕事のためにレオナルド・シッフ (Leonard Schiff) を推薦した．しかし，その時ラビが現れ，私がその職に就くべきだと説得した．彼は私に職を得ることは稀なことなのだ，と語った．彼は私にユダヤ人青年にとってそのことは倍以上困難なのだ；彼がコロンビア大学教員に指名された最初のユダヤ人であったことを話してくれて，とにかく臍の緒 (umbilical cord) を断ち切れと彼は言った．事実として，オッピーは 2 年の間，私をバークレーでの助教授職に就けようと，成就する見込みの無い困難な試みを続けていたのだった．かなりの年数が経ってから，学部長のバージ (Birge) が手紙の中で，学部内には 1 人のユダヤ人で充分だ，と言っていることを学んだ．シャーロットはラビの横に居た，そして私は不本意ながらそれを受け入れたのだった．

1938 年 9 月初め，我々はバークレーを後にアーバナへ旅たった．我々の所有物全てを車に積み込み，その我々の車はスチュアート・ハリソン (Stuart Harrison) から購入し，長距離を乗り回したモデル A ロードスターだった．最初，バンクーバーまで北上し，理論物理学者の会合に出席した．カルテックとバークレーから沢山の私の友人達がそこに居た，そこで会合とバンクーバー探検の両方で貴重な時間を持てた．シャーロットはさらに寒い気候に備えてビーバー・コートを購入した．会議中の催し物として全参加者のための島々間のボート巡り乗りが含まれていた．出発時刻になっても，濃霧が立ち込め，視界はやっと 50 フィート (1.5 m) が限度であった．とにかくボートは岸を離れ，ボートが航海している方法に魅了された．パイロットは笛を吹き，島々の険しい断崖岬でその音のエコーが消える様子を注意深く聴くことで船が何処に居るのかについて話してくれた．我々全員がデッキの上で輪になって座っていた，そして適切に誰かが質問した，もしもボートが理論家の荷重で沈んだなら，物理学の結末は何だろうか，と．オッピーが直ちに答えた，"それはいかなる恒久の善 (permanent good) をも成さない" と．

[*72] S.M. Dancoff, *Physical Review* 55: 959 (1939).

2.4 再び，バークレー，パサデナでの物理研究

　バンクーバーから東へカナダを横断して——ゆっくりと，何故ならその道は穴ぼこだらけだったからである．我々はルイーズ湖 (Lake Louise) に行き，そこで 2 日間過ごし，氷河上を這いまわった，その後フィラデルフィアの家に戻るまで東への旅を続けた．我々は 4 年もの間，家族とは会っていない——我々が 1934 年にカリフォルニアへ向けて去って以来である．父と継母は，今は市の中心部に在る快適なアパートメントに住んでいた．父は最近フィアデルフィア市の市副法務官 (assistant city solicitor) に任命された．父は私に 17 世紀に市法務官は俸給を受けずに，各々の奉仕されたサービスに対する料金支払いとなったのだと話してくれた．このシステムはけっして変えられることは無かった，そして市の人口は千倍に増えた，その料金もだ．現行在職者政治パーティーへの習慣的リベート (customary kickbacks) が行われているにもかかわらず，市法務官の仕事は依然として非常にもうかる仕事なのだ．他のソースから，父は最近の選挙で市長候補当選者の右腕であったと私は聴いた．

　レオフ邸での午後，我々は非常に魅力的な女性，キティー・ペニング (Kitty Puening)，ペンシルベニア大学の生物学の学生と会った．彼女は医療援助委員会 (Medical Aid Committee) に繋がるレオフ邸に入り込んだものと推測した；その前年，彼女の夫はスペイン国内での戦闘で殺されてしまった．ウイスコンシン大学での 1 年間，1933-34 年の我々はオーバーラップし，我々は多数共通の友人達を持っていた，そしてそれ以降会っていないことが判った．しかし，更に特筆すべき一致点が在った——彼女はスタート・ハリソンと婚約していたのだった，彼の所有だった車が角の車庫に丁度駐車していたのだった．彼女は数年前にイギリスで彼を知った，そして彼はその時に結婚してくれないかと尋ね，彼女は拒否した．丁度数ヵ月前，ロンドンで彼と再び会った，彼は求婚を再び行った．この時，彼女は了承した．両人はフィアデルフィアで 11 月の結婚を予定していた．

　フィアデルフィアでの 1 週間の滞在後，アーバナでの新たな経歴のため，幾らかの不安を胸に車を西に向け，前進した．

第3章
アーバナ，1938-1942

3.1 アーバナでの生活[*1]

　アーバナ[*2]の物理部門は活気に満ちていた．学部長のホイラー・ルーミス (Wheeler Loomis) が彼の部門建設のための費用を獲得していた．ジェリー・クルガー (Jerry Kruger) とケン・グリーン (Ken Green) はサイクロトロンの建設を行っていた．エド・ジョーダン (Ed Jordan)，分光分析者，は 1937 年に来た，核物理実験用コッククロフト・ウォルトン加速器の建設を始めたジョン・マンリイもだ；彼はウイスコンシン大学の古い同僚，リー・ハワースによって 1938 年に加わった．1938 年での私の周囲の他の新参者は，ウイスコンシンからのドン・カースト (Don Kerst)[*3]，バークレー放射研究所からのアニー・ライマン (Ernie Lyman) とレグ・リチャードソン (Reg Richardoson) とキャベンディッシュからの核物理学者モーリス・ゴールドハーバー (Maurice Goldhaber)[*4]だった．モーリス，逃亡者，は当時モーリスではなくモーリッ

[*1] 訳註：　　節番号および節見出しは原書になく，日本語版翻訳にあたり付けたものです．
[*2] 訳註：　　イリノイ大学アーバナ・シャンペーン校．
[*3] 訳註：　　ドン・カースト (Donald W. Kerst)(1911-1993)：イリノイ大学で 1937 年に Ph.D. を取得．1 年間 GE 社で働き，1938-1957 年にイリノイ大学で教鞭をとる．戦争中はロスアラモスでマンハッタン計画に加わる．1957-62 年に General Atomic Laboratory に雇われる．1980 年の引退までウイスコンシン大学教授だった．ベータトロンの開発，新型加速器の開発を行い，かつプラズマ物理学者．
[*4] 訳註：　　モーリス・ゴールドハーバー (1911-2011)：オーストリア生まれのユダヤ系米国物理学者．ベルリン大学物理学科卒，1936 年英国ケンブリッジ大学で博士号を取得．1934 年キャベンディッシュ研究所でチャドイックと共に中性子の発見，中性子の質量は陽子よりも大きいことを確立させた．1938 年にイリノイ大学に移った．1940 年代に妻と共同で β 粒子と電子は同じであると確定させた．1950 年にブルックヘブン国立研究所に加わった．1961-1973 年までブルックヘブン国立研究所長を務めた．数々の賞を受賞している．

ツ (Moritz) だった．1939 年夏，モーリスは Gertrude Schaff，彼女自身も非常に能力の有る核物理学者である，と結婚するためにロンドンへ旅した，そして両人は 9 月に戻る，"休戦" (Trude) が学科の自由をもたらす，何故なら大学の厳格な縁故採用規則に依る理由が存在していたから．4 人の娘を持つルーミス (Loomis) は，もしも彼女らの 1 人がアーバナのスタッフと結婚したなら，残さなければならない義理の息子となるべきだと常日頃から主張していた．驚くべき統計が在る：1940 年 7 月 4 日にゴールドハーバー夫妻によってその糸が断ち切られるまでは，20 人を超える女の赤ん坊がアーバナ物理学教授の子として生まれ続けた．しかしルーミスはゴールドハーバーの赤ん坊を勘定に入れるべきでないと不平を言った，なぜならゴールドハーバー夫妻がアーバナに到着する前にフレディー (Freddie) を妊娠していたのだと．1 人の物理学者は女の子を作り，2 人の物理学者は男の子を作ると語り，モーリスはその規則を他の方法で救おうと試みた．後で，私はルーミスにさらに 2 人以上を，助教授たち，オッペンハイマーの学生たちと友人たちの両者としての理論家を加えるようにと説得した――1940 年にシド・ダンコフ，1941 年にフィリップ・モリソンを．

　ホイラーは実に買い手市場を有していた：大恐慌後の日々においても仕事は依然として殆ど無かった，ラビが私に強調したが如く．一度，1980 年代のある時期，ラビの部屋の中央にある大きなテーブルで彼が附属書を含む 2 フィート (60 cm) の厚さがある書類を見ている時に，私はラビの事務所に居た．調査はさながら遺跡発掘のようであった．暫らくしてラビが言った，"これは何だと思う？" そして手紙を手にして近寄って来た．それはオッピーからので，日付無し，内容は 1940 年のものだった．それはラフに，"親愛なるラビ：助けてくれないか？ 私はジュリー・シュビンガー (Julie Schwinger) の職が見つけられない．私が聴いたところでは空きがあるのは UCLA だけだ，そしてトラブルはバージ (Birge) を通して来ている．バージはユダヤ人を好まない，そして多分レオナルド・シッフまたはハートランド・スナイダーを指名するだ

『ロスアラモス・プライマー』より：当時，多くの興味深い物理学が出現していた．オッピーと私は毎週お互いに手紙のやり取りをしていたものだ．それは核分裂について私が聞いた説明であった．オッピーからの手紙を受け取った．その最初の手紙で，1939 年 1 月 26 日の理論物理ワシントン会議でのニールス・ボーアのその発見の表明から 1 週間以内であった，オッピーは原子力と爆弾の可能性について注目した．これら可能性については，直ちに優秀な物理学者の誰もが容易に理解できた．それを聞くやいなや直ちに，例えばモーリス・ゴールドハーバー (Maurice Goldhaber)，彼は戦争の間如何なる秘密プロジェクトの研究も許されていなかった――何故ならばドイツ国内に親類が居たため，と私は思っている――即座にパイルの理論，原子炉の理論を考案してしまった，丁度フェルミが短時間で成し遂げたように．ゴールドハーバーはそれを全て行った，殆ど完璧に，さらに彼はそれに人の関心を向けさせようとする試みを続けた．しかしその時代，ある秘密研究が進行していた，そして人々は理解しえないまたは関心が無いと偽ざるを得なかった．彼は完全に挫折してしまった [p. xxvii]．

3.1 アーバナでの生活

ろう". ジュリアンはパデュー (Purdue) 大学で職を得た, そこでは彼の午後クラスの講義で宵ばり学生を目覚めさせるために使われた, フランク・カールソンは彼をユダヤ人として明確にした上で彼の面倒を見たのだ.

しかしながら, シャーロットと私は, 小さな中西部の町の生活に関して気乗りしなかった. アーバナは大学の存在によって支配されていた. いまだに, 小さな町の偏見と偏狭が存在していた. もしもあなたが酒屋で何かを注文したとしよう, その配達用トラックには "キャンディ" と表示されているのだった. 1940 年の宵, 我々はクルガーと一緒にレストランに入った. 隣のテーブルは地方ビジネスマンのグループが呑んでいて, 近づいている大統領選の議論で騒がしかった. 彼らの1人が我々のテーブルに来て, 我々が投票するのは誰かを知りたいと強要した. 私が "ルーズヴェルト" と言った時, 彼は仲間たちの方へ向き, "全国のユダヤ人全てがルーズヴェルトに投票するはずだ, とお前らに言っただろう!が" と弁じたてた.

アーバナの夏はとても暑かった——我々はけっしてそこに居なかったので, それで悩まされることは無かった——そして冬は大そう寒かった. 米国物理学会の感謝祭*5 会合でシカゴへ去った時, その木曜日の気温はアーバナで 80 度 (26.7°C) であった. ビクター・ワイスコフ (Victor Weisskopf)*6 と伴に土曜日の午後に我々が戻った時, その気温は −20 度 (−29°C) だった. 我々が家に入ってから, ヴィッキ (Viki)*7 はグランドピアノの前に座り, 手袋を着けたまま演奏した, 私は半地階に降りて石炭罐の火を起こし, シャーロットは長距離自動車旅行後に皆がそうするように浴室に行った. 彼女は床のタイルに拡がった黄色の出水と凍結を見て驚かされた. 便器内の水は凍り, 便器はひびが入っていた. 幸運なことに配水管はまだ凍つていなかった.

我々がアーバナに到着してから間もなく, 弟のウイリアムから父の死の連絡電話を受け取った. 父は癌を患っていた, そしてめまいまたは失神の結果を招き続けていた. とにかく, 彼の事務所窓の外側に在るバルコニーからジャンプしたか, または (もっともらしくはないが) 落ちてしまった.

アーバナで私は数人の大学院生の研究を指導し, 1 学期内で 2 つの大学院レベルの

---

*5 訳註: 感謝祭 (Thanksgiving Day): アメリカでは 11 月の第 4 木曜日になっている.
*6 訳註: ビクター・ワイスコフ (1908-2002): オーストリア生まれのユダヤ系米国物理学者. ウィーンで生まれ, ゲッティンゲン大学で 1931 年に物理学の博士号を取得した. ユダヤ系であったため, 1937 年にアメリカ合衆国へ渡る. 1943 年までロチェスター大学で教えた後, 同年からマンハッタン計画に参加したが, 翌 1944 年には核戦争に反対する科学者の組織の設立にもかかわった. 1943 年にアメリカ合衆国市民権を取得している. 戦後は MIT で教え, 最終的には物理学部長まで務めた. 1961-1966 年まで欧州原子核研究機構の事務局長を務めた. 米国科学アカデミーのメンバーでもあり, 1960-61 年まで米国物理学会の会長を務めた.
*7 訳註: ヴィッキ (Viki): ビクターは, 短縮型の別称; ヴィッキ, ヴィックなどと呼ばれる.

コースを教えた——週6時間の講義であった（戦後の標準である1コース，3時間に比べれば過剰な負荷であった）．オッピーの講義をモデルにして量子力学のコースを教えた．他のコースでも同様に開発した，電気と磁気を含むものが1つ，もう1つは核物理学を含むものだった．私は教師として多少問題のある経歴の持ち主だった；講義は良好であった，しかし論文を書く点では拙かった，それらを時代遅れにしてしまった．私の最大の弱点は学生の名前を覚える能力の無さである——私は名前と顔を一致させたためしが無かった．私の教育助手後の全経歴において，誰も学部コースを私に任せることは無かった．

アーバナの新しい同僚たちを除いて，多数の若い理論家たちが中西部の大学に散らばっているのを見つけ，それで我々はアーバナ，ブルーミントン，ラファイエット，セントルイス，サウス・ベンド，エバンストンで月に1度会うように巡回セミナーを組織した．我々のホーム・ベースから会合場所へは車で移動した，時々は2日間の遠征であった．これらの旅行の1つから，イリノイ州のプレーリー（大草原）の平らさについて学んだ．数日間雨が降り続き，田園地帯は冠水状態となっていた．道路の表面から6インチ (15 cm) 低い水位に沿って数マイルも運転した．私はモーリス・ゴールドハーバー (Maurice Goldhaber) の車に乗ってパデュー大学へ向かっていた．彼は運転をアーバナに来てから習っただけであった，彼のテクニックはアクセルを床に押し付け，ぶっとばすだけだった．途中で我々はインディアナ州の丘を下った．坂の終りで鉄道線路が横切っており，丁度貨物列車が移動しているのを見た．モーリスは最後の貨車のすぐ背後で横断しようと目論んだ．ほとんど最後の瞬間に，他の列車の警笛を聞いた，第1番目の列車によって我々から隠れていた第2番目の列車が反対方向から近づいて来たのだった．家への帰り道で，夜遅くに，モーリスは丘の頂上に到達する手前を走らせていた．あれは危険だったと私が話した時，"もしも車がヘッドライトを点けて来たなら，その散乱光が見えたのに"と彼が答えた．これらの理論セミナーはアメリカが戦争に突入するまで続けられた．

3.2　アーバナでの物理研究

イリノイ大学に到着後，私が最初に行ったことの1つは，電子加速器建設の研究資金に対するドン・カースト (Don Kerst) の支援申請の手紙を大学院事務長へ書いたことだった．彼が求めているその総額は400ドルだった．ドンはその装置を"電磁誘導加速器" (induction accelerator) と呼んだ．それは後に"ベータトロン" (betatron) と名付けられたが，ドンは決してその名称を好まなかった，当惑していた．ドンと私は共同で時間変動磁界での電子軌道の計算を行った．加えて焦点条件の研究を行い，どの

3.2 アーバナでの物理研究

図 3.1　1939 年 6 月 APS 会合をさぼってサンディエゴ動物園を訪れた米国物理学会の 4 人の将来の会長たち（2 人の将来のノーベル賞受賞者を含む）．左から右へ：ロバート・サーバー，ウイリー・ファウラー，ロバート・オッペンハイマー，ルイス・アルヴァレ．

様にして電子が装置に入射するのかの注意深い考えを得た．初期には失敗していたことは，これで，ドンの実験才能を加えて，成功裡に導くことが出来た．

　1940 年 9 月，私がバークレーに滞在中，アーネスト・ローレンスは，原型ベータトロン（エネルギー 2.3 MeV，半径 7.5 cm）が稼働しているとのドンからの伝言を受け取った．同じ日の夜，アーネストのジャーナル・クラブで，それがどういうものなの

かという報告書を渡した．1941 年にドンと私はベータトロン理論の論文，"電磁誘導加速器内の電子的軌道" (Electronic Orbits in the Induction Accelerator)（論文 22）を刊行した，この論文は将来の円形加速器の設計の基礎を用意したものだった．

その最初の論文にはドンによって加えられた，現在では "シンクロトロン放射" (synchrotron radiation) と呼ばれているものを記述した最終節が在った，そこでは回転毎に放射エネルギー損失を与え，ベータトロンの到達エネルギー限界を述べていた．その理論的論文は，この節に対しての論理的な居所なのにもかかわらず，それは彼の研究で我々の共同研究の成果では無い，と私はドンに不満を表し，そして彼に彼の実験的研究論文に記載すべきだと言った，これらは Physical Review 誌への投稿に先だって行った．結局，どういうわけか両方の論文からこの節が抜け落ちてしまった．

当時，ドンが出版したそれらで，GE 研究所がスケネクタディ (Schenectady)[*8]での 30-MeV ベータトロンを建設中であった．GE 社の幾人かは，周っている電子は直流の環が載るだけだとの理由で，シンクロトロン放射は存在しえないと主張していた．私はそれを見て，ドンのエネルギー損失の公式が正しいことを示した，放射はその環の密度揺動に依るものであると．この計算は，その以前にオリバー・ヘヴィサイド (Oliver Heaviside) によって，その後にシュヴィンガーによって部分的で不完全な版として報告されていた．揺動している電場では放射損失を引き起こすことをドンは示唆していた，そして私はこの示唆を丁度見つめていた——それが我々を相安定 (phase stability) へと向かわせた——それは，オッピーが私を原子爆弾研究へと引き抜いた時 (1942 年）であった．

3.3 核分裂の発見

オッピーは日曜日毎に私への手紙を書いて送ってくれていた．それら日曜日の手紙の 1 つ，1939 年 1 月に届いた手紙，で私は核分裂の発見を知った．オッピーが原子力と爆発の可能性に言及した最初の手紙だった．私は直ちに行動した，そして他の多くの核物理の理論家と同様に確信した，自分自身で核分裂について思考すべきだと．私はグレン・シーボーグが超ウラン元素 (transuranics) 化学に伴う問題点を話すのを聞いていた．私は図書館に行き，液滴落下の振動 (oscillations of a liquid drop) に関し Handbuch der Physik の中からその記載項目を見つけ出した．私は単に電荷を液滴に加えただけだった．振動の振幅が液滴の半径と等しくなった時に分裂が起きるという雑な基準を試みていた時，核分裂に対する合理的モデルを持ち得たことが判った．私

[*8] 訳註： スケネクタディ (Schenectady)：大西洋岸中部に在るニューヨーク州東部の工業都市.

3.3 核分裂の発見

図 3.2　シャーロットと私，エドとエルシー・マクミラン（後ろのカップル）と共に．

はジャーナル・クラブでの宵に核分裂に関する話しをした．モーリス・ゴールドハーバーは，そのニュースを同じ日に，東部の友人から聞いていた．

　パサデナ，オッピーの牧場とバークレーに我々の時間を二分し，夏は西部で過ごした．1939 年の夏，パサデナで我々はキティーと再会した，ペンシルベニア大学を卒業したばかりで，スタート・ハリソンと結婚し，今やカルテック社会のパートであった．そして牧場へ．滞在中，オッピーと私は当時出席していた幾つかの会合の 1 つに出かけた，それはシカゴで開催された宇宙線の会合だった．我々はそこまで車で行き，戻った，そして我々の帰路途中で旅行全体を通して野菜を食べたか否かについてシャーロットから容赦ない詰問を受け続けた．

　牧場を後にして，我々はバークレーに戻った，そこでは 8 月中旬からの学期が始まり，アーバナよりほぼ 1 ヵ月半早かった．1939 年のこの期間中，オッピーとハートランド・スナイダー[*9]と私で論文 "メソトロンによる柔らかな二次回路の形成"（The

---

[*9] 訳註：　ハートランド・スナイダー (Hartland Snyder) (1913-1962)：オッペンハイマーと一緒に重力崩壊を計算した．加速器物理学分野の基礎的教科書を数多く書いた．
　「現在でこそブラックホールは宇宙物理学の花形だが，アインシュタインは，重力場の値が異常になるような球面の存在を快く思わなかった．そして老境にさしかかった 1939 年，この特異性が現実には生じないことを証明する論文を発表した．
　アインシュタインがこの論文を執筆した 2 ヵ月後にオッペンハイマーが，学生のスナイダーと協

Production of Soft Secondaries by Mesotrons)（論文 21）を書いた．驚くべきことに，この論文の題は "On" や "Note on" から始まっていなかった，多くのバークレーの研究論文がそうであったように．核力の源に関する 1937 年 12 月の論文で，私は湯川粒子を "ダイナトン" (dynaton) と呼び，後に我々は "ユーコン" (Yukon) を使っていたことを記憶している．現在，それは "メソトロン" (mesotron) となり，"メソン" (meson)（中間子）へなりつつある．その範囲の程度において，"デューテロン" (deuteron)（重陽子）[*10]の進化を逆さにしたものだった，1934 年にバークレーではそれを "デュートン" (deuton) と我々は呼んでいたものだった．キャベンディッシュが "デューテロン" を使い始めた時，ラザフォードが彼のイニシャルを含ませることを望んだからだとのジョークが駆け巡った．1937 年の "宇宙線粒子の性質" (Note on the Nature of Cosmic-Ray Particles)（論文 12）で，オッピーと私は海面下で観測されるシャワーを説明する衝突電子に付随している貫通要素について述べた．その新しい論文で，スピン粒子の詳細計算を我々が示した．衝突 (knock-ons) はその柔らかな要素に対して 20 GeV まで到達することを示した．20 GeV を超えると，海面レベルで鉛遮蔽体下で観測されたその "バースト" (bursts) が，貫通粒子の制動放射 (bremsstrahlung) に依るものとして説明出来た．

しかしながら，その貫通粒子は湯川中間子[*11]であると我々は考えていた，そして核力がそれらのスピン 1 であることを要求していた．しかし我々がスピン 1 のノックオンと制動放射を計算した時，徒労だったことを知った．事実，高エネルギー貫通粒子が貫通出来ない程のエネルギーまで制動放射が増加してしまった．正しい結論を引き出す代わりに，その貫通要素はスピン 1/2 を持つものであった，スピン 1 で計算に

力して，ブラックホールが形成される過程を計算した．彼らは，一般相対論の方程式を直接解くことにより，きわめて質量の大きい天体がどこまでもつぶれていくことを示したのである．つぶれた天体の周囲にシュヴァルツシルト面が形成され，その内側に落ち込んだものは，光と言えども外に飛び出せない [pp. 105-106]．」；吉田伸夫著『思考の飛躍：アインシュタインの頭脳』，新潮選書 (2010) より．

[*10] 訳註：　重陽子：重水素の原子核 ^{2}H．1 個の陽子と 1 個の中性子が結合したもので，スピン量子数 1，磁気モーメント 0.8574 核磁子，電気四極子モーメント 2.8×10^{-27} cm$^2 \cdot e$ をもっている．

[*11] 訳註：　π 中間子（メソン）：パイオンともいい，単に中間子と呼ばれることもある．荷電スピン 1 の荷電 3 重項をなし，荷電が正の π^+，負の π^-，中性の π^0 がある．ともにスピン 0 のボース粒子で，パリティー，ストレンジネス 0．核子との相互作用の結合定数 f は $f^2/4\pi\hbar c = 0.08$．β 崩壊を媒介する場の粒子として核力を説明するために湯川によって予言され (1935)，C.F. Powell らによって宇宙線中から発見された (1947)．

μ 中間子（メソン）：ミューオンともいう．電荷 e は正または負，質量 $m_\mu = 105.66$ MeV，スピン 1/2 である．宇宙線の霧箱写真の中から C.D. Anderson, S.H. Neddermeyer によって 1936 年に発見された．しかしそれは湯川理論の中間子と長い間混同されて，1942 年の坂田，谷川による二中間子の理論的予言と 1947 年の発見とによってはじめて両者が区別されるようになった．

用いた断面積が大きすぎるために摂動理論が当てに出来ないと推察してしまった．その後間もなく，オッピーの学生のクリスティーと日下周一 (Kusaka)*12 並びにコーベン (Corben) とシュビンガー*13 によるさらに注意深い措置がそのスピンは 1/2 より大きくは無いことを示した．

その秋，アーバナに戻り，湯川理論のその他の様相を調べてみた，そしてもしも湯川粒子がスピン 1 を有するなら，ベータ崩壊が仮想中間子 (virtual mesons) を介して起きるとの湯川のオリジナル示唆を諦めなければならないことが判った．

3.4 青天の霹靂

1940 年の春，我々がバークレーに到着した時，オッピーはパサデナから既に戻り，まさに牧場へ向け去ろうとしていた．シャーロットと私は遠回りをしてニューメキシコに行く途中でパサデナを訪問しようと決めていた．オッピーは我々に，ハリソン夫妻を招待したのだが，スタートは断った．そして彼が言った，"キティーは 1 人で来るだろう．君たちが彼女を連れて来てくれれば良いが．それは君たちに任せる．しかしもしも君たちがそうしたなら，由々しき成り行きになるかもしれない"．

我々はキティーを一緒に連れて来た．我々が到着した 1 ないし 2 日後，オッピーとキティーはオッピーの古くからの友人キャサリン・ペイジ (Catherine Page)，が所有しているコウレス (Cowles) に在るロスピノス (Los Pinos)*14 と呼ばれる観光牧場 (dude ranch) へと下った．オッピーが健康と静養のためにニューメキシコ州を最初に訪れた時，彼女のもとに滞在した．次の日，彼らが戻って来た後，鹿毛色の馬に跨った大そう傲慢そうに (aristocratic) 見えたキャサリンが牧場の家屋へ駆け上ってきた，そしてキティーにナイト・ガウンを差し出した (presented)，それはオッピーの枕の下で見つけたものだった．その外については，ノーコメント．しかしながら，その午後，先導馬に乗っていたシャーロットとフランクの妻ジャッキーは，肩から首にかけて硬直してしまった．

アーバナに戻った 1940 年 10 月，オッピーからの驚かされる電話を受け取った，彼はシカゴから西部へ帰る途中だった．我々に話したいことが有るので，彼のホテルの部屋に来てくれないか，と話した．我々が到着すると，彼は我々を座らせた．"幾つ

[*12] R.F. Christy and S. Kusaka, *Physical Review* **59**: 405 and 414 (1941).

[*13] H.C. Corben and J. Schwinger, *Physical Review* **58**: 953 (1940).

[*14] 訳註：　　ロスピノス：5500 年 B.C. 頃から A.D.700 年頃まで続いた北アメリカ大陸南西部の先住民文化をきずいたアナサジ族による独特なかご作りで知られる文化：バスケット・メーカー文化が栄えた．ロスピノスにもその集落遺跡が存在している．

かのニュースを持っている"と話し始めた, "私は結婚するつもりだ——"そしてその瞬間, 彼がボーアから教わった注意を引くトリックを用いて声を落とした. 私は彼とギャップが生じた, 彼が"キティー"と言ったのか, "ジーン"と言ったのかを理解しようと務めた. シャーロットが適当なためになる雑音を作って, 私に思い出させるために蹴飛ばさざるを得なかった.

判った, そのキティーはスタート・ハリソンと別居し, そしてリノ (Reno) に住まいを構えた; オッピーは帰りの途中にそこで彼女に逢った. 数日後, 1940年11月1日にスタートと離婚し, オッピーと結婚した.

その間, ハイゼンベルクの案を用いる試みとしてダンコフ (Dancoff)[*15]と一緒に核力の研究を始めた. 貫通要素の中間子 (メソン) の散乱の小ささの不思議を解く試みをした1939年のハイゼンベルクは, 核中間子の弱いカップリングの取扱いに誤りが有ると主張した: 中性擬スカラー理論 (neutral pseudoscalar theory)[*16]の例から, そのカップリングがスピン移動方程式の慣性項を導くのだと言った, それが散乱の減少を導くと[*17]. 1940年と1941年にグレゴール・ウェンツェル (Gregor Wentzel) は強いカップリング理論を導入し, 電荷スカラー理論に対する荷電同重体 (charge isobars) を発見した[*18]. 1941年オッペンハイマーとシュビンガーは対称スカラーと中性擬スカラー理論に対する強いカップリングの計算を行った, 後者のケースでは実に小散乱断面積を得たのだった[*19]. 同時期に, イリノイにおいて, シド・ダンコフと私はその同じ理論を勉強中だった. ハイゼンベルク効果が双極子・双極子型テンソル力の$1/r^3$半径依存性の減衰で核力理論の助けになるのではないかとの考えが浮かんだ. しかし強いカップリングのみが悪化させていることが判った; その半径依存性は変化せず, 同重体の分離または同位体の分離に比べて核相互作用が直ちに大きくなる, その力は非交換でスピン独立の普通の中心力となる.

このことを1942年の初めの米国物理学会会合で報告した, そしてその要旨が"強いカップリング理論における核力" (Nuclear Forces in the Strong Coupling Theory) (論

[*15] 訳註: シド・ダンコフ (Sidney M. Dancoff) (1913-1951): オッペンハイマーの下, 1939年にカリフォルニア大学バークレーでPh.D.を取得. 量子電磁気学の繰り込み法に極めて近い方法を開発したことで著名. 大戦中, 原子炉理論の研究を行い, 実効共鳴積分では燃料棒は孤立したものと考えており, それを「ダンコフ補正」と称される近接燃料棒の効果を考えて補正する方式を考えた. 戦後, イリノイ大学に奉職. 1940年代遅く, Henry Quastlerと共にサイバネティクスと情報理論の分野の研究を始めた.

[*16] 訳註: 擬スカラー: 三次元空間座標系のふつうの回転または時空世界 (四次元空間) で, 空間座標の反転では絶対値は不変であるが符号が変わる量.

[*17] W. Heisenberg, *Zeitschrift für Physik* **113**: 61 (1939).

[*18] G. Wentzel, *Helvetica Physica Acta* **13**: 269 (1940); *Helvetica Physica Acta* **14**: 3 (1941).

[*19] J.R. Oppenheimer and J. Schwinger, *Physical Review* **60**: 150 (1941).

文 23) の題で刊行された．シドはこの論文の最終版を書き上げようと考えていた，が機会を見つける前にパデュー大学でパウリと一緒に研究する指名を得てしまった．彼が何をしているのかをパウリが見て，興味が湧き，さらに複雑なケースでの対称擬スカラー理論の研究をシドと始めた．私はオッピーに，シドが我々の論文を完全に仕上げる時間が無い程にパウリがシドを働かせている，と不満を言った，そしてパウリと共著の，正確に我々の続編として，シドの最初の論文が出た．その後すぐに，シドはパデュー大学物理の建屋の廊下で彼の手紙を開けた，オッピーからの手紙だった．パウリがたまたま彼の右側そば近くに居た，そしてシドの肩越しに無作法にもそれを読んだ，より若い同僚たちのクレジットに割り込むことはしないとの充分な評判をパウリは有しているとのオッピーのコメントが読めた．パウリは猛烈に怒ったしかし悔い改めなかった：パウリ-ダンコフ論文はサーバー-ダンコフ論文（論文 24）の前に現れることは無かった．その後，π メソンが実際に擬スカラーであり，$T = 3/2, J = 3/2$ 共鳴のパウリ-ダンコフ予測はフェルミの π 核子散乱実験から生まれ出たものである．

3.5　ペロカリエンテ牧場

　1941 年 6 月，シャーロットと私は彼女の家族に会うために東海岸へ車で向かった．車のトラブルに遇い，7 月初旬にアーバナに戻り，新車，黒色のオールドモビル・コンバーチブルを購入した——黒色が白色に比べて綺麗に見せることが困難であることを後で知った——そして牧場に向かった，到着は通常とは違って遅く，7 月の中旬となってしまった．それは散々な夏となった．囲い柵の中である日，シャーロットの馬がオッピーの膝を蹴ってしまった．何も壊れなかったが，痛い打撲傷を残した．2 日後，サンタフェと牧場間を彼女のキャディラック・コンバーチブルで運転していたキティーは，彼女の前の車が突然止まったため，衝突を避けようとしてブレーキを激しく踏み，前へ投げ出され，脚を傷つけてしまった．唯一の明るい話題は付近を歩いていたハンス・ベーテとオッピーが偶然に遇って，彼を連れて来たことである．キティーとオッピーは乗馬出来なかった，それで牧場が退屈となってしまった．彼ら夫妻はケンジントン (Kensington)，バークレーの丁度北側，に邸宅を購入し，入居したがっていた．8 月初旬には牧場から去ってしまった．ジャッキーは楽しんでいなかった；彼女はキティーを嫌っていた．一緒の時，2 人は互いに見下し，働く女と高貴な人物を演じようとした．8 月中旬にバークレーに走る前にフランクとジャッキーと一緒に 6 日間のパック旅行をした．我々はイーグルヒル通り (Eagle Hill Road) の新邸宅への入居を手伝った．1 階建のスペイン風家屋は，バークレーの丘の家々が醸し出す雰囲気から孤立した印象を与えていた．その家は前後に庭園を有し，小さな丘の

てっぺん，Eagle Hill に設置されていた．その前部には車庫が，その上には 1 部屋と浴室が在り，道路は下の通りへと降りてゆくのだった．前庭からサンフランシスコ湾の広大な風景が眺められた．

　1941 年 9 月中旬に我々はアーバナへ戻った．パデュー大学でのセミナーからアーバナへ車で戻る間に，車のラジオから真珠湾攻撃 (Pearl Harbor attack) を聞いたことを覚えている．

第Ⅱ部

戦　争：WAR

第4章

バークレーとロスアラモス，1942-1945

4.1 真珠湾後*1

　1941年のクリスマス頃，真珠湾から数週間後，オッピーからの電話を受け取った．今シカゴに居るが，そちらへ出向いて幾つかのことを話したいと言った．彼が来て，町はずれを越えてトウモロコシ畑を歩いた．その田園の中で彼がグレゴリー・ブライト (Gregory Breit) に替わり，原子爆弾計画の兵器部門長に指名されるだろう，と言った．彼は私がバークレーに来て，この計画での彼の助手になることを望んだ．

　直ちにアーバナを去るには幾つか困難が有った．学部長のホイラー・ルーミス (Wheeler Loomis) を含む多くのスタッフが既に戦争業務のために去ってしまっていた．ルーミスは今や MIT の放射研究所の副所長であった．次学期で私の講義を替わってくれる者が居なかった．事が差し迫っていたので，シド・ダンコフが技術者のための基礎物理学の大きなコースを教えるようにさせられた．彼はそのようなことを以前にしたことは無かった．最初の講義で，彼は壇に上がり，振り返って400名の熱心な若者の顔の海を見渡し卒倒した．それで4月末に学期が終了したなら直ちに行くことで私は了承した．当時，私はその計画を知る由もなかったのだが，オッピーが現れたことと兵器部門長指名予告は大変動の結果であり，ウラン計画に対するアメリカの政策の変化——大変化——であったのだ．

　アインシュタインが1939年10月にルーズヴェルトに送った手紙について，ウラン計画と最終的にマンハッタン計画を導く切っ掛けを恐らくセットしたものだと誰

---

*1 訳註：　節番号および節見出しは原書になく，日本語版翻訳にあたり付けたものです．

しもが開いていた．その手紙は実際は 1 年も止め置かれていたのだとラビは語った．レオ・シラード (Leo Szilard)*2 は仕方が解らなかった，どの様にして事態を引き起こせば良いのかを知らなかったのだ，とラビは言った．その時，彼とラビは同じアパートメントに住んでいて，同じ研究室に居る間，シラードはラビにその件について決して話そうとしなかった．あたかも，手紙の結果はその計画を官僚的よどみ (bureaucratic backwater) の中へ放り込んでしまった，かのようだった．その手紙は，国立標準局の局長，ライマン・ブリッグズ (Lyman Briggs) へ回された，ライマンはジョージ・ブライトに任命されたウイスコンシン大学出身の理論家で，その計画の爆弾の部分の責任者であった．それからの 2 年間，彼らは実際には何もしなかった．核物理を行っている大学で高エネルギー中性子の断面積の測定を行う幾つかの計画を，ブライトは年間約 40,000 ドルの大枚で開始させた．ブライトはフェルミとシラードへ黒鉛（グラファイト）とウラン酸化物の購入のために 6,000 ドルを引き当てた．彼はコロンビア大学でガス拡散実験を行っていたジョン・ダニング (John Dunning) とユージン・ブース (Eugene T. Booth) には何にも与えなかった．その計画はもたつき続け，事実，科学研究開発局 (the Office of Scientific Research and Development) の局長ヴァネヴァー・ブッシュ (Vannevar Bush) は，英国人が来てその計画を救う日まで，その計画を完全に止めようと考え続けていたのだった．

バーミンガム大学のルドルフ・パイエルス (Rudolf Peierls) とオットー・ロバート・フリッシュは 1940 年 3 月に英国政府への覚書（メモランダム）*3 を書いた，そこには高速中性子ウラン 235 核分裂爆弾は実際の役に立ち，それは彼らの考えでは熱拡散法により 2 つのウラン同位体を分離することが可能だ，と述べていた．彼らの楽観論は，核分裂連鎖反応を持続するに要する最小質量である，臨界質量の計算ミスに

---

*2 訳註： レオ・シラード (1898-1964)：ハンガリー生まれのアメリカの物理学者．ベルリン大学で 1922 年博士号を取得．1938 年アメリカに移民．戦時中，原子爆弾開発を研究し，特にフェルミと一緒にウラン・黒鉛原子炉の開発について研究した．シラードが原子爆弾開発の可能性と必要性に最初に気がついた人ならば，彼はそれを日本人に初めて実際に使うことの分別と正義に関しもっとも早くから疑問を呈した者の 1 人でもあった．戦後は生物物理学に移った．1946 年シカゴ大学の生物物理学講座教授に任命され，亡くなるまでそこに留まった．
『シラードの証言：核開発の回想と資料 1930-1945 年』伏見泰治・伏見聡訳，みすず書房 (1982) はシラード自身のメモ，手記の他にテープ記録，書簡を収集・編集したもので，その大部分は未公開のものである．現代政治とその未来への流れに関心をもつ人，科学技術と政治との錯綜なかかわりあいにメスを入れたい人には，限りない啓示の書となるであろう．
*3 訳註： フリッシュ＝パイエルスの覚書 (Frisch-Peierls memorandum)：『ロスアラモス・プライマー』，丸善プラネット (2015) の付録 A に全文が掲載されている．覚書には原子爆弾の可能性のみならず，戦後の「核拡散防止条約」に繋がる「核抑止力」概念の萌芽が見られる．

4.1 真珠湾後

よって強められた；彼らは臨界質量を 25 倍も過小評価してしまった[*4]．ウラン 235 が 600 g あれば臨界質量になると考えていた．政治的に言えば，これは未来に繋がる間違いであったと言えよう．このことが英国政府の興味を引いた．MAUD 委員会と呼ばれた，委員会が 1941 年夏に指名され，爆弾が本当に実用可能か報告した．彼らは 3 kg 近傍に臨界質量が存在していること，爆弾を作るには 2.5 年を要し，費用が約 5 百万ポンドとなると述べた．彼らは言った，"このように莫大な歳出とはいえ，全ての努力はこの種の爆弾製造に傾注すべきであろう" と．英国は臨界質量の推定に比べてコスト推定も同じ程度悪かった；彼らは百倍も低く見積もったのだから．

MAUD 委員会報告書は，公式に 1941 年 10 月にアメリカ政府に渡された．それがブッシュと防衛研究協議会 (National Defense Reserch Council) 議長のジェイムズ・B・コナント (James B. Conant) にウラン計画とプルトニウム計画を高い優先度で進展させることを納得させたのだった．彼らはワシントンで 1941 年 12 月 6 日にアーサー・コンプトンと会った，それは真珠湾の 1 日前だった．ブリッグズとブライトの不器用な手中から計画を取り上げてコンプトンに回すことを決めた，彼が原子炉研究と爆弾設計の責任者となるということだ；バークレーでの電磁気分離計画にアーネスト・ローレンスを；コロンビア大学でのガス拡散計画にハロルド・ユーリー (Harold Urey)[*5] をそれぞれの責任者とした．フェルミらのコロンビア大学の作業部隊はコンプトンの管轄下に組み入れられた．

ローレンスはオッペンハイマーを 10 月にスケネクタディ (Schenectady)[*6] でのコンプトン招集の会合に連れて行った．ブライトの情報と回答を得るのに失敗したコンプトンはオッペンハイマーに向き合い，そして彼は彼が受けた支援によって印象付けられてしまった．そこで，この再編成の途中で，ブライトをオッペンハイマーに替えることに決めた，直ちに行った訳ではないが，来春のコースまでに徐々に彼を外に異動

[*4] 訳註： 兵器級物質に対する最新の値は以下の通り：

	臨界質量，幾何学形状（球），[kg]	
	^{235}U	^{239}Pu
裸（タンパー無し）	56	11
厚いウラン製タンパー	15	5

出典：John Kerry King, ed., *International Political Effects of the Spread of Nuclear Weapons* (United States Government Printing Office, 1979) 7.

[*5] 訳註： ハロルド・ユーリー (1893-1981)：アメリカの物理化学者．モンタナ大学で動物学を学び，カリフォルニア工科大学で 1923 年に化学で博士号を得た．ジョンズ・ホプキンス大学で 1934 年に化学の教授となった．その後コロンビア大学 (1934) とシカゴ大学 (1945) につとめ，1958 年にカリフォルニア大学に移った．彼は重水素の発見者として知られている．この発見で 1934 年のノーベル化学賞を授与された．

[*6] 訳註： スケネクタディ (Schenectady)：大西洋岸中部に在るニューヨーク州東部の工業都市．

させた．そこでオッピーはバークレーで私の助けを求めたのだ．

4月の終り頃，シャーロットと私は車に荷物を詰め込み，バークレーに向け出発した．この旅に必要なガス・クーポンを如何にして手に入れたか覚えていない；それはある種の特別な適用免除 (dispensation) を得たに違いない．思い出すことは，全て——ガス，肉，煙草，酒，生活必需品の全て——は当時厳格な配給だった．我々はバークレーに着いた，大学の町は完全に変わってしまっていた．リッチモンド造船所は全速力で稼働し続けていた，住居を見つけることが殆ど不可能だった，それ程に混雑してた．一時的に，バークレーの丁度北に当たるイーグルヒル1番のオッピーとキティーの家の車庫上の部屋に入り込んだ，バークレーに着いて完全に1年もの間ここを出ることが出来なかった．その地域にはある種の猜疑心が存在していた；彼らは夜中の消灯を強要し，自動車のヘッドライトを少しばかりスリットから出るだけで黒く塗りつぶした．一方，イーグルヒル (Eagle Hill) からは，リッチモンド造船所からの灯によってその空いっぱいが照らし出されていた，そのエリア内の主要攻撃目標が何であるかが判るかのように．

シャーロットは統計家として造船所での職を得た，その仕事とは，彼女が知っている足し算と引き算の方法を彼らたちに話すことを意味していた．彼女のボスは足し算引き算が判る人を持ったことに大変喜び，短期間に週約600万ドルの従業員支払給料総額の実質的指示を出していることに彼女が気付いた，一方，彼女のボスは仕事をさぼっていた．

バークレー到着後のある日，私は爆弾設計に関する英国資料を大量に収集していたラコンテホール (Le Conte Hall) に在るオッピーの事務所へ下って出向いた．臨界質量の論文と爆弾の部品組み立てのことについての文書が在ったのを覚えている．覚えていないが，役に立つ何かは在ったのだろう．それらの論文は初歩的なものであったが，我々をスタートさせるには実際大変役に立った．例えば，臨界質量計算において，あなたが知ることは，爆弾球内どこかの場所で作りだされた中性子がその表面から逃れる確率となる．さらに，もしも爆弾球がある反射材料 (reflective material) (それを我々はタンパーと呼ぶ) によって覆われているならば，逃れた中性子のうち何パーセントが戻ってくるのか？英国論文で用いられた基礎理論は，中性子が表面を通じて逃れる前に多くの衝突を行う中性子の近似に基づくものであった．この条件は我々が検討している問題には全く合致しない，そして臨界質量を推定する上でこの効果は大きな疑問として横たわっていた．

ローレンスの電磁気分離器の計算研究を行っている若いポスドクの連中をオッピーは持っていた，そして私は彼らを使った，アーネスト要求に被害を与える程には時間を取らせなかった．私はそのメンバーから2人，エルドレッド・ネルソン (Eldred

4.1 真珠湾後

Nelson) とスタン・フランケル (Stan Frankel) に臨界質量のこの基礎計算の改良方法を示唆した．彼らはこの問題に取り組み，彼ら自身でやり遂げ，私が示唆したもの以上にかなり良いものを成し遂げた．彼らは拡散問題に対する正確な方程式を書き，その解の性質を見つけ，正確に解けたケースを文献中に発見した，それらを大そう正確に計算する場所に入れ込み，勿論，断面積の値と核分裂当たりの中性子数のような既知の物理的定数を使った．

ウランに対して，それら定数の合理的な値を持っていた．プルトニウムに対して，それほど多くを保有していなかった．グレン・シーボーグ (Glenn Seaborg) とエミリオ・セグレ (Emilio Segré) はバークレーのサイクロトロンで作った極微量のプルトニウムを用いて，プルトニウムの分裂断面積がウランよりも約2倍大きいと決定した．その他の定数に対して，我々はウランと等しいものであると推定した．その単純理論に対する改良された計算は，裸のウラン球の臨界質量を3倍以上も減少させ，タンパー球ではほぼ2倍減少させた．

我々は最終的な計算臨界質量をウランで15 kg，プルトニウムで4 kgと求めた，これらは正しい答えであったことが明らかとなった．ウランに対する我々の15 kgがパイエルスとフリッシュの600 gと比べられるものである，一方，ドイツ人たちは約1トンと考えていたと思われる．注目すべき点は，MAUD報告に先だったアメリカ人の推定が存在し無かったことである．もしも誰かがそのことについて何かを考えたとしても，その記録は存在していないということだ．もしもブライトが何かを知ったとしても，それを自分自身の中に呑みこんだだろう，それが第2位のベスト・セキュリティである．そのベスト・セキュリティとは最初の処で何も知らないことである．

ネルソン (Nelson) とフランケル (Frankel) が臨界質量を計算している間，私は効率 (efficiency) 問題を調べた，それは単に中性子拡散だけでなく爆発の水力学を伴うものであった．爆弾が爆発し始めた時，周囲と同様にそれを吹上げる．核分裂性物質を全て使い切る前に，その膨張が連鎖反応を停止させる．効率は核分裂の比率であり，そのエネルギー放出を決める．

様々な大学でブライトによって立ち上げられた断面積 (cross section)[*7]測定計画を引き継いだオッピーは，怒らずにそれらを合理的に組織化し，ブライトの過剰なセキュリティによってもたらされたモラル問題を直した．彼は高爆発による損害，陸軍と海軍から供給可能な銃（ガン）の種類など，我々にとってはほとんどよく知らない

[*7] 訳註： （ミクロ）断面積：粒子の相互作用の大きさを表す量．$\sigma = A/(N \cdot I)$ の面積のディメンション，$[\text{cm}^2]$ を持つ．ここで $1\,\text{cm}^3$ に含まれる標的核の数が N 個であるような物質に $1\,\text{cm}^2$ 当たり毎秒 I 個の粒子が入射したとき，その過程が起きた原子の数が A 個となる．

テーマに関する情報をも集めて来た．

銃 (guns) がそれに組み込まれた，何故なら2個の未臨界 (subcritical) 部品を合体させて超臨界 (supercritical) にしなければならない，そしてその部品が所定の位置に入るまでの間に幾つかの迷子中性子で連鎖反応を生じさせない程充分にその合体速度が大きくなければならない，その合体前の連鎖反応開始は低い効率とエネルギーの非常に少ない収率を導いてしまう．それは現実的な問題だった，取り分けプルトニウムにおいては，と言うのはプルトニウムの放射能は極めて高く，かつアルファ線を沢山放射する，このアルファ粒子は不純物として存在しているであろう軽元素と核反応して中性子を作りだすことが出来るのであった．利用可能な最速の銃でさえ，許容される不純物は ppm のオーダーであることが判った[*8]，このことは化学者と冶金学者への大変手ごわい仕事となった．

当時，私はそのことで注意を促してはいない，しかしセキュリティ・サービス（保安部門）はバークレーの計画を監視続けていた．ある日，アーネストの学生の1人で ^{14}C（これが古代遺跡の革命的な年代決定法を導く）の発見者であるマーティン・カーメン (Martin Kamen)[*9]は，サンフランシスコで大変軽率にもロシア領事館からのアタッシェ (attachè) と一緒に昼食をしてしまった．優先順位を競い合う陸軍情報局，海軍情報局，FBI の連中により，そのレストラン内には列 (row) が出来ていた：次のブーツを誰が占めるのかと．

1942年6月，2ヵ月程働いた後，オッピーは，爆弾の実現性討議会合を開催するためにバークレーに理論家たちを招聘した．ハンス・ベーテ (Hans Bethe)，エドワー

[*8] 訳註： 各軽元素の重量濃度の上限については『ロスアラモス・プライマー』の p. 61 に記載されている．

[*9] 訳註： マーティン・カーメン (1913-2002)：アメリカの生化学者．父親は1906年，ロシアの政治亡命者として偽造パスポートでカナダに入国し，1911年にシカゴに移り，写真屋として働いた．カーメンはシカゴ大学で学び，1936年に核化学で博士号を取得した後，カリフォルニア大学バークレー校の放射研究所に移った．カーメンは当初いくつかの成功を収め，^{14}C を発見，酸素が光合成過程で，二酸化炭素からではなく，水から遊離することの証明に ^{18}O を用いた．この後すぐに，マンハッタン計画に参加し，放射能研究所で ^{235}U の分離研究を行った．しかしながら，1944年7月，通告もなしにこの計画から解雇された．唯一の根拠は「機密保護のため」というものであった．多くの同僚がカーメンを助け，1945年に彼はセントルイスのワシントン大学医学部に招聘された．カーメンは，シカゴタイムズに対し，中傷の件で，またパスポートを差し押さえていることでアメリカの政府に抵抗した．この過程は，長く，費用もかさみ，いくつかの敗北もあったが，やり通したことによって，1955年には遂にパスポートを取り戻し，シカゴタイムズから賠償として7500ドルを勝ち取り，カーメンの HUAC の記録を審理する間，支払われた．HUAC（非米人活動調査委員会）の資料ファイルには，カーメンがバークレーの職員クラブで「原子」について議論をしたことや，彼と彼の妹が1930年代のアメリカ学生連合のメンバーであったことしか含まれていなかった．もちろんソヴィエトに関するデータなど1つもなかったのである．

4.1 真珠湾後

ド・テラー (Edward Teller)，ジョン・ヴァン・ヴレック (John Van Vleck)，リチャード・トールマン (Richard Tolman)，フェリックス・ブロッホ (Felix Bloch)，コノピンスキー (Konopinski)，フランケルとネルソン，それと私自身が居た．私は，我々が何を行ったかについての話しを始めた，フランケルとネルソンは彼らの計算結果を述べた．理論家の観点から良くコントロールされているように見える，プルトニウムの組立が主要な問題であることに全員が同意した．例えば，それは高速度の銃を必要とする，そしてこれらの1つは13トンもの重量を持つものだった，飛行機で運ぶには一寸ばかり重すぎる，オッピーが幾らか軽く出来るだろう，それは1回限りの射出なのだからと説明したのだが．

我々は損害について話した：爆風 (blast) からのもの，中性子からのもの，そして放射性物質からのもの．非球形状のもの，テラーが持ち寄った自触媒 (autocatalytic) スキームと呼ばれた種々の思いつきについて話した，自触媒スキーム[*10]の中では中性子吸収材が爆発によって圧縮され，あまりにも高い臨界質量とあまりにも低すぎる効率を興味有るものへと変えるというのであった．

そのポイントで何かの明記すべき出来ごとが生じた．テラーがスーパー (Super)，核融合兵器 (fusion weapon) のアイデアを持ち出した，それは原子爆弾の爆発で加熱されることにより液体重水素 (liquid deuterium) 中の爆轟波 (detonation wave) が起きることである．即座に，A-爆弾についてあたかも古い帽子のように全員が忘れてしまった，幾つかを解決し問題は何もなかった，そして新しきものへの熱狂へと変わった．最初誰かが放射による冷却を指摘するまでは，スーパーは造作の無いことだとエドワードは断言していた．そこでエドワードは戻り，その冷却はどの様な害を及ぼすにもあまりにも遅すぎるであろうと話した．次の朝，ハンスが冷却について素晴らしい高速機構を携えて戻って来た．そのため，トリチウム（三重水素）の添加の示唆によって K'ski (Konopinski) が一寸ばかり息を吹きかえらすまでは，あたかもスーパーは死んでしまったかのようだった．このように，毎日毎日，行きつ戻りつ，全員がアイデアについての偉大なる時間を過ごした．1点，エドワードが質問した，万一にも核分裂爆弾で地球上の大気に点火出来るだろうかと．スーパーを検討してそれが極端に異なるため，その困難さが予想された，しかしその重要な結末での予測は，ハンスがそれを見て，起きそうもない数値を置いた．とかくするうちにオッピーはコンプトンに話をし，コンプトンはワシントンに話をした，それから後，時折，誰かが質問して来る，"本当と思うかい？"と．後日，K'ski はその問いに関する更なる研究を行った．

[*10] 訳註： 自触媒の具体的アイデアについては『ロスアラモス・プライマー』の pp. 69-71 に記載されている．

第 4 章　バークレーとロスアラモス，1942-1945

図 4.1　エドワード・テラー (1908-2003) のロスアラモス科学研究所での徽章用オリジナル写真（"U 10" を立てたかは明確で無い）．テラーはハンガリーのブダペストで 1908 年に生まれ，ライプチヒ大学から 1930 年に Ph.D. を取得．彼は 1935 年から 1941 年までジョージ・ワシントン大学，1941-42 年までコロンビア大学の物理学教授だった．1942-43 年までシカゴ大学で，1943 年から 1946 年までロスアラモスでのマンハッタン工兵管区で働いた．1946 年にシカゴに戻り，核研究所 (Institute for Nuclear Studies) での地位を得て 1975 年までそこに留まった．その年に，彼はスタンフォード大学フーバー研究所のセニア・リサーチ・フェローとなった（写真はロスアラモス科学研究所の好意による）．

　これが進行している間に，核物理学者では無かったリチャード・トールマンが私の処に来て，我々は爆縮 (implosion) についてもっと本気で考えるべきだと言った，爆縮とは高爆発を用いて部品を組み立てることである．我々は爆縮について話した，そ

4.1 真珠湾後

してリチャードと私はその主題のメモランダムを書きあげた．後に，リチャードはそれを遂行した，彼は，国家防衛研究審議会 (National Defense Reserch Council) の副議長と，それを行うのに良好な地位に就いていた．トールマンが書いた爆縮に関するメモがさらに2つ在り，さらにコンプトンとブッシュがオッペンハイマーに爆縮のアイデアの推進を督促する会合の議事録が在るのだと科学史家のリリアン・ホデソン (Lillian Hoddeson) が私に語ってくれた．彼は答えた，"サーバーがそれを調査中だ"と．

その会議は正確には終わらなかった，それはあっけなく立ち消えて終わる線香花火のようだった．1週間の後，人々は帰り始めた，幾人かがさらに2週間程滞在した，それでその秋，オッピーと私はシカゴに出向いてベーテ，テラー，コノピンスキーに我々が何を行っていたかと彼らが何を行っていたかについての話しを2日間で行った——状態 (state) と混濁 (opacities) の方程式のような問題の様々な部分．

これらの旅の1つとして，レスリー・R・グローヴズ (Leslie R. Groves) 将軍が初めてこの計画の科学者たちと面会した時に，我々はそこに居合わせた．その会合が始まる前にシラードを探してコンプトンは走り回っていた；彼はシラードをグローヴズから遠ざけたいと望んでいたのだった．シラードの癖は幾分"マッド・サイエンティスト"の印象を与えるものだった．彼は誰もが聞くべきだと彼の最新のアイデアを押しつけていた，彼の最新アイデアの1つとして原子炉で生産される放射性物質を我々の兵士のためのフラッシュ・ライトとして使用すべきと，彼から聞かされた．我々全員は個人的性癖を備えているものの，シラードの個人的性癖は多くの者に比べて一層顕著だった．結局，グローヴズが入って来た時，我々は大きなテーブルの周りに座っていた，そして我々はお互いに彼への自己紹介をした．彼は行（文書）に沿って (along the lines) スピーチを行った，"あなた方は今から私のために働くことになった，そしてなすべき事をきちんとやってほしい (you'd better toe the line)"と，時間は約2分間，彼は電話へと消え，二度と戻ってこなかった．

3日程後，バークレーに戻り，オッピーと私がオッピーのオフィスで働いている時，グローヴズがケン・ニコルス (Ken Nichols) 大佐を従えて来た．まず最初にグローヴズはジャケットを脱ぎ，それを大佐に渡して，"仕立屋かドライ・クリーナーを見つけ，プレスしておけ"と言った，ニコルスはそれを受け取りドアの外に出て行った．将軍が大佐を扱う方法によって強く印象付けられた．しかし，それがグローヴズのやり方だった；彼の部下たちを可能な限り邪険にすることが彼のポリシーであると私は思った．オッピーのシニア（管理職）秘書，プリシラ・グリーン・デュフィールド (Priscilla Green Duffield) はグローヴズのロスアラモス訪問での典型的な物語を持っていた：オッピーのドアが真っすぐ先にある彼女のオフィスに彼が大股で入って来

て，彼女をちらりと見て，"きみの顔がくすんでいる (dirty)" と言った．しかし彼はマンハッタン計画の長として偉大な仕事をやり遂げたのだ，と私は言わざるを得ない．オッペンハイマーをロスアラモスの所長とした彼の不本意な選択に比べたなら，さらに良い兆候はほとんど存在し無かった．もう1つのシカゴへの旅で，動き出す約1週間前に，フェルミの原子炉を訪ねた．

夕方，オフィスからイーグルヒル1番へと戻る運転中に，オッピーとジーン・タトロックが軒下の歩道に沿ってゆっくりと歩いているのを見て驚かされた．後に，ジーンが悪性の鬱病に冒された時，キティーがオッピーの支援を懇願したのだと，彼女が私に穏やかに話してくれた．

秋と冬の間，我々は計算を続けた．例えば，臨界質量計算で中性子の平均速度として合理的な推定を行った．今や，異なる速度の中性子を幾つかのグループに分けることでその計算の信頼性改善を行ってしまった．爆発の水力学と関連している2つの問題を解いた．その1つは球の表面での粗密波 (rarefaction wave) の裸の球の効率の影響であった．もう1つは，タンパー球[*11]に必要とされる，時間と伴に指数関数的に圧力が増大する衝撃波である，指数関数的衝撃波 (exponential shock wave) の理論であった．その終りで微分方程式の数値的積分が求められた，フランケルとネルソンが執り行った仕事だった，彼らが当初の予測に比べてさらに一層困難であることに気付いて，さらに驚いてしまった．彼らが想像していた以上により高い正確さが必要であった．我々の全ての計算は，あなた方はしっかりと認識しておかなければならない――このことを今日考えることは困難であるが――機械的デスク計算器，Marchands と Monroes を使って計算が行われたのだ．フランケルとネルソンが受け取った問題は計算の興味を掻き立て，彼らは後にロスアラモスでそれを推し進めた，そこで彼らは現状 (state-of-the-art) の方法による爆縮計算のグループ・リーダーとなった，当時においてその現状の方法とは IBM のパンチ・カード器械の使用を意味した．フランケルとネルソンがその数値的積分と格闘していた時，同じ主題に関するディラックの秘密扱いの論文を我々は受け取った．しかしながら，それには1個のエラーが含まれていた：ディラックの解は微分方程式の単一点で正しく無いふるまいを示した．

そうしている間に，グローヴズは爆弾研究所を開所することに決めた，そしてその秋と冬の間中の全てでオッピーはそれを組織化するために大変に忙しかった．彼とエド・マクミラン (Edwin McMillan) は少年ロスアラモス牧場学校 (Los Alamos Ranch

---

[*11] 訳註：　タンパー：核分裂物質のコアの周りを不活性（非核分裂性）物質 (inactive material) の殻で囲むなら，その殻 (shell) が，そうでなければ逃れてしまう中性子を反射するであろう．そのためより少ない量の核分裂（アクティブ）物質で爆発を引き起こすことが出来る．その周囲の覆い（ケース）をタンパー (tamper) と呼ぶ [p.34]（『ロスアラモス・プライマー』より）．

School)*12 内の敷地を見つけた．そこはオッピーのニューメキシコ牧場からリオグランデ渓谷を渡った場所だった．当初案では，約 50 名の科学者をそこに集め，秘書的業務のような必須の補助業務は全て科学者の妻たちに行わせるとのことであった．オッピーはシャーロットを司書（図書館員）として拾い上げた．彼はシャーロットがプロの司書よりもさらに効率良くしてくれるだろうと考えていた，必要な角を切った時に高く評価しつつ；シャーロットはプロの司書のイニシャルで名前を探すようなドグマの束縛を解いてくれていると話すことを好んだ．それにもかかわらず，実現化が如何に大きな仕事であるかを当時の私は考えようともしなかった．シャーロットは担当部署を図書館だけでなく，全ての機密書類が含まれている文書資料室と全てのロスアラモス報告書の出版にまで広げてしまった．短期間で 1 ダース程の人々が彼女のために働いていた．彼女はロスアラモスで唯一の女性のグループ・リーダーだった．しばらくの間，我々全員が軍の士官に成る話しが在った，それがシャーロットを悩ませた，何故なら WAC は背丈が 5 フィート (152 cm) でなければならないのだが，彼女はたったの 4 フィート 11.5 インチ (151 cm) でしかなかったからだ．しかしラビと他の実験者たちはオッピーにそのことはアウトに（無視）するようにと話した．

4.2　ロスアラモス秘密研究所

　3 月の初め，バークレーを去りサンタフェ (Santa Fe) に車で向かった．そこでリオグランデ渓谷へと北向きに進路を変え——もしも我々が牧場に行くのなら，引き続き東へ 20 マイル (32 km) 行き，そこで北へ向けペコス渓谷を上る——約 20 マイル走り，そこで左折しオトウイ (Otowi) と呼ばれる場所のリオグランデ*13 に着く前に半

---

*12 訳註：　創立者のアッシュレイ・ポンドは病弱な少年だったので，オッペンハイマーのように，健康のため西部の全寮制学校にやられていた．のちに成人してから，父親が亡くなり楽に暮らせるだけの資産を残したので，ニューメキシコに戻った．
　彼は 1917 年に，その 7200 フィート (約 2200 m) のメサの上に「ロスアラモス牧場学校」を開設した．それは，ポンドと同じような，青白い名家の子弟たちを鍛えるために設立された．　　　(…)
　11 月 21 日作成の工兵隊の査定には，サンタフェの北西 35 マイル (56 km) の広大な樹木で覆われた 1 つの場所について，次のように記述されている．ガスや石油のラインはなく，森林事業用の電話が 1 本，平均年間降水量は 18.53 インチ (47.0 cm)，年間の気温幅は −24 ℃ から 33 ℃．その土地買収と改良工事の費用は，少年学校と，そこの 60 頭の馬，2 台のトラクター，2 台のトラック，50 個の鞍，800 束の薪，25 トンの石炭，それに 1600 冊の本，などを含めて，総額 440,000 ドルだった．学校は売却を厭わなかった．マンハッタン計画は眺めの良い実験所用地を手に入れた [pp. 97-99]（リチャード・ローズ著，「原子爆弾の誕生 下」，啓学出版 (1993) より）．
*13 訳註：　リオグランデ (Rio Grande)：スペイン語，ポルトガル語で「大きな川」を意味する．アメリカ合衆国のコロラド州から流れ出しメキシコ湾へ注ぐ川．

図 4.2 ロスアラモスのシャーロットのスタッフたち．彼女の右はフランシス・ホーキンス（ディーブ・ホーキンスの妻），彼女はほぼブック・バインダーとして働いた（機密の理由から，本類はサイトで装丁された）．

ダースのアロヨ（細流）で浸かった 2 レーンのダート道を進む．そこの川には 1 レーンのおもちゃのようなつり橋が架けられていた，あたかもそれは 2 頭の馬に対し安全であるかのように見えた．ロスアラモスの建設用トラックの全てがその橋を渡り，1,500 フィート（450 m）登り，スイッチバックの危険なダート道でロスアラモス[*14]のメサ（地卓）[*15]の頂上に着いたとは到底信じられなかった．その頂上からのリオグランデ渓谷の向こう側のサングレデクリスト (Sangre de Cristos) 山脈[*16]の広大な眺めは

[*14] 訳註： ロスアラモス (Los Alamos)，そのメサはそう呼ばれていた，は深い渓谷内で成長し，崖を堅く保護してくれているハヒロハコヤナギ (cottonwoods) から名付けられた．その平地の西端に建設されたサイト，そこには秘密研究所が建設されていた [p.vi]『ロスアラモス・プライマー』より）．

[*15] 訳註： メサ (mesa)：地卓，周囲の地域から一段と高くなった，頂部が水平なテーブル形の巨大な岩山．アメリカ合衆国南西部の乾燥地帯に多い．

[*16] 訳註： サングレデクリスト (Sangre de Cristos) 山脈：ロッキー山系最南端の支脈．コロラド州中部のポンチャ峠から南南東へニューメキシコ州にいたる全長約 400 km．山脈の名は，1719 年ス

4.2 ロスアラモス秘密研究所

本当に素晴らしかった.

　想像されたように，サイト自身は混乱の巷だった．我々が到着した時，最初の学校の建物が使用可能だったが，技術区域の建物は完成してなかった，住まいは無かった．オッピーとキティーの後，シャーロットと私が最初に到着した．オッピーとキティーは校長の家を手に入れていた．我々はビッグ・ハウス (Big House) に入れられた，そこは牧場学校の少年たちの寄宿舎だった．我々が到着した後で，家族持ちの人々は下ったリオグランデ渓谷に軍が借り上げた観光牧場に入居した，独身者たちはビッグ・ハウスの部屋を割り当てられた．備え付けの設備は少々不愉快なものだった；ハウス全体で大きな浴室がたった 1 ヵ所在るだけ，シャーロットがシャワーを浴びている間，2 ないし 3 人のやつらが入り込んでまごつかされた．我々は他の学校建屋のフラー・ロッジ (Fuller Lodge) で食事した．食事は良かった，しかし少なかった；さらに若いまたはさらに巨漢の科学者たち，ボブ・コング (Bob Cornog) のように，彼らは餓死に向かっている，そして食事後手の付いてない食事をかっさらうのだと不満をまくし立てた．

　しばらくして，隣同士が結合した二世帯住宅 (duplex) のバンガロー式住宅内のアパートメントに移ることが出来た，我々が一方の側に住み，もう一方の側にボブとジェーン・ウイルソンが居た．ちょっとばかり原始的で，全ての料理は木のストーブで行った．勿論，グローヴズ将軍が鼻であしらう沢山の不満が在った，彼の最初のロスアラモス訪問で，彼は我々の家を，ジェーン・ウイルソンの台所を襲い，将軍は手と膝で焚きつけを吹かし続け，直ぐに可愛くなった．海抜 7,300 フィート (2,219 m) の所で，火を起こすことは少々難しい．この経験から，我々は電気ホット・プレートを支給された．さらに，そこでの料理に慣れなければならなかった，何故なら海抜 7,300 フィートでの水の沸騰は 212 度ではなくて 197 度 (91.7 °C) であり，3 分間の茹卵は 5 分を要するのだから．

　図書館には，本がまだ一冊も無かった，そこでしばらくの間，シャーロットはオッピーのオフィスでプリシラ・グリーン・デュフィールドの手伝いとして働いた．当時，たった 1 回線の電話しか無かった，それは少年学校で使われた旧いレーンジャー回線 (ranger line) だった．ある日，リオグランデ渓谷が激しい雷雨に見舞われた時，電話が鳴りシャーロットが手を伸ばして電話を取ると，電話からの火花が 6 インチ (15 cm) 離れたランプのコードまで飛んだ．その後，もし何処でも視界内に雲が在ったなら，誰も電話に答えなかった．牧場学校は馬の群れを残していった，そしてワイオミング出身の本物の乗馬の達人，ボブ・ウイルソンがプリンストンから連れて来た

ペイン探検家によってスペイン語で「キリストの血」を意味する言葉がつけられた．

第4章　バークレーとロスアラモス，1942-1945

図4.3　牧場学校時代に撮られたロスアラモス研究所のサイト；フラー・ロッジを背景にアッシュレイ・ポンド（池）．

青年たち全てを馬に乗せ，大きな埃の雲を巻き起こしながら馬場の周りをギャロッピング（疾走）させた，シャーロットと私は右へ左へ転げ落ちる青年たちを見守りながら後ろから疾走し続けた．

　建造物だけが未完成ではなかった．警備の整備もそこには無かった．カリフォルニア大学レターヘッド便箋に我々のための通行証 (passes) をオッピーが書いた，その便箋は尻のポケットの中に入れて運ばれたので良く生きのびれなかった．建設現場を警備していたスペイン系アメリカ人の警備員たちは正門を守る男だった．ある晩，ジョニー・ウイリアムズ (Johnny Williams) がサンタフェからローズ・ベス (Rose Bethe) を乗せて上って来た．正門でジョニーのパスを読んで警備員がそれを渡し，本当に紳士であった彼は，車の中に女性を見つけた事実を無視したのだった．間もなく陸軍が馬たちを引きとり MPs へ引き渡した，彼ら MPs の多くが前ニューヨーク署員だったが，騎馬ニューヨーク署員となった——多分，彼らの誰もが以前に馬を見たことがなかったのだろう——そしてフェンスのパトロールに使用した．2週間後に彼らが呼び出され中止するまでの間，大いに耐え忍ばなければならなかった．

　勿論，ロスアラモスのメサで何が行われているのかについての沢山の噂が，サンタフェの中で飛び交っていた，そしてオッピーと陸軍セキュリティ（保安）担当中尉は反対の噂を広げる事に決めた．シャーロットとジョン・マンリイが町まで下り，我々が電気ロケットを造っているとの噂話を広めてくれるようにと彼らは頼んだ．彼らは

4.2 ロスアラモス秘密研究所

図 4.4　ボブとジェーン・ウイルソン，右側はシャーロット．

それについてそれ程乗り気ではなかった，そこでシャーロットは私も一緒に行くかと尋ねた，そしてジョンはプリシラ (Priscilla) を連れて行くと言った，それで我々4人はサンタフェへ下りた．ラホンダ (La Fonda) のカクテル・ラウンジに行った，そこは

図 4.5　ロスアラモスでのシャーロット．

図 4.6　フランク・オッペンハイマーの馬，ブロントに乗る私．

通常，陽気で混雑する場所なのだが，その特別な宵はむしろひっそりとしていた．会話に電気ロケットを入れ込むことが困難だと理解した．我々が見せることの出来た配慮に誰も注意を向けてくれなかった，それで暫らくしてからそこを去って階下のバーに下りた．そのバーは活気に満ちていた，混雑しておりスペイン系アメリカ人で満杯だった．我々は仕切り席に座り，酒を飲んだ，ジョンとプリシラはダンスを始め，電気ロケットについて会話した．直ぐにスペイン系アメリカの若者 (kid) がやって来て，シャーロットとのダンスを申し込んだ．暫らくすると，彼がサイトの建設作業員の職を持っていることが判った，彼が話したかった唯一のことは，馬牧場を所有したいという彼の抱負だった．事態が良く無いと思い，バーに近づき下襟で酔っ払いをつかんで揺すった．"ロスアラモスで我々が何をしているのか知ってるのか? 我々は電気ロケットを造っているのだ!" と言った．唯一の問題は，彼が相当呑んでいて，次の朝までにはその事を覚えていないと断言出来ることだった．それで我々の遠征は失敗作となった，FBIと陸軍情報局は電気ロケットに関する噂を拾ったとは決して報告していなかった．シャーロットとジョンはさらに努力を続けた：彼女は町中の美容室に行き，彼は理髪店に行った，しかし彼らは成功出来なかった．スパイの仕事は映画で観る程には容易では無いということだった．

　セキュリティ（保安）について言えば，初期の頃ロスアラモスで他に2つの面白い事が有った．外に出す手紙全てが検閲された，しかし初めは内部メールだけでなくロ

4.2 ロスアラモス秘密研究所

サンジェルス，シカゴ，ニューヨークから来る手紙でも行われた，それでシャーロットは，それら 3 種類の郵便袋にかわるがわるに手紙を入れることで両親を煙に巻く素晴らしい時間を持つことが出来た．私の最良の記念品はニューメキシコ州の運転免許証だった．行線上に "名前" と在り，そして "要求されない" と書かれていた，そして行線上の "住所" には "Special List B." と書いてあった．残念にも，パナマで過って酒を飲んだ時，紛失してしまった．

ロスアラモスのセキュリティ取り決めは，計画進捗のためのグローヴズの才能のもう 1 つの例であった．もし必要とならば，彼は喜んで異端となりえる．彼は研究所に独自のセキュリティを作った．雇用において機密委任許可遅れ無しを意味し，さらにセキュリティ・サービス（保安部門）が社会主義者 (leftists) と亡命者 (emigrés) に反感を持つことを退けた．研究所内において "知らなければならない" 種類の規則は無かった；全ての情報は科学スタッフの全員に対してフリーであった．我々は幾つかの非プロフェッショナルな事を行った：夜間，机の上に機密書類を置き放しで帰った場合のペナルティは何だと想像しますか？もしあなたが見つけられたのなら，あなたは次の夜歩き回り，引き続く夜中で他の誰かを捕まえる試みを続けなければならない．ある日，私はホールまで歩いて下りた，ディブ・ホーキンスとエミリオ・セグレが口論しながらやって来た．ホーキンスはこのプログラムを実行する担当者だった．彼は言った，"エミリオ，あなたは昨晩機密文書を残してきた，そこであなたは今夜歩き回らなければならない"．しかしセグレはそれを拒絶した．"あの文書，全て間違っていた．それは敵を混乱させるだけだ" と彼は言った．

何者かが冷蔵庫を壊し食品を盗んだことが発見された時，本当にセキュリティ危機が起きた．ロバート・ウイルソンは何者かが冷蔵庫を開けた時にフラッシュがたかれるフラッシュ・カメラを設置した．勿論，その盗人は写真を撮られることに気が付き，カメラの位置を同定し，フィルムを抜き取るだろう．しかし，勿論既にこれを予測し，第 1 番目のカメラと同時にシャッターを切る上手く隠したカメラ，第 2 番目のカメラを設置した．その犯人は夜間警備員であることが判った．

3 月中，スタッフが到着し続けた，装置類が搬入され，組み立てられた，そして 4 月の初め，計画が何なのか，それについて我々は何を知っているのかをスタッフたちに紹介する一連の講義を行った．この講義書は図書館に寄贈された，そこにはまだ本が届いていないため空っぽだった．我々は小さな黒板とその前面に折り畳み椅子を設置した，そして約 30 又は 40 名が参加した．セキュリティは悲惨だった，大工たちがホールを打ち付ける音を聞いた，そして 1 点の場所でビーバーボード[*17]製の天井か

[*17] 訳註： ビーバーボード (beaverboard)：木繊維を固めて成形した軽くて硬い板で，間仕切りなど

ら脚が現れた，それは多分天井の上で作業中の電気屋に属するものであろう．最初の講義を始めて1, 2分後に，オッピーはジョン・マンリー (John Manley) を使って私に"爆弾" (bomb) の単語を使用しないように，そして幾らかニュートラルな"ガジェット" (gadget)*18を使うように伝えた．私はそうした，その単語はきちんと使われた，その後，爆弾はロスアラモスにおいてガジェットと何時も呼ばれるようになった．私は各々が1時間程度の5つの講義を行い，2週間で講義を終わらせた．研究所の副所長，エド・コンドン (Edward Condon) は講義のノートを書きあげた，そしてそれらを**ロスアラモス報告書番号1：ロスアラモス・プライマー**(*Los Alamos Report Number 1: The Los Alamos Primer*)*19の題名でシャーロットが出版した．最終講義の間に，集合体の可能な方法としての爆縮 (implosion) について述べた後で，セス・ネッダーマイヤー (Seth Neddermeyer) が立ちあがり，それはやるべきだと意見した．爆縮研究の実験計画の開始を彼は徹底させた．

　講義が続いていたある日，オッピーは私にオフィスに来るようにと言い，研究所を，軍隊スタイルに，部（文字で区分）と多数のグループ（数字で区分）へ分けるように組織を編成中だと私に告げた．ベーテは理論部 (T) の長となり，私はグループ・リーダー (T-2) になるだろうと言った．組織の表示法はショックだった；私はこれまで独立的な研究しかしていない．しかしそれは形式的なものだった，事実ベーテはそれを受け入れやすいようにしてくれた．2日後，ハンスは私のオフィスに来て，"拡散理論，IBM計算，および実験"に責任があると言われた，私のグループを何と呼ぶかについて議論した．彼は我々に拡散理論計算とIBMパンチカード計算機を意味する先進的計算法を行うことにしていた，我々は指数関数的衝撃波のフランケルとネルソンの研究をそれに入れ込んでしまった．我々がまだバークレーに留まっていた間にオッピーが私に調べるようにと話した爆縮について私は質問した．しかし私のグループで全ての事を行うことは出来ない，彼自身のグループで爆縮の面倒を見るとハンスは言った．

　研究所はたった50人だとの記録はそう長くは続かなかった．あらゆる種類の人々が到着し続けていた：病院の医師，看護婦，学校の教師，電気屋，大工，機械屋，ちなみに彼らは科学者以上の報酬を得ていた．妻たちも職に就いた．ジェーン・ウイルソンは学校の教師だった．ベラ・ウイリアムズ，ジョニーの妻はインテリア経営をし，

　　　　　に用いる．
*18 訳註：　　ガジェット (gadget)：簡単な機械装置，小道具，（実用的ではないが）気のきいた小物．
*19 訳註：　　プライマー (primer)：1. 手引き，入門書，初歩読本，2. 小祈祷書；1. 雷管，導火線，2. 従爆薬，3. プライマー（下塗り剤），4. 始動物質．
『ロスアラモス・プライマー』丸善プラネット (2015) である．

4.2 ロスアラモス秘密研究所

図 4.7　ルイス・アルヴァレ (1911-1988) は 1932 年シカゴ大学で B.S. を 1936 年に物理学の Ph.D. を取得．1936 年にカリフォルニア大学バークレー校に奉職．1940-1943 年まで MIT 放射研究所のスタッフ・メンバーだった．1943-44 年にシカゴ大学冶金研究所で，1944-45 年にロスアラモスで働いた．1945 年にテニアンに行き配送される爆弾の組立を手伝い，広島に行くエノラ・ゲイに付き従う 2 機の観測機の 1 つに乗り込んだ．第二次世界大戦後，バークレー研究所で泡チェンバー・グループを率いた，彼の泡チェンバーを用いた新粒子の発見により 1968 年にノーベル賞を受賞（写真はカリフォルニア大学バークレー校の好意による）．

猛烈な主張と先入観で飾り立てていた．ある日，騒々しい中に技術者の妻が入って来た，何故ならスペイン系アメリカ人家族が彼女たちの隣のアパートメントを選定して，インテリアのリストを見ていたからだった．"スペイン系アメリカ人" とはバークレーの物理学教授であり高名なマヨ (Mayo) 医院の医者ウォルター・アルヴァレの

息子であるルイス・アルヴァレ (Luis Alvarez) であることが判った.

　陸軍は図面を引いていたか,幾らか科学的バックグランドを持ってたカレッジの若者たちを連れてきて,研究所の技術者たちや計算の手伝いをさせた.彼らは SED または特別技術独立班 (Special Engineering Detachment) と呼ばれた.ヴァン・ヴレックはハーバード大学から製図を危険にさらした 4 名の 3 年生 (juniors) を送り出した.彼らは特筆すべき連中だった;私は彼らの 2 人を良く知っていた.彼らの 1 人はロイ・グラバー (Roy Glauber) で我々のグループ員だった,その後ハーバード大学の著名な教授となった.もう 1 人はフレデリック・デ・ホフマン (Frederick de Hoffman),若い年齢にもかかわらずオペレーターとしての才能を示し,後年ジェネラル・アトミック (General Atomics) 社長兼 Salk 研究所長となった.ある日,彼が私のところに来て核分裂に関する幾つかの質問があると言った,そして暫くの間そのことについて我々は話しあった.2 日程後,私はリチャード・ファインマンにホールで遇った,そして彼が言った,"フレディ・デ・ホフマンに何を話したのかい? 彼は私に幾つかの質問をした,私がそれらを答えた時,彼は'しかしサーバーはこう言ったのだ'と言っていたぜ"と.さらに 2 日後,シャーロットが言った,"成るほど,あなたとディック・ファインマンとフレディ・デ・ホフマンは一緒に論文を書いてしまったと私は認めるわ".その論文はロスアラモス報告書として発行され,戦後にフレディが開示許可を得て,*Journal of Nuclear Energy* 誌に投稿した(論文 38).

4.3　ロスアラモスの生活

　陸軍郵便に幾らかの有用性を発見した;PX が時々非配給品を取りそろえることがあった.研究所での公的住所システム上に,アナウンスメントが表示された,"PX は本日チーズ在庫"と,その場所に居たどの秘書たちも,それを手に入れるために駆けだしていった.陸軍はまた週 2 回の上映を行う映画館を所有していた.その選択不可の欠点は,たったの 15 セントの料金によって部分的に緩和された.そして病院は完全に無料だった.多分,若者たちが赤ん坊を持つことを勇気付けたに違いない;それは "RFD" 田舎の無料分娩 (rural free delivery) として知られるようになった.グローヴズはそれについてオッピーに 1 度不満を述べた,彼は人口管理が科学博士の任務の 1 つでは無いと答えた.キティーとオッピーは彼ら自身がとがめられるべきだった;娘トニー (Toni)(正式にはキャサリン,母親の名前を継いで)が 1944 年 12 月に生まれた.シャーロットと私がキティーの病室の窓越しに外側から窓際のキティーにお祝いしたことを覚えている,そしてシャーロットはその最新のうわさ話を伝えた.

　ロスアラモスの生活にはもう 1 つの様相が存在した,それは正規の時間で働くこと

4.3 ロスアラモスの生活

になっていたという我々には極めて珍しい現実だった．勿論，実験屋が一晩中実験を続けることはあった，しかし理論屋には許されず，8 時から 5 時まで，週 5 日間の正規労働時間であった．我々はいかなる書類も自宅に持ち帰ること，または外部の技術エリアで我々の研究について話すことさえ許されなかった．このポリシー，同時に大きなセキュリティ関心によって命令されたものには，同様にもう 1 つの効果が有ったと私は考えている：そのことでメサの上での活発な社会生活が鼓舞された．沢山のディナー・パーティー，寄宿舎でのダンス (dorm dances)，ロスアラモス周辺の美しい田園での週末が在った．様々なグループが出来た：ハイカーたち，馬好きの組（シャーロットと私が属した，ロバートとジェーン・ウイルソンおよびヒュージとマジョリー・ブラドナーと一緒に），シーズンでのスキーヤー達および釣り人達，その中でもセグレは熱心なメンバーだった．ある晩，フェルミは釣りへの情熱が何なのかを明らかにするようにとセグレを詰問した，そしてセグレが素晴らしい観点を説明した：あなたは静かにプールに忍び寄らなければならない，かつあなたの影を水に落としてはならない，フライを投げた時，釣り糸の前方の水面へそれを触れさせねばならない．最後にフェルミが言った，"解った．それは知力の戦い (battle of wits) なのだな" と．

　もう 1 つの余興は居住区内の最初の火事だった，それは我々の家で起きた．私は不在だった；喉が痛み出し，彼らは私を一晩中病院で過ごさせたためだと思う．2 軒のアパートメント間の背後に，薪を燃やす暖炉が設置された暖房部屋が在った．暖炉の世話をするスペイン系アメリカ人の管理人は，朝方に再び点火しないですむようにと一晩中に充分な程の丸太を積み込めるものなのだ．しかし，その夜は，それにも増して過剰に行ってしまい，火花と炎が煙突 (chimney) から飛び出し，消防車がベルを鳴らしながらやって来た，近所の住民たち全員が飛び出して来て，何が起きたのかと見つめていた．ボブ・ウイルソンはそのような機会を見そこなった 1 人であった．彼は家の他の側を回り，我々のアパートメントに入り，アパートメントの裏側ドアの所に，シャーロットを彼の腕で抱え込みながら現われた，彼はバスローブをまとい，彼女はパジャマのままだった．

　その管理人は，ボブの彫像家としての経歴開始の原因ともなった，なぜなら彼はいつも我々の裏ベランダに斧を置いてたものだから．ある宵に，仕事を終えたボブは斧と丸太を手にして，それを刻み始めた．大変驚かされたことに，3 ないし 4 晩の後に，それは何物かに見え始めた．しかし必然的運命が起きてしまった，ある晩に管理人がボブの丸太を掴み，火の中に投げ込んでしまったのだ．エディス・ワーナーズでの聖餐はロスアラモスの習慣となった．ワーナー (Warner) 嬢，地元の住民，はオト

ウイ (Otowi) に屋敷が在った，そのつり橋の丁度西側である*20．彼女は1つの大きなテーブルで5組のカップルを受け入れた，6個のグループを形成し，各々の週の同じ夜にお互いが一緒になるように要求した．我々のグループ，金曜日のナイター連中はエド・マクミランを除いて全男性がボブと呼ばれている事実から苦痛を味わされた：ボブ・ウイルソン，ボブ・クリスティ，ボブ・デイビス，ボブ・サーバー．我々は姓を使わざるを得なかった．

1944年のある時にタオスに向かうスワン（白鳥）湖と称すると聞いた館で我々はもう1つの忘れがたい宵を過ごした，そこで晩餐の予約が出来た．そのスワン湖は大きなマンションに変わっていた．我々――ウイリアム夫妻，ウイルソン夫妻，サーバー夫妻および可能な他のカップル――は高価に見える応接室に導かれ，キャサリン (the chatelaine) を紹介される，彼女は美しく，エレガントで宵が更けるとともに大酒呑みに変身した．彼女は充分なだけの酒を持っていた，それで彼女自身も晩餐に参加することが許された．我ら自身が退出した際，一寸ばかり探検し，ニューメキシコの荒野に在るシャトー (chateau) を維持することの困難さが直ちに理解出来た．シャーロットとジェーンが階上へ私を呼び出し，感心した浴室を眺めさせた：金めっきの蛇口と備品，それと大きな浴槽．しかし特筆すべきは床だった，それは人が入り込むまで完全な鏡のように見えたのだった，水道管からの漏れによる半インチ (1.3 cm) 深さの水であることが判った，それは1インチの敷居内に留まっていた．さらに酒を飲んだ後，我々は連れだって暖炉に火がともる黒っぽい木の壁の食堂へ出向いた，そしてホスト（主人）とホステス（女主人）と伴にアンティークなスペイン風のテーブルに座った．他の客は居ないので，そのレストランは税控除で，商売気は無いものと結論付けた．女主人は新しいフランス人シェフを雇ったのだと我々に告げた，そのシェフは丁度その日に到着し，その食事は現地でのフランス料理と同じ位に良好であるのだと．しかし，その晩餐はことごとく台所の大騒ぎによって妨害された，そしてその立派な制服で着飾ったシェフは突然入り込み，女主人に不満をまくし立てた．彼女はシェフをなだめすかした，その宵はますます更け，彼女の夫の苦悩に向け彼女が目配せしたことは明白だった．我々は退出し，4壁面全てが本で埋まっている大部屋の図書室にブランディーとコーヒーを持ち込んだ．我々は直ちに好色文学 (pornography) のセクションとスポーツのセクションを発見した．ジョニー・ウイリアムが1巻を取出し，ページをぱらぱらとめくっていたが突然止めて言った，"なんと，サーバー，ここに君の写真が有るよ!"．それはスポーツ記録1926年版であることが判った，そ

---

*20 ペギー・ボンド・チャーチがエディス・ワーナーについて，題名が *House at Otowi Bridge* (Albuquerque: University of New Mexico Press, 1959) の本を書いた．

こで私は米国高校優勝校，フィラデルフィア中央高校水泳部の残り人として写っていた．全てが信じられない宵だった．

4.4　原子爆弾設計と爆縮技術

　1943 年 12 月の暮れ，ニールス・ボーアと息子のアーゲ (Aage) は，ニコルスとジェームズ・ベーカーという偽名を使ってロスアラモスに到着し，そして即座にニックおじさんとジムとなった．ロスアラモスに来る直前に物語があった，ワシントンのホテルでボーアはエレベーターに乗り込み，オーストリアの物理学者ハンス・フォン・ハルバン (Hans von Halban) の妻として知っている婦人と顔を合わせた．"お早うございます，フォン・ハルバン夫人"と彼は言った．彼女が答えた，"私は今はフォン・ハルバン夫人ではありません；私はプラゼック夫人です．今晩わ，ボーア教授"．そしてボーアが返答した，"私は現在ボーア教授ではありません；ベーカーと申します"．エルサ・プラゼックの新しい夫はチェコ（ボヘミアン）物理学者ジョージ・プラゼック (George Placzek) であった，彼はひと夏に牧場を訪れ，今やロスアラモスの英国訪問団の一員であった．

　1943 年 12 月の最後の日，秘書が私のドアに頭を突っ込み（事務所には電話が無かった），オッピーが事務所に来てくれと言っていると伝えた．私が部屋へ入ると，ニールスとアーゲ・ボーア，ベーテ，テラー，ヴィクター・ワイスコッフが既にそこに居た．オッピーは，さも筆記用紙一式を無造作に引き剥がしたかのように見える紙のスクラップを私に渡した．それはスケッチだった，そしてスケッチで表現されたものについての私の考えを質した．1 分後にそれを返し，重水減速原子炉に見えると答え，そのことについて話した．彼はそこで，そのメモはボーアがハイゼンベルクから得たものだと私に告げた．質問はそれが兵器として解釈出来るか否かであった．その部屋に一堂に会したロスアラモスの専門家たちは爆発物としての有用性は無い，と全員が同意した，そして以前から疑問に思っていたこの分野の専門家では無いボーアと一緒に，ベーテとテラーはグローヴスのためにその効果の報告書を書くために去った．新年に，オッピーはグローヴスへ我々の会合の勘定書を書き，それにベーテ＝テラー覚書を同封した．

　1944 年 1 月のある朝，シャーロットが私の事務所にバークレーのマリー・エレン・ウォシュバーンからの電報を携えて来た，それには前夜にジーン・タトロックが自殺を図ったと記されていた．彼女は私にこのニュースをオッピーに知らせるべきかと問うた．彼の事務所を訪ねた時，彼の顔つきで既に知らされていることをが判った．彼は大そう落胆した様子だった．

最初の年，全ての実験グループ——ボブ・ウイルソンとサイクロトロン，ジョン・マンリーとコックロフト・ワルトン，ヴァン・デ・グラフのジョニー・ウイリアムズ——は断面積の測定で大忙しだった，化学者と冶金屋たちは順を追って技法を獲得していた，エド・マクミランは銃から発砲してキャノン (canyon) の組立試験を続行していた，セス・ネッダーマイヤーは発砲してみて，爆縮 (implosion) が如何に困難であるかが判った．理論屋たちは爆縮に関するアイデアを開発し続けた．1943 年の秋，ジョニー・フォン・ノイマンが来所し，満たすべき形状とモンロー効果 (the Monroe effect)[*21]について語った，それは直接的に応用出来ないが，爆轟波 (detonation waves) で生じる圧力下での金属塑性流動の挙動へと全ての人の頭を向けさせることとなった．ジェームス・L・タック (James L. Tuck) がその形成波を作る爆発レンズを考案した．

銃の組立は以前から好感が持たれている方法であった，何故なら爆縮に比べれば一層容易だと思われていたからだった．それが続いたのは最初の原子炉生産プルトニウムがロスアラモスに届き始めた 1944 年の夏までだった，そのプルトニウムは同位体 ^{240}Pu によって汚染されていることが判ったのだ．プルトニウム 239 が我々が望んだ同位体であった，そして ^{240}Pu は ^{239}Pu が中性子を吸収した時に 2 次反応として作られるものであった．^{240}Pu の問題は，それが非常に高い自発核分裂比率を持ち，大きな中性子群のバックグランドを与えることにある．そのため銃 (gun) での組立はプルトニウムでは実用と成らない；その中性子群に打ち勝つ程充分に速いものは出来なかったのだ．研究所の全所員は爆縮を開発するアイデアのために再編成された．

我々のグループはガン組立のウラン爆弾——廣島爆弾——の設計担当から抜けた．とにかく，全くテスト無しにそれは使用された．それは割合簡単な業務であった．唯一の無回答の問題が在った：3 つの臨界質量の価値を有するウランを組立用としたなら，それらをばらばらにして，2 片の部品——ターゲット（標的）とプロジェクタイル（弾丸）——に分けることを望むなら，質問は，その 2 片の部品は超臨界 (supercritical) なのか，未臨界 (subcritical) なのか，連鎖反応が持続可能なのか，出来ないのか？ も

[*21] 訳註： モンロー効果：アメリカの科学者，チャールズ・E・モンローが 1888 年に発見した円錐形のくぼみを持つ爆薬を後方（円錐の頂点がある方向）から起爆すると，反対側の前方に強い穿孔力が生じる現象．成形炸薬効果などとも呼ばれる．
モンロー/ノイマン効果とも呼ばれる；薄い金属の内張り（ライナー）を付けてスリバチ状（凹型の円錐状空洞）に成形した炸薬を爆発させると，爆発の衝撃波が円錐中心軸に向かって集中，中心軸に沿って方向を変え，スリバチの上に向かって超高速の金属の噴流が作られる現象である．噴流が当たる目標物には深い穿孔がうがたれる．モンロー効果とノイマン効果を合わせてこう呼ばれる．
ノイマン効果：ドイツの科学者，エゴン・ノイマンが 1910 年に発見した，モンローの円錐形のくぼみに内張り（くぼみと同じ形の金属の円錐をはめ込むこと）をすると穿孔力がさらに強くなる現象．

4.4 原子爆弾設計と爆縮技術

しもそれらを球形に作り，それらを反射体で取囲むなら，それらは互いに 1.5 臨界質量を有する．その実際的配置は超臨界または未臨界なのか，イエスまたはノーなのか？ あなたは更に知り得るか又はあなた自身が吹き飛ばされてしまうだろう．そのような奇妙な姿で，計算することは不可能であった，しかし私はその質問に答える方法を考えた．その断片は，^{235}U が黒鉛によって描かれ，その反射体は幾つかの吸収体が添加された黒鉛によって描き出されたボブ・ウイルソンが作ったスケール・モデルを持っていた．彼はサイクロトロンからの中性子バーストで各々のモデルを照射した，そしてモデル中の低速中性子密度の減衰率を測定した．低速中性子は測定に対して便利なタイム・スケールを与える．彼はまた 1 臨界質量球の計算モデルで黒鉛球を作った．球の測定とモデルの減衰比が比較された，同じことを全てのもので行った．もしもモデルの減衰がより速ければ，それは未臨界であなたは安全である．2 つの部品を徐々に一緒にするなら，そのシステムの臨界になるポイントが判るだろう，さらに一体化した時にどの程度の超臨界になるのか，事前爆発 (predetonation) 確率と効率 (efficiency) の計算に用いる情報が判るだろう．

　我々のグループの他の事は，統合計画 (integral experiments) の解析解担当だった．統合計画はオークリッジとハンフォードから届き始めた，見ることができ小さな球に作ることができる程に充分な ^{235}U 又は ^{239}Pu が届いた後に実施されたものの 1 つであった．中性子を照射し，そこで何が起こるかが理解出来るだろう．勿論，計算が正しかったか否かを確認することも興味深いことであろう．もしもあなたが球の中心に中性子源を置いたら，そのソースから放射される中性子以上に多くの中性子が現れる，さらに物質を加えて球をさらに大きくするなら，中性子の増倍係数はさらに大きくなるだろう．増倍係数が無限大になる場所を外挿出来る，そしてそこが臨界寸法となる．勿論，最後の少量を加えた時の極値を得ることは極めて興奮させるものであった．他の方法は，ボブ・ウイルソンのサイクロトロンから中性子バーストをその球に与え，球内の中性子密度の減衰にどれほどの時間を要するかを観察することであった．

　しかし，ほぼ純粋な ^{235}U が入手可能となる前に，オークリッジでアーネストの電磁気分離器の第 1 段階で生産された濃縮度 14 % ^{235}U を用いた初期の総合計画が在った．それは，通常水中の塩のようにその濃縮ウランを溶解して用いた水ボイラー，小型低出力の原子炉だった．この水ボイラーのグループ・リーダーはドン・カーストであった，彼とは一緒にベータトロンの研究をした（後にドンはイリノイ大学から X 線源としてロスアラモスで使用するために 15 MeV のベータトロンを持ってきた），それで自然に彼は私に支援を求めた．私はドンのために予備的推定を行った，しかしベーテは私にボブ・クリスティ (Bob Christy) のプロジェクトに替わるよう要求した．

第4章　バークレーとロスアラモス，1942-1945

図 4.8　イシドール・イザーク・ラビ (1898-1988) は 1898 年オーストリア・ハンガリー帝国に生まれた，その翌年に家族はアメリカ合衆国へ移住した．1919 年コーネル大学で B.A. を 1927 年にコロンビア大学で Ph.D. を取得．1929 年よりコロンビア大学の学部メンバーとして奉職．彼の生涯の残りをコロンビア大学で勤務し続けた．コロンビア大学物理学部を国内で一流の学部の 1 つにすることに貢献した．第二次世界大戦中，MIT 放射研究所副所長でロスアラモスを度々訪問した．1946-47 年にブルックヘヴン国立研究所創設の事業に寄与した．原子核の磁気的性質を記録する共鳴法に対してノーベル物理学賞を 1944 年に受賞．彼は原子力委員会の一般諮問委員会の委員であり，オッペンハイマーの後任として 1952 年から 1956 年までそこの委員長を務めた（写真はコロンビア大学の好意による）．

1944 年 5 月 9 日，水ボイラーの試験準備が出来たとの話しが飛び交った．我々の仲間たちはロスアラモス渓谷内の研究室に下った．ドンは制御盤の前の椅子に座っていた，しかし最後の瞬間に彼は立ちあがり，その席をフェルミに譲った．エンリコが座

4.4 原子爆弾設計と爆縮技術

り，制御棒を引き上げるノブを回した．カウンターが一層速くカチカチと鳴った，そしてオシロスコープの光点がスクリーンの頂点から消えるまで高く，一層高く上った．エンリコは制御棒が戻るようにボタンを押した．

爆縮の開発に対して私は多くの時間を費やしていない．1つの考案をしただけだった，それは爆縮を測定する RaLa 法（RaLa は放射性ランタンに対する略記法）だった．ガンマ線源として放射性ランタンを用い，爆縮される球の中心にそれを置き，外側にガンマ線の強度測定の検出器を置く．高爆発させた時，その球が圧縮されるならば，その強度が低下するだろう．あなたが知りたいことは，どの程度低下するのか，どの程度そこで圧縮されるのかである．ブルーノ・ロッシ (Bruno Rossi)[*22]と彼のグループはその手法を開発し，そして沢山の実験を行った．

1944 年 8 月のパリ解放の日，ラビが突然やって来て，彼とビキ・ワイスコフ (Viki Weisskopf) はその出来ごとに対して徹底的な祝杯をあげてないと決めつけた．彼らはラマルセイエーズ (Marseillaise) のはためく居住地域へ行き，行進に誰もが加わるように勧め，祝日であるかのように変えてしまった．

1945 年 4 月 12 日，フランクリン・ルーズヴェルト死亡のニュースは平手打ちを受けたかのようだった．次の日曜日にオッピーは記念式典を計画し，そこでは簡潔に，雄弁にそして感動的な講演をした．

1945 年 5 月 8 日は VE Day[*23]である，そしてドイツへの原爆投下無しにヨーロッパでの戦争は終わった．英国の *Farm Hall Report* で——戦後に逮捕されたドイツ人科学者たちの間での会話の秘密記録——ハイゼンベルクがオットー・ハーンにウラン爆弾の臨界質量の計算をしようとも思わなかった，何故ならハイゼンベルクはそれを見ていなかったのだと話した；彼は ^{235}U の相当量の分離が実用的な仕事であるとはと考えなかった．ハイゼンベルクがボーアに示したように，ドイツ人たちは重水原子

[*22] 訳註： ブルーノ・ロッシ (1905-1993)：電気技術者の息子であるロッシはイタリアのパドヴァ大学とボローニア大学で教育を受けた．1938 年アメリカに移民した．シカゴ大学とコーネル大学で研究していたが，1943 年，ロスアラモスに移った．戦後の 1946 年，MIT の物理学講座の教授に任命され，1970 年に引退するまでそこに留まった．ロッシの主要な研究は宇宙線分野であった．1934 年，ロッシはエリトリアの山中に彼のカウンターを設置し，東からの粒子が 26％ 過剰であることを見出し，宇宙線の大多数が正に荷電していることを示した．

『物理学者 ブルーノ・ロッシ自伝：X 線天文学のパイオニア』小田稔訳，中公新書 (1993) に宇宙線観測から，ユダヤ人科学者としての亡命，ロスアラモスでの研究等が詳述されている．

[*23] 訳註： VE Day (Victory in Europe Day)：ヨーロッパ戦勝記念日．1945 年 5 月 7 日午前 2 時 41 分，フランス・シャンパーニュ地方のフランスにあった連合国遠征軍総司令部で，フレンスブルク政府のカール・デーニッツ元帥から降伏の権限を受けたドイツ国防軍作戦部長アルフレート・ヨードル大将が連合国軍司令長官ドワイト・D・アイゼンハワー元帥とドイツの降伏文書に調印した．文書での停戦発効時間は中央ヨーロッパ時間で 5 月 8 日 23 時 01 分となっていた．

炉の研究を行っていた，そしてカール・フォン・ワイゼッカー (Carl F. Weizsäcker) がプルトニウムの爆弾への道筋を指摘していた．しかし原子炉を建設するためには大量の重水を得なければならず，これもまた実用的でないと見なされていた．ドイツの実験物理学者ワルサー・ボース (Walther Bothe) は，通常の商用黒鉛は強い中性子吸収材であるホウ素によって汚染されているとの認識が無く，黒鉛（グラファイト）が原子炉の減速材として有用性が無いと報告した結果，大きなミスリードを彼の同僚たちにしてしまった．

しかしヨーロッパでの終戦はロスアラモスでの研究のペースに何ら影響を及ぼさ無かった，それはほぼ最高潮に達していた；絶望的な血なまぐさい戦争が依然として太平洋では進行中であった．

1945年の春，原爆の使用について大統領に勧告する，トルーマン大統領によって設置された組織，暫定委員会 (Interim Committee) の検討にオッピーは巻き込まれてしまった．陸軍長官ヘンリー・ルイス・スチムソン (Henry Lewis Stimson) が議長となり，国務長官に指名されたジェームズ・フランシス・バーンズ (James Francis Byrnes) とジョージ・C・マーシャル将軍たちがメンバーだった．オッピー，フェルミ，コンプトンおよびローレンスがその委員会の科学者パネルに属した．ロスアラモスで，暫定委員会が直面している問題についてオッピーは私と議論をした．彼は私にそれら概要と，秋の日本侵攻計画についてを話し，陸軍医療隊 (Medical Corps of the armed services) は50万人の死傷者に対する準備をすると語ったと話した．このバックグランドが与えられて，原爆を用いることの必要性について何の疑いも持たなかった．我々はそれを"心理学的爆弾"として話し，日本の都市に原爆を投下することで戦争が終わるとの確信を得た．

この期間において，シカゴ大学冶金研究所の多数の科学者たちは原爆使用決定前に日本人たちに原爆をデモンストレーションすることを支持した．シラードはこの方針を力説する請願書に加わるよう，ロスアラモスの科学者たちを誘った．ボブ・ウイルソンの研究室である宵にこの勧誘を考慮する会合が開かれた．オッピーが話したことを覚えているが，その討議の詳細は覚えていない．しかしながら，その結論はロスアラモス請願書は無いということだった．ロスアラモスではこのアイデアに対しては非常に少ない支持でしかなかったと考えている．私はそれに反対だった：デモンストレーションの心理学的効果は実際に使われる効果とは大きく異なるであろう．暫定委員会の科学者パネルは7月に，デモンストレーションが戦争を終結させる見込みは無い，直接利用の代替にはならないように見えると述べたその結論の報告を行った．

それで我々は1945年7月16日のトリニティ実験に戻った．オッピーは汚ないトリックを使った．彼はトリニティでの任務が無い調整委員会の全員は爆発点から約

4.4 原子爆弾設計と爆縮技術

20マイル (32 km) の観測地点へバスで行くようにとの覚書 (メモランダム) を発信した．技術事項を検討する調整委員会は1人を除いたグループ・リーダーで構成されていた——その1人とは唯一の女性グループ・リーダーのシャーロットだった．勿論，彼女はこの性差別を憤慨した，しかしオッピーは撤回しなかった：その観測地点には衛生施設が無いというのが彼の理由だった．出発前の宵に，路上でエドワード・テラーと偶然遇った，彼はオッピーの覚書にはガラガラヘビに用心するようにと言っていると指摘し，そして言った，"ガラガラヘビにどう対処するのかい?" それで私は答えた，"ウィスキーをもう1本持って行くつもりだ"．リチャード・ローズの著書『原子爆弾の誕生』(The Making of the Atomic Bomb) の中で，私が怖がっていたのだと考えていたように思われるが[*24]，実際そうでは無かった．それは丁度気のきいた冗談だったのだ．

我々はその夜に観察地点へ向かい，午前3時に到着した．寒く，霧がたちこめ周囲に激しい雷雨が在って実験を遅らせた．5:30頃，一寸ばかり晴れ間が出た，警告ロケットが遠方から打ち上げられた．我々全員は実験地点に顔を向け伏せた．目を遮蔽するため溶接者用眼鏡の一片が各々に支給され，爆発を待ち受けている間それらを掲げておくことが想定されていた．腕が疲れて，1秒程眼鏡を下した丁度その瞬間，爆弾が破裂した．私は完全にその閃光によって目暗になってしまった，そしてようやく見えるようになった時，最初に見たのは非常に明るい高さ数千フィートに違いない青紫色の柱 (violet column) だった．約0.5分で私の視力は明瞭となり，白い雲が湧き上るのを見た——高さ20,000, 30,000, 40,000フィート (12,160 m) 程に違いなかった．20マイル (32 km) 離れたところからの熱を顔全面で感じた．その火の玉 (fireball) は晴れた夏の午後の太陽と同じ程の輝きだった．約1分15秒後，爆発のとどろきを聞いた，それは非常にやかましい雷鳴に似ており丘の周囲で数秒間反響音を発した．ドン・カーストは一緒に来なかった，その前日に病気になってしまったからだった．彼は起き上がり，約250マイル (402 km) 離れたロスアラモスから見守った．彼は閃光を見た，それから約20分後に爆発音を聞いた．

次の日，我々は各々見たことの報告を書いた．私の報告の本文を図4.10に示す．

如何に大きな爆発であったかを推測する賭け金（プール）ゲームがロスアラモスで行われた，ほぼ12,000トン TNT相当の推定値であろうと私は考えた．18,000トンと推測したラビが賭けに勝った．殆んどの者は大変小さく見積もってしまった，非常に高く見積もりすぎたエドワード・テラーを除いては——楽観主義からなのかまたは駆け引きからなのか，私は判らない．その後，ラビが決めた値は様々な理論家グルー

[*24] 訳註： 神谷二真/渋谷泰一訳『原子爆弾の誕生（下）』p.453, 啓学出版 (1993).

108　　　　　　　　　　　　　　　　第 4 章　バークレーとロスアラモス, 1942-1945

図 4.9　トリニティの爆発 13 秒後（写真はコロスアラモス国立研究所の好意による）.

プの処へ行き，爆発での彼らの計算結果を聞いて，その値を投じたのだと，その方法をラビが私に語った．ラビの予想通り，ロスアラモス人全員が爆縮技術の困難さが頭に焼きついてしまい，彼らたちは遥かに低く見積もりすぎたのだった．1959 年シャーロットと私がロンドンに滞在中，ラビが心臓の発作に襲われ，当地の病院へ入院していると聞いた．我々は彼を見舞つた，彼に会った瞬間，彼は実際にもう 1 つの心臓発作 (heart attack) を抱えてしまっていた，何故なら彼は丁度原子爆弾に関する最初の人気本となったロベルト・ユンク (Robert Jungk) の著書『千の太陽よりも明る

4.4 原子爆弾設計と爆縮技術

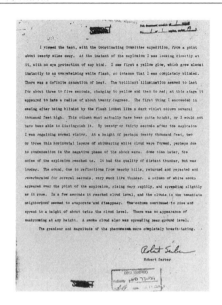

図 4.10 トリニティ爆発の私の報告.

〈』(*Brighter Than a Thousand Suns*)[25]を読んでいたのだった.そしてユンクは私が

---

[25] 訳註: ロベルト・ユンク著『千の太陽よりも明るく――原子科学者の運命』,菊盛英夫訳,文藝春秋新社 (1958). 原題は *Heller als Tausend Sonnen* で 1956 年にドイツで出版された.James Cleugh が英文に翻訳し 1958 年に出版.オーストリア人のロベルト・ユンクが原子爆弾のドイツ計画とマンハッタン計画について,重要な役割を果たした科学者たちのインタビューを基に原子爆弾製造と投下に関する最初の見解を記載した最初の書籍となった.「第 19 章オッペンハイマー事件」,「第 20 章被告席にて」,で終るドイツの原爆開発史とアメリカのマンハッタン計画を俯瞰した総括的な科学技術史で,かつ政治史ともなっている.「あとがき」には『近代自然科学の背後には,これまで「自然を支配せんとする騒傲な意思」(パウリ)が,わけてもベーコンの箴言「知識は力なり」中に現われていた態度が立っていた.しかし今日では,「知識は遺憾ながら力である」という声の方を遙かにしばしば耳にする.科学者は「おのれが神に似ていることを恐れる」ようになった.そして「宇宙の解答不能な神秘にはあくまで解答はあたえられまい」という認識に直面して,「知性の従順」(ファインマン)を告白している.《絶対兵器》の発達において 1 つの頂点に達した時代にあっては,ほとんど一般には進歩即科学的,技術的進歩と考えられていた.ところが今や,或るすぐれた物理学者ははっきりこう述べている.「精神的存在たる人間が進化する空間は,過去数世紀の間それがひろげたその 1 つの次元よりももっと多くの次元を持つものである」(ハイゼンベルク).新たな謙虚さは,非人間的兵器や超人間的兵器の場合と同じく,先ず最初原子力研究の本に生じた.なぜなら原子の世界の研究から理論物理学者が獲ち得たものは,人間の観察力や判断力には限界があるという認識だったのである.かかる認識はとうの昔に宗教によって告知されたところだが,今やまた科学

賭け（プール）に勝ったと記載していた，ラビではなかった．ラビは賭けに勝ったことを誇りにしていたのだったから….

　我々がトリニティから戻った時，ロスアラモスで祝賀会を行ったか否か思い出せない．我々はあまりにも疲れ果て，夜中だったことから真っすぐにベッドへ行ってしまったのだと思う．

によっても論証できるようになった．かくしてその威力の中に現代人のとめどなき不遜な羨望を最もよく現している原子爆弾は，核物理学上の事実を基礎とする新たな節度の哲学と同じ根から由来しているのである [p. 379].』：

　依然として≪ゲッチンゲンの老兵≫の1人だった原子物理学者ロタール・W・ノルトハイムはこう語っている．「ロスアラモスの科学者たちは1945年の7月16日の第1回実験を前にして賭けをやった．爆発の大きさいかんをめぐってだが，大部分の予想は，1，2の乱暴な憶測を除いては，遥かに下回ったのである」．

　たった1人ほとんど正鵠な予測をたてたのは，オッペンハイマーの友人でしばらくロスアラモスにいなかったロバート・サーバーだった．どうしてあなただけがほぼ正確に予測できたのか，と後に人から聞かれて，彼はこう答えた．「実は儀礼からにすぎなかったんですよ．わたしは外から招かれた客でしたから，社交辞令のつもりで大きな数字をあげようと思ったまでですよ」[p. 228].

第 5 章

テニアン，1945

5.1 テニアンへ向かう[*1]

　1945 年 7 月 16 日の月曜日にトリニティ実験が行われた．同じ日に重巡洋艦インディアナポリス号 (*Indianapolis*) は廣島爆弾——^{235}U，ガン型集合体——とともに太平洋戦闘地域に在るマリアナ諸島に爆弾を届けるためにサンフランシスコから船出した．その週の金曜日に私はプロジェクト A と呼ばれていた同じ目的地へとロスアラモスを去った，そのグループは日本へ送るための爆弾を組み立てることが任務だった．ノーマン・ラムジー (Norman Ramsey) がグループ・リーダーで，フィル・モリソン，ハリー・ワルトマン，ラリー・ラァンガー，ハロルド・アグニュー，チャーリー・ベーカー，私の古くからの友人であるビル・ペニーだった．

　シャーロットと長期間に亘って離れ離れになる初めての経験だった，それで私は彼女に数日の間隔で手紙を書いた．その手紙を以下に採録しよう，[ ] 内にコメントと説明を加えて．我々の手紙は軍の検閲を通過させなければならなかった，そのため幾つかの事について削除してしまった，私は今それを付け加えた．旅行の記述は禁止されていた——ルートと目的地．これらの制約は平和が訪れた時に（多分）取り払われてしまった，そして 1945 年 9 月 2 日付のテニアンからの手紙の中で，その日は東京湾内で平和協定が調印された日である，私は過去を振り返り，テニアンへの旅を記述した．ここにその旅の抄録を示す．

　　　9 月 2 日 [テニアン]...
　　　今，戦争は終わった，跡をたどることが何故道徳的で無いのか私には判らない，そし

[*1] 訳註： 節番号および節見出しは原書になく，日本語版翻訳にあたり付けたものです．手紙は引用文とし文字サイズを小さくしている．

てここでの旅を少しだけあなたに話そう（何故ならこれは個人ポストに入れ，如何なる検閲をも通らないであろうから）．[ロスアラモスに戻る途中のルイス・アルヴァレに手紙を託したことを意味している]．

金曜日の朝，我々がバスに乗ったことを覚えているだろう．我々はアルバカーキー空港に行き，そこで昼食し，OD と書かれた C-46 が待機しているキートランド (Kirtland) フィールド（飛行場）へ席を移した．4 個のエンジンを搭載した太っちょだ——その側面には "兵員輸送部隊" (Troop Carrier Command) と書かれていた．噂では我々の最初に停まる処はラスベガスだろうとのことだった．私はこの最初の搭乗を本当に喜んでいた．私が常に飛行機を好む事実の他に，その雰囲気が私を興奮させた——パラシュートの上に座り，バケットシートを両側に倒し，その壁上に刻印されたサイン，"155 mm 曲射砲または 4×4 前部車輪はここ"——商用飛行機に比べて実際にはさらにビジネス・ライクだった．

我々は西へ飛んだ．離陸を待つ間，機内はまったく暑かった，しかし上昇した後には素晴らしくかつ涼しくなった．リオグランデ渓谷を後に，ニューメキシコ・アリゾナの悪地帯（バドランド）を横切った．程なくサンフランシスコの山々が前方にぼんやりと現れた．北側に進路を変え，ビリーと一緒の旅行で夕方に初めて行った地点のグランド・キャニオンを横切った．一寸の間，ラスベガスに滞在していたことを考えていた，しかし反対側の窓辺に移り，窓から眺めると，眼下にザイオン・キャニオンしか見渡せなかった．我々は北への進路を取り続けた，アルバカーキを出発してから約 2 時間半で W-47 に着陸した，そこがソルト・レイク砂漠の端にある我々の古くからの友ウエンドーバー (Wendover) であることが判った．昔のようなウエンドーバーでは無かった．悪くなってたが，しかしさらに大きくなっていた．[ウエンドーバーは第 509 混成群団，爆弾投下の空軍のグループ，の基地であった]．そこで我々は何をしたかについて既に手紙を書いてしまったから，火曜日の朝へスキップしよう．

ウエンドーバーで我々が行ったことについての手紙：

7 月 22 日，日曜日 [ウエンドーバー]

親愛なるシャーロット：

書くことの困難な部分は言うべきことが見つからないようにすることだが，通り抜けそうなことを描こう．

とにかくも，全てが極めて順調に進んだ．良く組織化されているように見えるし，混乱状態を予想させるものは何も無かった．キートランド (Kirtland) から乗り込んだ飛行機は快適だった．私は本当にこの飛行を楽しんだ——この間の大部分で，私は一人ぽっちのように感じた．他の者は睡眠しているか推理小説を読んでいた，しかし私は窓際から離れることが出来なかった．この旅の景観は記述するだけの価値が有ったのだが，その話しをもらすにはあまりにも多すぎて出来なかった．とにかく，我々は W-47 に到着し，バラックがあてがわれた（そこは汚かったものの，その他は快適だった），士官クラブで夕食をした，そこは素晴らしい穴場だった．我々はルイスと宵を過ごした，彼は

5.1 テニアンへ向かう

図 5.1 民間人として結婚写真家だったに違いない軍写真家の仕事．ウエンドーバー空軍基地，そこには原爆を投下した空軍部隊，第 509 混成群団の本部が在り，そこで撮影された写真である．

私にリンク・トレィナー (Link Trainer) の飛ばし方を教えてくれた，あなたは知らないだろうと思うが，リンク・トレィナーは地上に待機している飛行機なのだ．

翌日，殆どが行進に費やされた，それはいたって単純な行動だったが，ぶらぶらしていたことも伴うものだった．全ての書類は OK だった．特別パスポート，そこには "この携帯者は公式ビジネスのため海外訪問中の政府役人である" と書かれ，かなり強い印象を与えていた．このパスポートは素晴らしい記念品となるであろう，しかし返さなければならなくなるのではと心配した．スタッフの共同チーフから命令と許可が出された．我々は AGO カードを受け取った．私の同化地位 (assimilated rank) は確かに大佐 (Colonel) である．ルイスは落胆させられた，彼は中佐 (Lt. Colonel) である．他の大多数は大尉 (Captain) であった．余分な射撃を必要としない唯一の 1 人であったと私は考えている．我々は認識票 (dog tags) と，そしてリストに載っていた全てのがらくた支給品を受け取った，それらは適当なサイズのダッフル・バッグにほぼ完全に詰め込まれていた．そのサービス・パックのバッグは素晴らしいアイデアだ．他のだれもがダッフルの中に物を詰め込もうとし，かなり厳しい時間を過ごした．全ての物を前もって得ることもまた良いアイデアだった．ここで支給された衣服は全てが簡素な GI 品だった．肩章無し，真鍮製バックル無し，将校帽子無し，など．昨夜，私は制服を着た――

ROTC（予備役将校訓練部）[*2] の 2 年間で，秘密目標を取り去ってしまったと私は推測した，何故なら私は自然でさっぱりしていると言われたからだ．何故なのか私は分からないが，他の者は私をあまり軍人らしくは見えないと見なしていた．少なくとも私は幾人かの GI をだまして敬礼させ，そして通行証無しでポストに出入りしたのだ（これは試しでは無かった――私は通行証を持っていなかった）．休暇の時には，家に電話するためにペニー (Penny) の小屋を訪れた．サムとペンと一緒に士官クラブで夕食を取った，そして彼らの処へ出かけた．ペニーは勇ましい女性でここでサービスに努めていたが，良き精神の持ち主のように見えた，何故なら彼女は最初にサムと会ったのは戦争の時以来であったのだから．そのことを考えて彼女がどのくらいの長さに亘り恋い焦がれたのかは分からない．[ペニーはサム・シモンズ (San Simmons) の妻だった，彼は MIT 放射研究所から 1945 年 6 月にロスアラモスに採用された若い物理学者であり，MIT 放射研究所と空軍との連絡係として働いていた．サムの場合，セキュリティ（保安部）の担当者はいかれていたように思われる．何処に行くのかについて彼には話してくれなかった．シカゴ行きの切符を渡され，シカゴ駅で白いカーネイションをボタン穴に付けている男が近づき，次の命令を伝えるだろうと言われた．実際にそれは実行された；白いカーネイションの男が居た，彼はニューメキシコ州ラミー (Lamy) までの切符とラミーからサンタフェまでの道を見つけ，かつ 10 E へ出頭せよ (report) との指示書が入っている封筒を渡された．これは一寸ばかり間違いだった．ドロシー・マッキビンによって運営されていたロスアラモスのサンタフェ事務所の住所は実際には 10 ½ E であった．館，通りを戻った小道の向かいが 10 番であって，それはレストランだった．サムがそこへ到着した時，驚いてしまったのだが，シカゴでの経験の後では何だって信じられた，それで彼は中に入り，スープ一皿を注文した．何の接触も無く 30 分が過ぎた後，彼はいらいらし始めた．最後に，隣人の特異性に合わせようと，そこの給仕人がやって来て言った，"若いの，貴方は出ていきたいのだと思うのだが"．サムはロスアラモスに長くは留まらなかった，彼はウエンドーバーへ送り出されてしまった，そこでの実験担当として]．

今現在，日曜日の午前 10 時頃だ，私が直ちに行わなければならないのは私の物全てを詰め込むことだ，午後には重量計測が出来るように．昨日の殆んどを煙草巻きに費やして，半ダースのパックを作ったことを話すことを忘れていた．ライターを私に貸してくれたヘンリーの仕事は素晴らしかった，多大な称賛を受けた，空軍部隊からさえも．[ヘンリー・バーネット (Henry Barnett) は空軍医療部隊の大尉（キャップテン）だった，しかもロスアラモスでの重要人物だった――小児科医として]．

私（またはむしろあなた）が忘れていた，たった 1 つのことだけ考えることが出来る：ここから戻す衣服のコンテナーが幾つかある．しかしながら，送り戻さなければならないスーツケースの幾つかに疑いも無く空きがある．もしかして私の物をルイスのへ入れることが出来るか，確かめてみよう．

丁度，あなたの誕生日にこれを受け取ることでしょう，思いやりと感謝と大いなる愛

[*2] 訳註： ROTC：Reserve Officers' Training Corps の略．

5.1 テニアンへ向かう

図 5.2　ロスアラモスでのヘンリーとシャーリィー・バーネット.

を込めて，この贈り物を喜んでくれることを願っている．

　あなたとシャーリィーは今，一緒にパンを焼いているのかな? ポーチとは仲良く暮らしている? 直ぐにも手紙を書くつもりですが，手紙が届くには時間がかかるので心配しないで下さい．[シャーリィー・バーネットはヘンリーの妻で，オッピー事務所の副管理職秘書だった．ポーチに関して：私が居ない間にシャーロットは犬を飼った，しかしそれを私は覚えていなかった].

愛を込めて，ボブより

テニアンからの9月2日の手紙に戻ろう（"そこで我々は何をしたかについて既に手紙を書いてしまったから，火曜日の朝へスキップしよう" とのポイントから）：

　　早朝，巨大で美しい銀色の4基エンジンを持つ輸送機 C-54 で我々はまさに離陸した．これは "グリーン・ホーネット"（Green Hornets）[*3] の1機で，我々の私的な輸送機であった，それはウエンドーバーとテニアン間でプロジェクトのスタッフたちを運ん

[*3] 訳註：　hornet：1. スズメバチ，2. うるさい人，いじわる．

だ．その輸送機は側面下部に緑の帯，緑の前翼を持ち，その徽章はヤシ林から他のヤシ林へ飛ぶ翼を持つ子牛 (winged calf) であった．正常な ATC（航空輸送司令部）[*4] システムに適合していない，これら飛行機は普通でなかった，そして我々が出かけたどこでもそれらに関する沢山の好奇心とコメントが常に在った．数多くの飛行が床と，胴体の両側に並んで伸ばされているキャンバス製の座席を打ちつけた．

シエラ (Sierras) を横切り，タオ (Tahoe)，サクラメントを飛び越え，マリーン郡に在るサンラファエル (San Raphael) 近くのハミルトン飛行場 (Hamilton Field) に降り立った．クリーンで暑いカリフォルニア日和だ．着陸は確か午前 10:00 だった．我々は各種様式の書類に書き込まなければならなかった，そして"不時着水" (ditching) に関する映画を見た．午後いっぱい飛行場（フィールド）をぶらぶら歩き回り，ポストおよび煙草配給証を得る問題のために働いた，我々はそれを成功裡に遂行した．シエラを越えるときに少しばかり冷え冷えとしていたから，私はハミルトンでフィールド・ジャケットを買った．午後の遅くに，ルイスと私はその飛行場に立っていた時に，飛行機がぞっとするような速さで来るのを見た——約 500 マイル/時 (805 km/h) で煙をなびかせていたので衝突してしまうだろうと我々は思った．しかしそれは騒音をたてながら着陸した——それは P 59 ジエット機，通常の飛行機に比べ非常に背が低い兵器 (very low slung) だった．それはすごい熱狂を生んだ．数百人がそれを見ようと駆けだした——それがハミルトンで初めて見るジエット機の飛行だった．

ハミルトン飛行場のターミナルは本当にある物に見えた——太平洋への輸送センターに．ナイフや棍棒 (blackjacks) を身につけた，本物の高級将校から戦闘部隊と見える頑強な連中まで，あらゆる種類の軍人たちが込み合いながら降ろされていた．

ハミルトンからオアフ (Oahu) への旅は，景観効果としては良く考えられたものでは無かった．我々は金門橋上空を越えてサンフランシスコを日没に去り，そこには我々の行く手を照らす満月が在った．素晴らしい夜だった．高い高度で飛び続け，眼下には大きな雲海が拡がり，その僅かな雲間より海が見えた．私は夜間の多くでその景色を眺め続けた．2つの大きな護送船団を追い越した——それが通つた月の航跡として船を見ることが出来たのだった．ハミルトンで投資した 50 セントで機内食を求め，機内に持ち込んだ，午前 2 時頃にそのサンドウイッチを食べた．少しばかり悲劇が起きた——魔法瓶（サーモス）の 2 つともスープが満杯で，コーヒーは無かった．みじめになるほどに寒く，フィールド・ジャケットが役に立った．沢山の空きが在った，機内には我々のたった 9 人だけだったのだ．彼らの多くは床の上で眠るのを優先した．

日の出にはダイヤモンド・ヘッドの上空を越えた (2,300 マイル (3,700 km) 横断)．ダイヤモンド・ヘッドは，円い火口を頂上にいただく海からせり上がったほぼ完全な火山だ．ワイキキの浜辺，ホノルル，真珠湾が背後に横たわっている．12 月 7 日の攻撃を被ったヒッカム飛行場 (Hickam Field) に降り立った．新しい搭乗者ターミナルは本当に美しかった——センターに沿って大きな中庭（パティオ）を持つ開放的な木造構造物——ハリウッドのセットのように見えた．ヤシと花々がすばらしい．巨大な花々，深

[*4] 訳註： ATC：Air Transport Command の略．

5.1 テニアンへ向かう

紅で直径 6 インチ (15 cm) もある.

朝食を取り，VOQ へ連れて行かれた——訪問士官宿舎 (Visiting Officers Quarters). 真珠湾の前に巨大なバラック群が在り，そこを示された．爆弾穴 (bullet holes)，爆弾による攻撃を逃れた大きな陣地が場所を彩っていた．それは攻撃の悪魔に捕えられてしまったのだ．ここで，我々はシャワーを浴びた——その時には知らなかったのだが，我々が見た最後の湯の出るシャワーだった．

そこで悩ましい部分：誰も我々にグリーン・ホーネットが再び何時，離陸するのか話してくれなかった，そのためぶらぶらせざるを得なかった，暮れゆくホノルルを見る時には島内バスで一周した．目の前に迫ってないようだが，許可なく VOQ を離れることは，逃亡として扱われる可能性も有る，そこで太平洋への飛行は危険なサービスとして区分されていた．しかしながら 10 時頃に，我々は 2 時まで自由であると告げられた．そこでルイス，ラリーと私はバスに飛び乗りホノルルに出かけた．バスは中華街が見え，そしてごみごみした汚れた大きな区画を通過した．そこの多くの通り名は日本名 (Jap names) だった．町の中心部さえ，まったくひどく見えた——市民生活の影は何も残されていない，大きな軍のキャンプが在るだけだった．我々はワイキキへ行った，ロイヤル・ハワイアンは今では海軍病院であるものの，そこはハイカラなリゾートとみなされるものを依然として持っていた．ワイキキが世界中で最高のビーチであることを容易に信じることが出来た．もしあなたがビーチに侵出している全てのホテルとクラブを取り壊し，各々の小道を閉じ込めるなら，世界一となるだろう．サーフ (surf) は最高だ——1 マイルまたはそれ以上の距離から大きな波の列がやって来るのだ．サーフボード上のやつらは本当に素晴らしい——丁度映画の様だ，沢山の映画だ．モアナホテル (Moana Hotel) の前庭に座った，その庭はビーチに面し，しばらくの間眺めていた．ビーチは混雑していた．それはチョットばかり奇妙に見えた——数百人の若者とゼロ人の少女．モアナ前庭には巨大な 1 本のバンヤンノキ (banyan tree)[*5]が在った．その木の価値を 1 行で表す同じ表現はジャイアント・レッドウッド (giant redwood) である．モアナで昼食を取った，そこは込み具合で判定する人並みの場所と思われた唯一の場所である．その後，我々はヒッカムへ戻り，時間つぶしをした．朝の 8:30 頃，飛行場（フィールド）に出頭するよう呼び出された．そこで待っている間，赤十字からコーヒーとドーナツを与えられ，しかし本当に顕著なものは周りに置かれていた新鮮なパイナップルの大きな鉢だった．

我々の優雅さは旅の残りで一寸ばかり発揮された——14 名の追加旅客が我々と一緒の組へ加えられた：士官のカップル，ラジオ技術者，戦闘訓練を受けた GI のクルー．そのことで次回の飛行はそう長く無いであろう．600 マイル (965 km) 離れたジョンソン島は停まる程，遠くは無い．

ホノルルの灯と月明かりの中のダイアモンド・ヘッドの景観を見ながら，太平洋西部へ向かった．午前 1 時頃にジョンソンに達した．実際，ジョンソン島は長さ 5,000

[*5] 訳註：　　バンヤンノキ：ベンガルボダイジュ；枝から多数の気根を生じそれが根付いて 1 本の木で森のように大きくなる．

図 5.3 テニアン島，島の北端は巨大な飛行場敷地でおおわれていた．

フィート (1,500 m) で，滑走路は 7,000 フィート (2,134 m) である．それは岩礁を越えて建設されていた．ジョンソンでグリドル焼きケーキとコーヒーを取り，再びマーシャル諸島のクワジェリン (Quajalein) [*Kwajalein*]*6 に向けて離陸した．そこは世界一大きな環礁 (atoll) である．日本 (Jap) から戻った時には，怖くなる程に滑走路を打ち付けた．ヤシは始末が負えなく見える，トランクのために引きはがされていたのだ．

戦争の結果と軍隊の通常の醜さとして，クワジェリンはひどく陰惨な場所だった．朝食を取るだけの時間で，マリアナ諸島へと離陸した．

オアフからクワジェリンへの夜間飛行で，あなたの誕生日をもう少しのところで完全にミスするところであった．我々は火曜の夕方に立ち，木曜の朝に着いた．25 日の 1 日分をスキップしたのだった [これは間違いである．我々は 24 日の火曜日にウエンドーバーを去り，25 日はハワイで過ごしたから，我々がミスしたのは実に 26 日——シャーロットの誕生日——だったのだ．これを予期せずに，私は既にプレゼントを彼女に送ってしまっていた]*7．

---

*6 訳註： クワジェリン：ハワイ，ホノルルの南西 3,900 km の北緯 8 度 43 分，東経 167 度 44 分に位置する世界最大の環礁であり，97 の小島と 839.30 km² の礁湖からなる．

*7 訳註： 25 日夜にホノルルを発ち，翌朝にジョンソン島に到着，朝食を取り，クワジェリンに到着した．従って，この間で日付変更線を西側へ飛び越えたので 26 日をスキップして 27 日の朝に到着したことになる．

5.1 テニアンへ向かう

　　クワジェリンは赤道 (equator) の北，たったの北緯 5°に在る．去った後に直ちに，我々は西に向かっていたのだけれども，太陽は右手の窓側から輝いていることに気付いた[*8]．正午に，太陽は北にあるとの事実を用いるまで，しばらくの間，混乱してしまった．

　　我々は多数の環礁を通過した，その環礁は上空からの素晴らしい景色だった．多数の積乱雲，真っ黒な雷雲を迂回または通過し，約 1300 マイル (2092 km) 後にサイパン (Saipan)[*9] に着陸した．そこは我々の最初の前進基地の飛行場（フィールド）だった，誘導路に沿って何列にも並んだ B29 と放棄された飛行機の塊が端っこでばらされているのに強い印象を受けた．

　　全てが緑で，田園の邸宅の観光名所のように見える 1500 フィート (458 m) の山を持つ，それは美しい島だ．さしわたし約 10 マイルまたは 15 マイル (24 km) の島だ．5 マイルまたはそれより広い海峡と反対側のテニアン (Tinian)[*10]，サイパンよりも平らで小さな島を眺めることが出来た．基地での破砕機のクリーム色のラインと伴に，海岸の大部分は高さ 50 フィート (15 m) の崖が海へと落ちている．

　　サイパンで，我々は臨時の (extra) 旅客として降ろされ，医療検査を受けた，それは喉を瞬間的に眺めるだけのうんざりさせられる下士官兵で構成されていた．2 時間程待機した後，我々はテニアンに向けて離陸した．これは我々にとって最短のジャンプだった——7 分間だった．

　　サイパンの飛行場が大きいものと我々は考えていたのだが，我々は直ぐにより良く学んだ．テニアンの北飛行場は世界で最大の飛行場である．4 本の 8,000 フィート (2,432 m) 平行滑走路とその間を繋ぐ駐機路および数百機の B-29 のラインアップ．その光景を眺め，本国から遠く隔たった基地を考えると信じきれないものだ．

　　我々を待っていた幾人かの仲間たちがそこには居た——とりわけジム・ノーランら．我々のキャンプは北飛行場の端と隔たったところに在り，そのキャンプに到着したことで旅の物語は終わる．

　　ジム・ノーラン (Jim Nolan) はロスアラモスの産科医で，また陸軍医療部隊の大尉（キャップテン）だった．ジムは爆縮爆弾であるファットマンのために小さな数百個

[*8] 訳註：　　赤道の直北地点で，かつ夏季だったことから，南半球の地点と同様，太陽は北側に見える．

[*9] 訳註：　　サイパン島：北マリアナ諸島の中心的な島．北緯 15 度 10 分 51 秒，東経 145 度 45 分 21 秒に位置する 115.39 km^2 の面積を持つ島．南にはサイパン海峡を挟んでテニアン島，ロタ島がある．

[*10] 訳註：　　テニアン島：北緯 15 度 00 分，東経 145 度 38 分に位置する 101.01 km^2 の面積を持つ島．サイパン島からは約 8 km の距離にある．太平洋戦争中は島北部に当時，南洋諸島で一番大きい飛行場であるハゴイ飛行場があったことから日本軍の重要な基地となり，軍人の駐屯は，陸海軍合わせて約 8,500 人に達した．米軍はテニアンの戦略的価値の高さに注目し，1944 年 7 月 24 日に北部のチューロ海岸から上陸，8 月 2 日に同島を占領した．その後，ハゴイ飛行場は拡張整備され，島の東部にはウエストフィールド飛行場が建設されて，本格的な日本本土空襲を行う基地となった．

のケースの中のプルトニウムを円滑に運びこんでしまっていた．グローブス将軍がロスアラモスの産科医と小児科医を太平洋へ送りつけ，我々の放射線医ルイス・ヘンプルマン (Louis Hempleman) でなかったことは奇妙に思われた．それはルイスが民間人だからとの説明を受けた．

重巡洋艦インディアナポリス号は，我々が到着した前日に，シャーロットのミスした誕生日の日にテニアンへ銃型集合体リトルボーイを届けていた．この秋の日本侵攻の一部を担うための場所であるフィリピン諸島のレイテ (Leyte) へ向けて出港した．7月29日にインディアナポリス号はフィリピン海で魚雷を被った（他の場所場所で，絶望の中で (in *Jaws*) の有名な物語として繰り返し話題となった）レイテではインディアナポリス号が定刻に遅れたことに気が付かなかったため，海軍の飛行機が生存者たちのいる地点を見つけるまでに4日が経過した；1,200名の乗員中300名が救助された．

テニアンに居る間に，日本に向けて飛び立つ幾つかの大きな攻撃団を見た——数百の飛行機が次々と飛び立つのを．滑走路の端は海上から50フィートも付き出した絶壁のてっぺんで終わっていた，そして飛行機はかなりの重量物を搭載していたので滑走路の端から落ちて行き，かろうじて離陸し，崖の高さよりも低くなり，視界から消えるのだった．10秒後に，それらが再び上昇するのを見るのだった——それは少しばかり興奮させるものだった，それらの1%が離陸時に海に突っ込むものと予想される点まで積載されているとの説明を受けたからである．カーチス・ルメイ (Curtis LeMay) 将軍は，日本へ向かって行き，戻ってくる飛行機に比べれば，この方法での損失は少ないものであると指摘した．キャンプ地で2つのかまぼこ型兵舎（クオンセット (Quonset) ハット）が原子爆弾組立予定場所である研究室用として支給されていた．1つはファットマン用，もう1軒はリトルボーイ用だった．ロスアラモスにおいて，それら爆弾の名称は姿かたちから記述されていた，銃型集合体はダシール・ハメット (Dashiell Hammett) の探偵小説から採った痩せ男 (Thin Man) だった，その小説は最近ウイリアム・パウエル (William Powell)-マイナ・ロイ (Myrna Loy) 映画となった．爆縮型爆弾のファットマン（太っちょ）の名称は，マルタの鷹 (*The Maltese Falcon*)[*11]でのシドニー・グリーンストリートの役の後で，自然と決まった．初期名称の痩せ男爆弾はプルトニウム集合体形成のための高速度銃（ガン）として設計されたのだが，B-29の2つの爆弾隔室 (bays) に収めるには長過ぎた．投下試験で，空軍は2個のフックを同時に離すことのトラブルに巻き込まれた，そしてかなり短くした

[*11] 訳註： マルタの鷹：ダシール・ハメットの探偵小説．1930年発表．3度にわたって映画化されており，特に1941年のジョン・ヒューストン監督，ハンフリー・ボガード主演のものが有名である．

5.1 テニアンへ向かう

時に解決した，1 つの爆弾隔室は，充分低速度のウラン集合体銃用に取り換えられた．彼らは痩せ男（シンマン）と比べ，それを新版としてリトルボイ (Little Boy) と名付けた．

  7 月 27 日，金曜日 [テニアン]
  愛する君へ：
   話すことが途方も無く一杯在るのだが，その中でも特筆すべき部分は，待たなければならないことだ．
   ここへの旅は素晴らしいものだった．この旅の終わりで，全てが組織化されており，すべてが上手く行くもののように見えた．
   飛行場の区分ランクの特権では，かまぼこ型兵舎内の 12 名程度の替わりに 1 つのテントに 2 名で滞在するのが基本となっている．ルイスと私はテントを分かち合い，勿論，完全に満足とは言い難かったが毎日少しばかり働いた．週 25 セントで 1 人の応募兵 (EM) がベッド・メーキングなど，整理整頓清掃をしてくれている．食事はとても良好だ，煙草はパックで 5 セント，ウイスキーは 1 クォート (0.946 リットル) で 95 セントだ．
   少し暑い程度だが，湿気が酷すぎてきつい．丁度，日中にずぶ濡れとなり夜間に良くなり湿気が引くようなものだ．夏のフィラデルフィア (Phila) に比べてそれ以上に悪いものでも無い．
   植物もまた奇妙なものだ，あなたなら気付くはずの様相だ．混乱させるには充分な程に違いが在る．セイヨウタンポポ (dandelion) と呼ぶ花はここには無い．
   労働時間は幾分気候に合わせている．朝食は 7 時前である．11 時に仕事を止める．再び 13:00 から仕事を始め（ごめんなさい，1:00），4:30 頃まで続ける．
   昨晩，3,000 人の観客と一緒に，我々は観劇した．それは "これが陸軍だ" (This is the Army) で，大変良く出来ていて大きな成功を収めた．今夜，エディ・ブラッケンのショーがあったのだがそれを我々は観なかった（これらは映画では無く，本物だ）．もしもこのように進むなら，あなたがニューヨークで過ごすよりも良好なシーズンになるかもしれない．連中は本当にその多くを蹴り出してしまったように思える．[将軍または提督と伴にこれらのパフォーマンスに参加することの利点を直ちに発見した．彼らスタッフたちは，我々が着いた時に，鞍替えして選択した席を占めてしまっていたのだ]．
   ディック [リチャード・ファインマン] が結局来られないと聞いた．彼はその仕事を熱望していたから，それは残念なことだ．しかしながら我々両者がここに居ることは重大なポイントでは無いように感じる．
   ジムは我々が到着した日に同じく到着した．彼は旅を楽しみ，彼のテントが造られるまでの時間をつぶした．
   小さなことだけを書いて，重要なこと全ては残してしまった．しかし，その重要なことは後で話そうと思う．

                沢山の愛を込めて，ボブより

5.2 原子爆弾組立

7月31日,火曜日 [テニアン]

最愛者へ：

ここでの生活が急速に形を成してきた．我々は午前 6:00 頃に起床し，7:00 に朝食を取る．誰もが 11:00 まで働きに行く．昼食し，太陽の下で（または太陽を避けて）1:00 まで寝そべる．4:30 頃まで働く．5:00 頃に夕食．7:15 まで映画かショーで時間を潰す．5 分間のニュースと戦闘報告が映画に先んじて放映される．映画の後で士官クラブに行き，飲み物，ビール，またはコークを一杯飲み，10:00 頃ベッドに就く．

運よく私の主要業務は，具現化しなかった——問題無し．しかしながらあらゆる種類の質問に答えるためとあらゆる種類の計算のために非常に忙しかった．ノーマンとジムは私の最良の顧客である．

この気候は，夏季の熱暑続きのフィラデルフィアを想い起させる．沢山の雨．一昨夜，事実上の大暴風 (hurricane) に遭遇した，しかし我々のテントはきちんとした姿で大暴風を乗り切った．他の幾人かは，それ程幸運ではなかった——彼らは空気をさらに取り入れようとフラップを取り外した利口な連中だった．昨日と本日は，曇りだ．ヘンリーの雨具はかなり使い込まれていた，それで最初の疑いとは別に，私のヘルメットは良好なレインハットになることが解った．

とにかく，私の持ち物（道具）は全て良好だ（シャツのボタンが欠けていることを除いては）．途中で幾つかのペアのショーツを手に入れた，それらは青天では非常に良好である．島内では制服が無い；誰もが彼ら自身の気まぐれに従って着飾るのだ．唯一の正式な制約は，士官クラブ内での掲示である，17:00 以降パンツ（ズボン）を着けることと命じている．私は洗濯袋を持たなかった．島の反対側の端まで旅し，朝に着いた，勿論補給部隊の店は棚卸のために閉店していたことが判った．丁度，本国と同じように．

ピアとフランチェスは 2 日前に到着した．彼らはピアに運輸サービスで第 2 番目に古い飛行機を与えた，そしてそのエンジンが止まってしまったのでもとに返さねばならなかった．[ピア・デ・シルバ中佐 (Lt. Col.) はロスアラモスの陸軍情報局士官だ；A.F.（フランチェス）バーチ大佐 (Commander) はエド・マクミランと一緒にガン（銃）設計と実験を担当した技術者だ]．

ある日の午後，我々は泳ぎに出かけた．最良の浜辺は大波のために閉鎖されていた——ここの周りの流れはかなり複雑で予想がつかないように思えた，そして救命具を着けた，それは身動きが出来ないほどにきつすぎた．それでイエロー・ビーチと呼ばれている処へ行った．そこは水泳のためには良好でなかった，何故なら崖を通過しなければならなかったからだ，その崖の内側には腰の深さ以上の処が無かったのだ．しかしあなたがそこに行けば，その素晴らしさに感銘することだろう，過って見たこともない場所だった，途中には浜辺も泳ぐ場所も無かったのだから．水は水晶のように透き通り，縞模様のものを伴い全身が少し明るい青色の魚たちが周りを泳ぎまわっていた．底は全

てが小さな細谷 (ravines) と渓谷 (canyons) である；幻想的な植物のような，明るい色のサンゴ (coral)；赤，緑，ピンク，黄色に輝く岩．それらの岩は鋭く尖って，鋭い形状である．充分に注意深く泳ぐことで水面下の狭い通路を通り抜け，大変に綺麗な黄色の砂底の谷の台地（フロアー）へと続く．この透明な水の中で，50 フィート (15 m) の地形を見ることが出来る．

あなたと一緒になれることが出来たなら，本当に好かったのに．陸者 (landlubbers) たちと私は一緒でなかった，彼らは歩き回ろうとし，岩で自分自身を傷つけてしまったのだから．

もう 1 つのことは，ここで日没を見たことだった，派手なピンクと緑に変わっていった．

周りにはスイートコーン (sugar cane) が沢山生えていた．他のみずみずしげに茂った物の多くは，非常な美しくて繊細か，または非常に厚かましく，または非常に密林のようだ（皇帝ジョーンズのセットのように）．しかしながら，それらのどれについても名前を知る者は居なかったようだ．

驚いたことの 1 つは，ビールとコーク以外の飲み物が殆んどないことである．唯一のギャンブルは士官クラブでのクラップ・ゲーム (crap game) だけである，それは我々自身にとってあまりにも高すぎるステーキのための賭けだった．

ここにはサイトからの郵便物は未だに届いていない．

ちょっとの間，終りとしよう，生活の続き番号 ___．

沢山の愛を込めて，ボブより

5.3　原子爆弾投下

第 509 部隊の指揮官，理論屋ティベッツ大佐は，爆弾投下のために飛行機を飛ばし，その飛行機は爆風で生き延びれないに違いないと当然のごとく心配していることに対してもう 1 つの仕事が生まれた．彼は小さな図を描き，任務遂行のため計画した操縦法の記述を少しばかりして，彼に何が起こるかを知りたいと望んだ（図 5.4 参照）．彼の記述は以下の通り：

30,000 フィート (9,144 m) で旋回開始
約 30 秒内で旋回 150°．
表示値 [直進]200-250 mph で完全な旋回（真値 400 mph (644 km/h)）
旋回開始から 1,500 フィート (457 m) 降下．

私は幾らか計算を行い，彼への回答を書いた（図 5.5 参照）：

飛行機への衝撃は 10.6 マイル (17 km) で到達する．

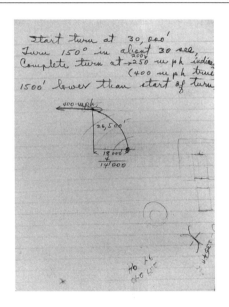

図 5.4　廣島に原爆投下する航空機を操縦するティベッツ大佐は，機体が爆風にやられて生き延び得ないのではないかと，当然のごとく心配してた．彼は，任務遂行のため計画した操縦法の図を描き，何が起きるのだろうかと私に訊ねた．

衝撃波の圧力は 0.16 p.s.i (0.01 kg/cm^2) である．
爆発後 41.4 秒．
降下後 84.7 秒．

私は飛行機について良く知っていたわけではなかったが，彼は完全に安全であると推定した．

　8 月 6 日の夜，最初のミッション（任務）のために飛行する乗員たちへの概要説明 (briefing) 会に我々は出席した．作戦命令書には飛行機名と乗員名が記載されていた．その下側に，"朝食は午前 2 時，離陸 3 時" と "爆弾：特別" (BOMBS: Special) と書かれていた．ティベッツの飛行機が，発火装置を付けるウイリアム S. ("デック" (Deke)）パーソンズ大尉と伴にその爆弾を運ぶ．第 2 番機は，ルイス・アルヴァレの仕事だった圧力計測装置を組み込んだアルミニウム・シリンダを積み込み，ルイスとハロルド・アグニュー (Harold Agnew) がその飛行機に乗り込んでいた．第 3 番機は，爆発写真撮影のため Fastax カメラを積み込んでいた，それは毎秒 8,000 コマ撮影の

5.3 原子爆弾投下

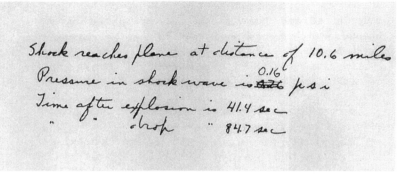

図 5.5　ティベッツ大佐への私の回答．飛行機は安全だと保障した．

高速度カメラである；バニー・ワルトマンとラリー・ジョンソン（と私は思う）が乗り込んでいた．離陸の間，フィル・モリソンと私は島内の戦闘統合司令本部に向かった．万一，離陸時に運搬中の爆弾が衝突した場合に何を成すべきかの助言の準備をしておこうと考えていた．

　翌朝，ミッション（任務）が成功したとのニュースを聞いた．勿論，我々は狂喜した．我々は爆弾と伴に投下された圧力装置からの記録を無線で受け取っていた．ビル・ペニーと私は，その爆発が如何に大きなものかを計算しながら，かまぼこ型兵舎の１つに座っていた，そして我々が，平均値としてのほぼ答えを得られた丁度その時に，軍用ラジオ放送でトルーマン大統領の 20,000 トンの爆発であったとのアナウンスを聞いた——少々過大だが，誤ってはいない．

　　8月7日 [テニアン]
　　愛する君へ：
　　あなたの感謝の日のミスにもかかわらず，我々は大変素晴らしい新聞を手にしたと思う．ここでは全てが極めて正確に運ばれた——悩まされる事も無く，かつ予想した如くに．この場所は，あなたが容易に想像出来るように全てが蒸気で曇らされている．我々若者たち（民間人ではなく，軍人である）は他のユニットから多くのからかいを受けてしまった，そこでいかに世界の頂点にいるのかということを示した．昨日の午後に，CO（司令官）からの短くて良好なスピーチを伴い，そのグループは野球場でビール＆ホットドック・パーティーを開催した．そんなに多くの仕事は無く，午後には水泳して数日を過ごした（ここでは，国の車を使うことに対する制限が無い）．再び目が回る忙しさとなり，少なくとも海に浸かってしまうまで気違いのように駆けずりまわった．
　　太平洋は実に素晴らしく，日没はゴージャスで，食事は OK で，生活はエキサイティ

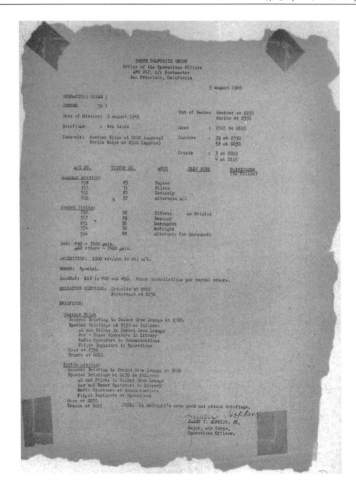

図 5.6　飛行機と乗員リストが掲載された廣島任務の作戦命令書．注意 "爆弾：特別"．

ングだ．

　終戦への兆しへと向かうことを望んでいる．私は，本日のラジオ放送に大きな関心を持たなかった．どの様な反応があったのだろうか？

　バニーを通じて君のニュースを聞いている．手紙が全く届かない，それで我々は互いに受け取っていないのではと推測している．この手紙が届くことを願っている．

　キングマン (Kingman) で撮った写真を持っていますか? 非常に良く可愛く撮れたと

5.3 原子爆弾投下 **127**

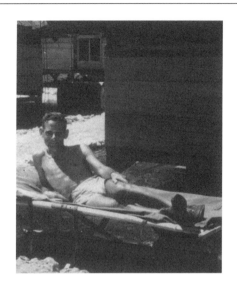

図 5.7　テニアンでの生活（写真はハロルド・アグニューの好意による）．

思っている．やつはそれを丹念に作ってくれた．本物のプロのプライドだ．ところで，トミー・L [*Tommy Lauritsen*] は私の青いスーツを届けてくれたかな？

　ここの生活の困難さの 1 つは，午前 7 時にロッカー・クラブ (Locker Club)，士官らが酒を手にするためにはこの代理店を介さなければならない，への入場許可を得るために 2 週間ばかり費やしていることだ．私は既にジムとピアから安く，スポンジを手に入れてしまったが，正当にそれらを直ぐにも手中にしたいと願っている．

　島生活での 1 ないし 2 つの事項：我々は洗濯を済ませた，しかもたったの 3 日間で完了するのだ．GI 映画（戦争映画とニュース）はかなり面白い．雨具とヘルメット携帯は標準的習慣．時刻に正確なごとし宵のどしゃ降り（夕立）を通して，無表情で座っている全ての聴衆たち．その雨とは，あなたが 1 度も見たことが無いようなどしゃ降りなのだ——本当に強烈なシャワー・バスのごとくに．私は少し日焼けをしてしまった，傷つける程ではなかったのだが，ヒリヒリ痛むほどには充分だった．[安い料金で海軍設営部隊員 (Navy Seabees) によるランドリーが行われていた，彼らは独創的な風力駆動洗濯機を建設して使用していた．彼らはタカラガイ (cowry shell) の首飾りも売っている]．

沢山の愛を込めて，ボブ

3日後，長崎に投下された．フル・モリソン，ルイス・アルヴァレと私は嵯峨根 (Sagane)[*12]宛ての手紙を書いた，彼はバークレーで我々が知っていた日本の物理学者である．その手紙を投下される予定の圧力シリンダ (pressure cylinder) の中へその手紙を入れた．日本人の驚くべき事に，その手紙が発見された後に，嵯峨根の宛先へ届けられて彼のもとに届き，そして日本の海軍情報部に返されたのだった．彼は結果として，手紙を手にし，ルイス・アルヴァレへ返したのだった．

司令本部
原子爆弾部隊
8月9日，1945年

  R・嵯峨根教授へ：
  貴兄の合衆国滞在中の同学の3学友より
  これは私信として貴兄に送るものですが，これ以上この戦争を続行するなら，貴国の同胞は恐るべき苦しみをなめるでありましょう．そのことを日本参謀本部に納得させるために，著名な核物理学者である貴兄のご尽力を是非ともお願いしたいのです．
  貴兄は数年来よくご存知のはずであります．或る国民が必要な原料のために莫大な費用をかける気になりさえすれば，原爆の製造が可能であることを．我々がそれに必要な工場を建てたことは貴兄なら間違いなく見抜いておいででしょうから．1日24時間昼夜兼行で働いているこれらの工場の産物が，貴兄の祖国の上で爆発させられるであろうことを微塵もお疑いになるはずがありません．
  ここ3週間のうちに，我々は原爆の1つをアメリカの荒野で実験し，1つを廣島で爆発させ，いま1つを今晩投下したのです．
  どうかこの事実を貴国の指導者たちにわからせ，破壊と人命の損傷とを阻止するべく貴兄に全力を尽くして頂きたいのです．万一かる破壊が続行されるならば，貴国の全都市が壊滅に瀕することは火を見るよりも明らかでしょう．科学者として我々は，輝かしい発明によって作り出されたものがかかる目的に使用されることを遺憾に思います．しかし我々は貴兄に確信することが出来ます．もし日本が即時降伏しないなら，この原爆の雨がその恐ろしい威力をなおも倍加するだろうということを．

 この任務（ミッション）で，第3番機に搭乗するものと思っていたが，そこでの私の仕事はFastaxカメラに替わってしまった．廣島ミッションでFastaxは作動しな

[*12] 訳註： 嵯峨根遼吉 (1905-1969)：専門は実験物理学．長岡半太郎の5男として生まれ，嵯峨根家の養子となった．1929年東京帝国大学理学部物理学科を卒業．英国，米国に留学後，1938年帰国．理化学研究所研究員となり，仁科芳雄の下で原子核物理学の研究に従事．大型サイクロトロンを建設．1943年東京帝国大学教授に就任．1949年渡米．アイオワ大学・カリフォルニア大学で研究．1955年東京大学教授を辞職．1956年帰国．その後，日本原子力研究所理事，副理事長，日本原子力発電取締役，副社長，産業計画会議委員（議長：松永安左エ門）を歴任．戦争中は，海軍の原爆開発を目的とした「物理懇談会」のメンバー（委員長：仁科芳雄）だった．

5.3 原子爆弾投下

図 5.8 フィル・モリソンと私自身によって書かれた嵯峨根教授宛ての手紙を持つルイス・アルヴァレ，この手紙は後にルイスのもとへ戻って来た（写真はゲン・レスターの好意による）．

かった，しかしスイッチ類の幾つかを交換したことをバニー・ワルドマンが私に教えてくれた．その Fastax は複雑なものでは無かったのだが，しかるべき時にスイッチをオンにしなければならないことを知っておくべきだ．フィルムを使いきる前にほんの 2 ないし 3 秒だけ作動するだけなのだ，そのため爆弾が投下される時間を知ることが必須——30,000 フィート (9,144 m) で 43 秒——万一爆弾投下面が高すぎるか，低すぎるかによって頭で補正し，爆弾投下でストップウォッチを開始，爆発の 1 秒前にカメラをスタートさせなければならない．

その訓練は第 1 番のミッションと同じだった：乗員たちへの概要説明 (briefing)，午前 2 時の朝食，3 時の離陸．我々はその滑走路へタクシーで行き，旋回した，パイロットが張りきってエンジンを始動した．その時，パイロットはパラシュート確認を要求した，そして 1 個不足していた．それが私のパラシュートであるとの疑いを持

たなかった，何故なら私はグリーンホーン（新米）だったのだから，その訓練を知らなかった，補給軍曹が沢山のがらくたを私に与える時に，多分私への供与を省いてしまったのだろう．パイロットは飛行機から降りるようにと私に命令した．それは本当にばかばかしいことだった：彼は遊覧飛行ではないことを忘れていたのだ，飛行機は任務を与えられていた．そのミッションは写真を撮る事であり，そのカメラの撮影操作を知る唯一の搭乗者だったのだ．私はこの点を彼に向けようとしたのだが，その飛行機はいかなる消音設備も備えてなかった．エンジンはそこに木靴があるように音をたて，私自身の声さえ聞くのが出来ない程だった．パイロットと乗組員はのどマイクとイヤホーンを着けていた．それで私はいやだと両手を振り始めたが，軍曹が私の片手を掴み，ドアを開けて，私を外へ押し出した．飛行機は離陸し，朝の3時に私は滑走路の端に居たのだった，どこの場所からも3マイル (4.8 km) 隔てた地点に．夜中に出没して歩き回る日本の神風兵士達が居ることを誰もが知っていた場所に．

私は歩いて戻り，最後には本部にたどり着き，中へ入り，グローブス一家から抜けて来たトーマス・ファーレル将軍とそこに丁度居合わせたティベッツ大佐とルイス・アルヴァレを大変驚かせた．勿論，ティベッツは何が起きたかを聞いた時にびっくり仰天してしまった，そしてちょっとした一般的な会議の後，その飛行機へのラジオ封鎖を解くことに決めたのだった．彼はパイロットをとがめてから，彼は私を電話口に出して彼らたちへカメラの操作方法を話すように勧めた．

それはパイロットがその夜に関与した唯一のサインでは無かった．彼は日本沿岸上空の集合地点 (rendezvous) をミスし，他の2機が長崎へ南下したのに，彼は 200 マイル (322 km) 離れた小倉へと北上した．彼が長崎へ南下した時刻には，きのこ雲が見え，我々が得た写真はスナップショット・カメラを用いて機後尾銃座の機関銃兵によって撮影されたもののみとなった．

  8月15日 [テニアン]
  愛する君へ：
  万歳，今，全てが終わったのだ．このニュースは2時間前に届いた．ロシア人と同様に，終戦後に行うもろもろのことを考えるのは良いことだ．良い綺麗な結末となった――万一数ヵ月以上も破壊を引きづっていたなら，悲惨な結果となってしまったであろう．
  驚いたことには，ここでは少しの興奮または歓喜がある．陸軍はそのニュースを極めて控えめに受け取っているように感じられる．私が予測するその理由の1つは，誰もが疲れ果てるまで長い交渉を引きづることではないかということだ．それで，お祝いのサインは全く無い．
  昨晩，最後の攻撃機の帰還を見守った．ヘッドライトが水平に拡がり，日曜日の夜に市内に戻る自動車のように見えた．それは何時間も続いた――見ていて信じられない

5.3 原子爆弾投下　　　　　　　　　　　　　　　　　　　　　　　　　　　　　　**131**

光景だった．誰もが同じ希望を持った——人1人として，再びこの光景を見ることが無いようにと．

若い連中の幾人かは，数日中に故郷に帰還するだろう．この手紙を彼らの1人に預けて送ってもらうように試みるから，多分あなたはこれを受け取るでしょう．あなたから受け取った唯一の言葉で，バニーが戻ったこと，が残っている．私の帰国は2週間ほど遅れるようだ．あまり嬉しくも無い仕事が有る（オッピーから私がそれを行うようにとの示唆が届いたのだ）．

数日前にここで大きな記者会議が開催された．ラジオで私の話しを聴いたかな．多分聴かなかったろう；私が言及したのはコロンビア大学であったと思う．Yに戻ったら何が起きるのかをいぶかったのだ [コードYはロスアラモスのことだ]．その場所は解体されるのだろうか? 誰もがこの秋の学期に家に帰る試みを行っているのだろうか? オッピーが全ての権限を手中にしているに違いない．

我々はヘンリーが夕刻に到着するものと期待している．彼と会えるのは嬉しい．彼が訪問する機会を持てることを喜んでいる，雨具無しに去るとしても．

ここ数日間，我々は非常に忙しかったわけでは無い，そして沢山泳ぎに行った．我々は潜りのマスクを持っていたから，この透明な海の中で深潜りした，素晴らしいスポットだ．サンゴ崖に沿った砂丘，太陽光で輝き，20フィートを超える波浪が砕けて泡となる．

ルイスと他の連中は私の不名誉な冒険のさらに詳細な経緯をあなたに話したものと疑いなく信じている [赤十字がマスクとシュノーケルを供給した．テニアンの浜辺において普通で無いしろものが在った，それは私が他の場所では見たことも無かったしろものだ；その席の床には50口径 (40 cm) 機関砲弾丸が散らかっていた．侵入者の進行中にどのくらいの弾薬が火を噴くのかは極めて当惑させられるしろものだった]．

　　　　　　　　　　　　　　　　　　　　　　　　　沢山の愛を込めて，ボブ

平和! 話させてほしい，太平洋の中のここの外では，我々は真の英雄だった．10月中の日本海岸上陸を期待しない脅えた沢山の若者たちが居たのだった．生き延びたいと望んでいた300万の男たちが帰国して来るのだ．彼らは，我々が偉大であったと思っている．

　　　[テニアン] 8月27日，日曜日 [間違い：8月26日]
　　　愛するシャーロットへ：
　　　あなたに書いた前回の手紙は，ルイスの書類鞄で眠ったままだ，それでも家へ手紙を届けるには好ましい方法と思える．若い連中は大いに去りたがっている，そのため辛い時間を過ごしている．彼らは先週帰れるものと予想していたのだが，准将 (Commodore: ex-Captain) はニミッツ (Nimitz)，スパッツ (Spaatz)，ルメイから別々に——留まっていなければならないと言えと——怒鳴りつけられた [チェスター・ニミッツ提督，カール・スパッツ大将；スパッツは太平洋での戦略爆撃の統合司令官だった]．彼らは今や

激怒している，キスティ [Geroge Kistiakowsky] と [Norris] ブラドバリーが署名した Y からのテレコン (telecon) が丁度届いたためである，その書類には「留まり，次の事を行うべし」と記されていたのだ．無気力げに誰もがストライキをしている．

　ヘンリーは約 24 時間ここに居た．あなた（と取り分けシャリーと）は彼と会えるはずだ．彼は今や大物だ (a big wheel)，空軍内では誰もが言っている．周りの命令する連中は忙しそうで重要人物のように見える．ヘンリーとワレン [Stafford Warren，医療部隊大佐で放射線医] が 1 つのグループ [ロスアラモスから送り込まれた SEDs グループの 1 つ——特別技術班 (Special Engineering Detachment)——で，ガイガー計数器を携えている，彼らの任務は廣島と長崎の地表の放射能測定であった] を引き連れて長崎へ向かっている．私がヘンリーとそれらの処で落合う予定だ．彼が沢山のニュースをもたらした——取り分け Y*13 で何が行われているかを．ここに居る民間人たちへは手紙が届かない，それでヘンリーは天のたまもの (godsend) だった．夕方，彼が離れるのを我々は見送った——海兵分隊と提携している長崎港へ向かう船へ乗った．翌日，我々はちょっとばかり取り違えてしまっていたことを発見した，彼らは間違った船で去ったのだ——彼らが乗船している船は東京へ向かっていた船だった．最終的には，駆逐艦 1 隻に警護されて中部太平洋へ出航しなければならなかったのだ．その駆逐艦がヘンリーと伴に何を為したのかはいまだに判らない．この間にシャリーから彼への手紙が届いた．私はそれを受け取り，個人的に配達するつもりだ——それが彼が受け取ることの出来る唯一の機会だ．

　私は火曜日，依然として午前中に，東京へ向けて発つ予定だ．しかしながら，マッカーサーの日本到着が木曜日まで遅れる，と朝のラジオが伝えていた，そのため我々は待機していることになろう．多分，最初は硫黄島 (Iwo Jima) に飛び，そこで待つことになる．東京，廣島，長崎とその付近の場所で働かなければならない．それを行うのに，停滞が無い場合でも 3 週間はかかるだろう，その停滞は予想されてはいないのだが．それで，10 月前に戻るのは不可能と思う．フィル (Phil) は放射線サーベイの担当であり，ビル・ペニーは損傷研究の担当だ．私への行うべき明確な指示は何もない，それでこのミッションの長を仰せつかってしまった．

　ここでの生活は，波止場で浮浪生活を送る水準へ達してしまった．食べて，寝て，泳ぐ以外のことは何も無い．このような生活状態で結構上手く全員が生き残った．

　最近，スパッツ (Spaatz) の訪問で，すばらしい物語が出来た．ベーカーが仕事の幾つかを彼に説明したのだ．ベーカーが話した中から，スパッツが幾つか質問しベーカーが反復説明を行った，スパッツは，"君はそれを信じているかもしれないが，私は私が信じていることを知っている" と言って踵を返し，軍隊風に行進して出て行った [少しばかり後，スパッツのスタッフ士官の 1 人と話していた，そして彼が言った "知ってるかい，将軍はこの開発について非常に困っているのだ"．私は大変に驚いてしまった，私はそれとは反対のことを考えていたからだった．"違うよ" と彼は言った，"将軍は言っている，'今や，我々は 2 ないし 3 機の飛行機が必要になるだけだろう' と"]．

---

*13 訳註： コード名 Y は，ロスアラモスのこと．

5.3 原子爆弾投下

　ここでの最近の流行は先住民 (natives) との交易，石鹸とタカラガイの貝殻，だ．このことは，疑いなく次の手紙で続けることにしよう．我々が最後に離任するまで，この交易を続けるつもりだ．

　木曜：1 事項が見つかってしまったので，この手紙を始める．郵便物を受け取れなかった理由は，第 1 技術部へ行ってしまっていたからだ．戦争が終わって以降，マニラに在る補給部の東の航空便は皆無だった．V メールは働いているものと見なされているから，2 日前に 1 通を書いた．これをチャーリー・バーカーに預けるつもりだ，彼は明日発つ．

　トルネード [台風を意味して私が書いた] が日本を襲い，ここでの豪雨の兆候がマッカーサーを延期させた．3 日間泥の中で水浸しで居た，それで如何にもさらに幾つかの義務が有るかのように見えた．地方生活のもう 1 つの項目がよみがえった——オアフを離れてからというもの，我々は温水をあじわっていないのだ．しかし，それは熱帯気候では決して間違いでは無いのだ．浴室は，本当に素晴らしい戸外シャワーが加えた太平洋で構成されている．

　信じようが，信じまいが，我々は毎晩映画鑑賞をし続けている．非常に素晴らしいものでは無い，そのほぼ 90 % がミュジカルだ．しかしながら，ある種のルーチンは一日を満たすには重要なことだ．他のアミューズメント（娯楽）はラジオを聴くことだ．我々は非常に良好な短波装置を持っている，そしてサンフランシスコとデリー (Deihi)[*14] 間の何でもが聞こえる．あのクリティカルな日々の間は，東京ニュースを興味深く聴き続けた．調子は懐柔的であり，民主制再編が約束されている——これらが主要なラインである．非常に素晴らしい図書館がここには在る．私はサンドバーグの"リンカーンの生涯" (Sandburg's Life of Lincoln) を読んでいる．

　フィルは 1，2 日内に沖縄へ向かっている．私が移動する時に，さらなるニュースは無いだろう．

沢山の愛を込めて，ボブ

8 月 31 日，[テニアン]
最愛者へ：
　V メールが東の手紙を受け取る唯一の方法であると現在は感じている．我々がここで行っていることをこれ以上得ることは無いと私は確信する，それは何も無いからだ．

　我々は静かな時間を過ごしている——ただ待つのみだ．我々は本日，東京に向かわなければならない，しかしそれが延期となった．我々がそこに着いた時，話すものはなにも無い．その合間は楽しいことが沢山：睡眠，食事，泳ぎ．

[*14] 訳註：　　デリー：イギリス領時代の 1911 年，コルカタからデリーにインドの行政府所在地が移された．その際に，デリー市街（現オールドデリー）の南方約 5 km 程の場所に行政都市として建設されることとなった．これがニューデリーの始まりである．ニューデリーはインド独立後はインドの首都となり，国会議事堂や中央官庁，大使館街もニューデリーに集中している．現在ではデリー大都市圏は大きく拡大し，オールドデリーもニューデリーもその中心部を構成する一地区となっている．

図 5.9 テニアンにて，ニューヨーク・タイムスのレポーター，ウイリアム・ロウレンス，ヘンリー・バネットと私．

　ヘンリーは丸一日ここに居た．彼の派遣任務は大変重要なものだ．彼は船で去った，しかしどういうわけか間違った船に乗り，中部太平洋で駆逐艦によって連れ去られた．
　フィルは他の日にグアム島からの戻りにタイム (Time) 紙のコピーを携えて来た．むしろ裏のページに挿入されている記事を見て，若い連中は大いに喜んだ．[戦争努力の中で如何に科学者たちが英雄的な任務を遂行したのかという物語の感謝が，レーダー開発に向けて紙面全体に書かれていた．勿論，我々のことについては何も書かれていなかった].
　10 月前に戻ることは無さそうに思える．

沢山の愛を，ボブ

9月2日，日曜日 [テニアン]
最愛者へ：
　良かった，全ては公式に終わった．我々はその調印を聞き，この朝にトルーマンのラジオ演説を聴いた．私は大変適切な場所（ポイント）でそれを聴いた：グアム (Guam)*15 島の Cincpac 本部でだ．Cincpac は Commander in Chief of the Pacific（太平

5.3 原子爆弾投下

図 5.10 テニアン・チーム（写真はハロルド・アグニューの好意による）．

洋地区最高司令官）を意味してる——それはニミッツの住み家だ，彼の 5 つ星の旗が

[*15] 訳註： グアム：マリアナ諸島最大の島で，その南西端に位置する（549 km^2）．海底火山によって造られた．北部は珊瑚礁に囲まれた石灰質の平坦な台地で，南部は火山の丘陵地帯である．最高所はラムラム山で標高 406 m．1941 年 12 月 8 日に太平洋戦争（大東亜戦争）が勃発．日本海軍は真珠湾攻撃の 5 時間後に，グアムへの航空攻撃を開始し，同月 10 日に日本軍がアメリカ軍を放逐

我々の会議室の外側右手ではためいている．朝の少し早い時刻から開始し，我々はテニアンから2人の提督 (Admirals) との会議のために准将 (Commodore) と伴にグアムへ南下した．ルイス，バニーと私はグアムに行く計画をしてしまっていた，とにかくそれが今日なのだ，成るように成るさ．我々はTAG（テニアンとグアム）に乗ろうとした，その航空輸送便はそう呼ばれていた．その准将がこの会議を思いついた時，それは大変に好都合だった，そして我々のC-54の1機を提供した，"グリーンホーネット"の1機が我々を南へ降ろした．ルイスとバニーも一緒に乗った．我々は9:30に去った．グアムまで約125マイル (200 km)，素晴らしい40分間の旅だ．

美しい乗り物と大海原と緑色の熱帯の島から来る美しい景色，浜辺の空色の光から沖合の輝く青への海水の濃淡．ヤシの木は空から愛らしく見える；木々の森は小さな緑色の花の堆（バンク）のように見える——シダの側面の上の．

熱帯の小島 (isle) のように見えるグアムは——ヤシの木，花，最も豊饒な植生，が見られると思われている．勿論，時折の榴弾が家々や要塞などを揺るがすことなど無視しまっている．陸軍と海軍のどこでも同じように見える軍事施設が置かれている．ニミッツは島の最も高い丘の頂上に本部を置いた，その眺めは壮麗であった．青い海，緑のヤシ，涼しいそよ風．

降伏署名の間に，我々は会議を開催していた，隣の部屋のラジオからかすかに聴くことが出来た．そこで，我々はトルーマンの話を聴く時には席を離れた．海軍スタイルの昼食——それは陸軍顔負けのものだ．それは将校食堂だった——テーブルクロス，ウェイター，清潔な銀食器——大変上品で素晴らしい．冷たい肉，ポテトチップス，ピクルス，冷凍されたココア，フルーツサラダ．そして食後にテニアンに戻った．

戦争は終わった，なぜ跡を辿ること，ここから外への我々の旅についてもう少しあなたに話すことが何故非道徳的なのか私には判らない……．[この続きは，本章の初めに戻っている]．

我々はずーっと心配し待ちわびているのだ．東へ向かうのか，西へ向かうのか，移動のニュースは皆無だ．

愛と伴に，ボブ

し，日本領土とし，その後2年7ヵ月にわたり占領した．1944年8月にアメリカ軍が奪還した．以後アメリカ軍は日本軍が使用していた基地を拡張し，戦争終結までの間日本本土への爆撃拠点として使用した．

第6章
廣島と長崎，1945

6.1 横浜より*¹

横浜，9月9日
愛しき人：

我々のメールは酷い目にあっているようだ．あなたからの最初の手紙をテニアンを離れる丁度数時間前に受け取った．これまでに私から少なくとも速達便で送った複数の手紙が届くでしょう．かなり経ってしまったものの，あなたから訊けたことは素晴らしかった．その2通の手紙とは，7月27日付けと8月25日付けのです．本国で進んでいるエキサイティングな事についてのあなたの意見は，こっちではかなり奇妙に感じる．我々は，そのような感覚から完全に隔離されている．影響力または重要性のいずれも感じてはいない．バークレーでの仕事はかなり魅力だ．あなたがアーバナから逃げ出したいと思っていることは判っている，それが大口論の種だ．勿論，カリフォルニア大学の学部 (Cal dept.) はそれより悪い場所では無い．

金曜の真夜中にテニアンを去った，硫黄島は濃霧で，エンパイヤーに登ったようだ．そんなに多く眺めることが出来なかった——層霧に覆われていた．飛行場の上を覆う雲の上で2時間程旋回し続け着陸した．往来（軍隊が入り，出て行く捕虜たち）は混乱の極みだった．空からとジープから眺め，日本の田舎は大変に優雅だ．茂っている各々の作物の田畑は，手入れが行き届いているように感じる．丁寧に維持された公園の木々．いろいろな種類の木々は他の国に比べてより美しい（ニューメキシコ州に2年半滞在した私の偏見によるかもしれない）．我々は日本の西欧化について沢山聞いたので，田舎において殆んどその証拠が，例えば道具，着物，家屋，生活スタイル（私の印象）で，皆無であることに驚かされた．荷車を引く牛たち，絵のように美しい茅葺き屋根の家，浴衣（パジャマ）と着物．近づくと家屋は汚れ，窮乏を思わせ，信じられない程に薄く

---

*¹ 訳註：　節番号および節見出しは原書になく，日本語版翻訳にあたり付けたものです．手紙は引用文とし文字サイズを小さくしている．

て開けっぴろげに見える．子供たちはキュートで人なつこく，玉子やトマトを売りつけようとする．男たちの多くは制服の古物を着ている．人々は控えめだが，不親切では無い．日本人 (Jap) は自分達で手助け出来るものは全て自分達で行うと誰もが言う．横浜から主要空港までが 2 レーンのダートしか持たない国民が我々との戦争に勝つと考えたこと自体もまた特筆されるべきことのように感じられる．街は生き地獄だ．広大な地域が完膚なきまで破壊されてしまっていた，人々は再生鉄板で急ごしらえした掘立小屋に住んでいる．赤さび (red rust) が全ての色となっている．道の一部は全く手つかずだ．我々はグランドホテルの隣で眠り，グランドホテルで食事した．食品は全てが特別な物では無いが，サービスは飛びきり上等——テーブルクロス，日本人 (Jap) のウエイター，それは観光旅行の日々と丁度同じようだった．商業活動の様子は見受けられない——稼働している工場は皆無，店も無い．人々が何によって生活出来るのか不思議だ．

明日，我々の部隊は東京へ移動する．我々の仕事が直ちに得られるとの観点からは非常に良好に成って来たと思える．10 日で終わらせ，2 週間内に本国へ帰還できることを望んでいる．あなたからの手紙が届いて本当に素晴らしかったことを再度言わせてほしい，もう一寸でそこへ戻ることが出来ると理解している．

全ての愛を，ボブ

勿論，疑いも無く私は楽観視していた．我々は孤立していたので，廣島と長崎への移行が手配されていたことを知る由も無かった．提督リチャード・バード (Adm. Richard Byrd)，極地探検家，は彼自身の飛行機を携え，海軍の移動ミッションとして街中に居た．誰かが，廣島と長崎を見ておくべきだと提督を説得させることを示唆したのであろう．それが動いたのだ——バードのお気に入りの海軍少尉レイノルズ (Ensign Reynolds) (ジョージ・レイノルズ，我々のグループの若い物理学者，は海軍の任務に就いていた，それは平和が宣言される時までであった) に対して我々は料金を払って，彼を助手とし使うことに決めた．我々は横浜飛行場への通行証を得た，それは我々を"提督バードの分遣隊"として認証していた．

横浜，9 月 11 日，(午前 5 時)
プッシー (あなたへ)：
我々の仕事は非常に速くは進んでいない．今朝，我々は飛行機で発った——廣島でワーレンとジム [Stafford Warren と Jim Nolan] を拾って，長崎へ飛ぶことになっており，そこにはヘンリー [Barnett] が明日着くことになっていた．廣島には霧のために着陸出来ず，長崎に向けて飛んだのだが結局見失ってしまった，沿岸に沿って 200 フィート内は霧の中を旋回しながら高度を下げたのだが，我々が何処に居るのかパイロットは判らなくなり，旋回して戻って来た．1,300 マイル (2,092 km) のちょっとした遠足だ．それで我々は 1 人の旅客を推測した：バード提督だ．ハンサムで無知に見える輩だ．彼の見解は，彼は最良の家族の 1 人で無害でいることのように見える．

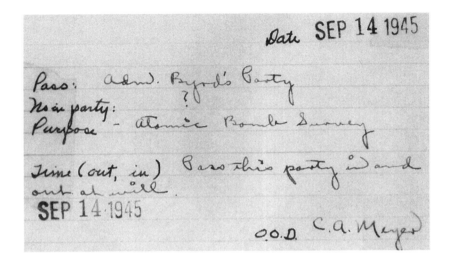

図 6.1　長崎へ入るための我々の"通行証".

最も衝撃的印象は，日本国内の全てで完全破壊，破産状態，欠乏が続いていることだ．店の中は商品が空っぽだ．人々はトングを背負って歩き回り，金を掘ろうとしたが，もはや何も残って無かった．僅かな日本車とバスは，背後に巨大な珍妙考案物 (contraption) で木炭，薪，生ゴミを燃やし，車を走らせている．

今朝，あなたからの手紙を飛行機の中で受け取った．それは私が去ったあとでの最初の手紙だった．ソーダスト (Sawdust)（おがくず）は如何してますか？ スライドルール (Sliderule)（計算尺）は？ [シャーロットの馬と犬である]．あなたの足首は？ 乗馬していますか？ これらは反語的疑問だよ，あなたが答えを書く間の前に戻って来たいと望んでいるよ．

沢山の愛を，ボブ

6.2　長崎より

長崎，9月20日
愛しき人：
　横浜から最後の手紙を書いて，1週間となる．通常と異なり，ここを去ることを毎日予測し続けた，そして東京からのVメールが長崎からの航空便よりもよっぽど速いと考えていた．しかしここにさらに3日間居ることが最終的に明確となったから，私は

140　　　　　　　　　　　　　　　　　　　　第 6 章　廣島と長崎，1945

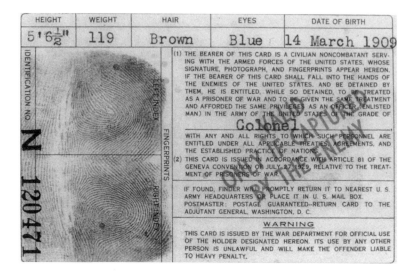

図 6.2　テニアンを去る直前に軍管区から発行された身分証明証 (ID).

この方法を試みようとしている．私が最後に書いた時，ここで得る不成功裡に終わった試みから横浜へ戻った．翌日の気象が飛行するには悪すぎるため，東京へ移動し，第1ホテルの部屋を確保した（帝国ホテルに次ぐ最良のホテル，大きくて現代的な建物）．[我々はマッカーサー本部へ行き，入口でさっと気をつけの姿勢を取り，注意をおこたらずに我々の進むべきドアを示した，エリート門番兵から死ぬ程の恐怖を味わらされた．中で，我々は身分証明証 (ID) 提示を誰何された．私の物にはこう記していた，"名前：ロバート・サーバー" そして下部に，"称号：大佐"；その対角線上に大きな赤い文字で "敵に捕まった時のみにのみ有効である" と記載されていた（図 6.2 参照）．しかしマッカーサー本部は大いに典礼的であった，そしてそこでの称号 "大佐" は効果絶大であった．それで，我々は第1ホテルの部屋を与えられたのだった；大将たちはフランク・ロイド・ライトの帝国ホテルへ向かった]．横浜から東京への旅は行けども行けども労働者の焼きただれた家屋が続いた．工場は相対的に手つかずであり，家々は進行中だった――残った鉄板で作った当座しのぎの掘立小屋に人々は暮している．東京の中心部は完全に壊滅状態だ．銀座（5番通り）に沿って，建物の半分は瓦礫の山だ．見れば，もう片方は火災によって焼き尽くされている．いまだ開いている数軒の店中には何も無いと言われた．東京でフィル (Phil) と会った．

　翌朝，再び長崎への出立を試みた．沿岸に沿って200フィート (61 m) で飛んだから，路を再び見失うことは無かった．飛行を続け，それは非常に風光明媚な旅となった．海岸線は美しい：岩だらけの複雑な海岸線の緑，沖合に在る沢山の小島．途中で1つのプ

6.2 長崎より

図 6.3　東京にて，水ポンプとともに——日本人が消防用ポンプとして残したもの．

ロペラの調子がおかしくなってしまった，そして 3 機の駐機中の日本 (Jap) の飛行機によって複雑となった 1,000 フィート (304 m) 滑走路上に C-54 を着陸させようと 2 本のタイヤを降ろした．我々は少しばかり着陸地点を通り過ぎ草地に沿ってバウンドした．町まで 20 マイル (32 km) 離れており，山を登るのに手助けが必要なほぼ時速 3 マイルの木炭燃焼バスに乗り込んだ．我々はビーチ・ホテル (Beach Hotel) に滞在している，戦前は外国人たちのために提供されていたホテルだ．それは漁村，長崎から約 8 マイルの海に面した茂木 (Mozi)[*2]，に在る大変美しい日本式の小家屋のようなものだ．そのとほうもない事は，時間の大部分をペニーと私は 1 人で外出しなければならなかったことだ，最も近いアメリカ前哨基地から 8 マイル (13 km) 離れて，全く武器無しで．しかし誰も注意を払わなかった．実際，2 日後に日本の警察官はうんざりして帰宅してしまった．我々は 2 回程，U.S.S *Haven*（安息所）の船長に昼食の招待を受けた，その船はドックに係留中の病院船で，船長は提督バードから指令を受けていたのだ．入って来た捕虜たちに会い彼らの話を聴いた，それは本当に痛ましいものだった——殆んどが無感情で，飢餓と奴隷労働．PW（捕虜）の幾つかの列車の後，日本人への潜在的同情心は全く消散してしまった．ここの人々は言葉少なく親切で，かつ非常に親しく感じる訳でもない．私は我々の造り上げて来たののしりを飛ばしてしまうことだろう．

[*2] 訳註：　茂木港：長崎の南東，長崎半島の尾根を越えた天草湾に面した漁港，と想定される．

142　　　　　　　　　　　　　　　　　　　　　　　　第 6 章　廣島と長崎, 1945

図 6.4　長崎においてハリー・ウイプル（医療士官），私とヘンリー・バネット（写真はヘンリー・バネットの好意による）．

　一体ヘンリーとは何者なのかと 1 週間訝しかった，最終的に海軍大佐であるのが判った，彼は大きな困難を抱えて沖縄に居た，そこで彼は文字通り 1 ヵ月も忘れられていたのだった．しかし最後に，昨夜，ヘンリー，ワーレンと一行が現れた．私は台湾で預かったシャーリィーからの 4 通の手紙を渡した．ジム・ノーランとウイプル [*Harry Whipple*] もまた到着した．ヘンリーは今や素晴らしい精神を有し，仕事を行うだろう．彼は 1 ヵ月筋肉を鍛えるのに過ごしたのだから．
　私の現時点での計画は，約 3 日内にここを去り廣島へ行き，2 日間そこに滞在し，26 日には帰国する予定だ．それで，多分この手紙より先に着くだろう．

沢山の愛を，ボブ

　[追伸] 台風に触れることを忘れていた，それは 2 日間完全に孤立した状態で我々をここにくぎ付けにした．

　捕虜たちと出くわした最初の日，旅客列車が通過する時，ビル・ペニーと私は軍需工場 (Munitions Works) 沿いの線路脇に立ち続けていた．日本から解放されたばかりの捕虜たちで列車は満杯だった，そして彼らは窓を開け，歓声をあげながら手を振り非常に興奮した様子だった，それで彼らが数年の間で初めて見た最初の自由な白人た

6.2 長崎より

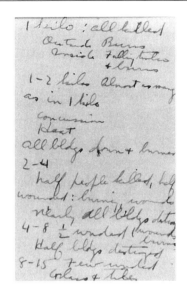

図 6.5　長崎において，私の尋問ノート．　　図 6.6　日本情報士官への私の尋問ノート．

ちであることに我々は気が付かされた．彼らのほとんどは，戦争初期にシンガポールとインドネシアで捕えられたオーストラリア人とオランダ人達であった．彼らは生き長らえた，骨だけにやせ衰えながらも．

9月13日，我々の長崎初日，私は日本海軍士官，Likura 大尉へインタビューをした．廃墟が見渡せる平らな岩の上に我々は腰を下ろし，彼が公的財産の損害の質問に答える間に小さなノートブックに私は書き込んだ（図 6.5 と図 6.6 参照）．翌朝，ビルと私は我々自身の手で損害調査を開始した．

最初の印象：居住地域と小さな商業地域内の全ては平坦となり，焼き尽くされていた（図 6.7 参照）．不気味な事に，爆発と炎から逃れたたった1つのアイテムが存在していた，それが事務所の安全だ；その重量のある鉄が2フィート平方 (0.6 m^2)，高さ3フィート (0.9 m) を守った．それらは廃墟の上に掲げられて，その驚くべき事が沢山存在していた．

ビルは衝撃波の圧力を決めるための極めて独創的な方法を編み出した．様々な距離で爆発によって圧縮された様々な程度の5ガロン (19リットル) 缶を見つけ出して，それらを英国へ送り返した，そこではそれらの缶と同じように押しつぶす圧力を測定した．それから彼は，強度測定用に鉄筋コンクリート建造物の残りからコンクリート

144　　　　　　　　　　　　　　　　　　　　　　　第 6 章　廣島と長崎，1945

図 6.7　長崎.

を採った．ある日，破壊程度が同じ距離を発見することにした．完全な実例と見なし得るような物を発見するまで，彼はジープに乗り，1 人の通訳と数マイル郊外へドライブした．それは半分が破け，半分は健全な障子紙だった．通訳はその家の婦人をつかまえ，ちょっとした会話を行った．ビルが指さして："原子爆弾?"，婦人，"違います．子供 (Small boy)[*3]です"．作り話のように聞こえるが，本当の出来ごとだ．

　私は良好なカメラを与えられていた——グラフレックス (Graflex)，当時の新聞報道記者たちが持ち歩いた種類のカメラである——そこで，沢山の写真を撮った．レンガ造の建物の壁はひどく崩壊していた（図 6.8 参照）．軍需工場の長さ 1/4 マイル (400 m) 鉄骨構造物は完全に内部の機械装置の上に瓦解していた（図 6.9 参照）．鉄筋コンクリート製建造物は最良の状態で立ったままだった（図 6.10 参照）．原爆の火の玉による閃光焼け (flash burn) についても調査した．1 秒間での火の玉による熱放射は，1 マイルの距離では太陽の千倍あった．爆発に面した電柱の面は全て焦げていた．その焦げついた電柱は，グランド・ゼロの地点から電柱に沿って 2 マイルを越えていた．ある場所で，放し飼いの馬を見た．一方の側の毛は焼け落ち，片方の側は

[*3] 訳註：　広島型ウラン原子爆弾は "リトルボーイ" と呼ばれていた．

6.2 長崎より

図 6.8 レンガ造の建物.

完璧に正常だった.後日,私がロスアラモスに戻った時に私が日本で見たことについてのセミナーを仰せつかった,そしてその馬は幸福にも放し飼いだったことに触れた,このことで原爆が慈悲深い兵器 (benevolent weapon) だとの印象を与えてしまうとしてオッピーは私を叱りつけた.グランド・ゼロから丁度半マイルの処で木のかご (crate) を見つけた,それは,オレンジかごと私は呼ばない,薄い木のスレートで造られた非常に軽い種類のかごで,閃光により燃やされてしまったものだった.火災は良好に始まり,そのかごの背面のスレートと爪がかり (nail holes) を介してカールさせ,閃光の 5 秒後の爆風により,多分それは明らかに吹き消されてしまった.1 マイル地点で,爆風前面後方風速は毎時約 170 マイル (274 km/h) であろう.太平洋を越えてロスアラモスへ戻る道すがら私はこのかごを無理にも持ち込み,それについての報告を書いた.写真局 (Photography Department) が写真を所有してしまうことが判った.翌朝,非常におどおどした写真屋が恐縮しつつ戻って来た.彼はカメラに昼光用フィルムをセットしたので,5 時になるまで使わないで下さいと言い,翌朝までの仕事を終わらせて去った.勿論,夜中にその管理人 (janitor) は,がらくたの一片を見,そしてそれを放り投げた.

長崎市街は丘の列による 2 つに別けられていた.重工業の工場地帯が含まれる区域は完全に破壊しつくされていた.もう 1 つの区域は中に在る丘により部分的な遮蔽が

図 6.9　長崎の軍需工場．軽鉄骨工場建屋．

為された．次の手紙で，幾つかの物語，銀行，生き残った遊郭 (red light district) について話そう．

> 大村，9 月 27 日
> 最愛のきみへ：
> 　手紙を書いている瞬間，我々が手紙を受け付ける施設を持っていない事実により失望している．しかし，長崎で我々が行ったことの幾つかを記録として書き残し，郵便箱を見つけるまでそれを保存しておこうと思う．
> 　書く前に，2 人の将軍，1 人の提督，約 5 人の役に立たない大佐たちと伴にあった豪奢な生活は落ちぶれてしまっている．彼らが去ってしまい，ビル・ペニーと私だけがビーチ・ホテルに取り残された，そこは長崎から 8 マイルの場所だ．我々は素晴らしい時間を過ごした，そして極めて多くの仕事をやり遂げた．日本人たち (Japs) は，極めて親切であり，彼らに言ったことの全てを行っている．人々は好奇心が強く，しばしばおびえ，時々冷淡なのだが不親切には見えない．それは理解するには難しい態度である；もしもポジションをひっくり返しても同じようにふるまうに違いない．彼ら——重要でない人々全て——は天皇の降伏の瞬間まで，戦争に勝ち続けていることを強固に確信させられていたのだ．
> 　日本の役所の理解のための実例として：初めは，我々の移動手段は見事に故障してしまった木炭燃焼バスだった．旅客自動車が供給可能かを訊ねた．翌日，彼らはドッジ・セダン (Dodge sedan) を我々のために用意した．次の日，大きなビュイック (Buick) が

6.2 長崎より

図 6.10 鉄筋コンクリート建造物，立ったままの最良の種類．

現れた．第 3 日目およびそれ以降，本当に豪華な半ブロック長い大きなキャデラック・リムジン (Cadillac limousine) に乗った．他の例は，地雷プラントでのことだ，そこで我々は軽率にも主任技術者に工場建物の床の 1 つに穴を切り刻んでくれと要求した．彼はそれを行うことを約束した，もし彼がハンマーと鏨 (chisel) を見つけ出したならと（日本人がどのようにして取り除くのかを図解しながら），そして案の定，2 時間後に我々が戻って来た時には床に 1 つの穴があいていた．

ヘンリー，ワーレンとその一行が第 1 週の末に到着した．ヘンリーと彼の一味は恐ろしい時間を過ごした，1 ヵ月もの間沖縄で誰からも忘れ去られてしまっていたのだ．彼らは直ちに各地の病院での働き口を与えられたが，それは当初患者などの記録の欠乏から失望させられるものだった，しかし探し集めて，とりわけ大村海軍病院 (Naval Hospital at Omura) では徹底させて，本当に楽しい仕事に変えた．ヘンリーと私はある日調査のため外出し [放射能の市街地測定調査，ガイガー計数器を携えたヘンリーの特別技術班]，そしてその終りも上首尾だったので，それ以降は遅い開始となった．

ある晩，巡洋艦 *Wichita* 上での晩餐へ全員が招かれた，そして素晴らしい出来ごとであるのが分かった．私が今まで見たことの無かった人々が沢山集い，招待者たちが望む何もかも見つけ出すことが困難なほどであった．晩餐は七面鳥の肉とパイ・アラモード，彼らは我々のために船の店を開け，炭酸ソーダを開け，温水シャワーを我々のために使わせ，我々のランドリー注文を引き受け，一晩中原子爆弾物語を聴かせて我々を嬉しがらせた．ワーレンが話しをし，彼らは映画を見せて，最終的に深夜を越すまで滞

148　　　　　　　　　　　　　　　　　　　　　　　　　　第 6 章　廣島と長崎，1945

図 6.11　長崎の教会壁が立ったまま残っていた．

在した．陸軍の全てを海軍はその 1 つで持っている——1 隻の船は（相対的に）丁度家 (home) のようなものだ．

　我々は，見方に依ればラッキーだった——占領軍 (occupation troops) によって汚染されていない日本を見るという尋常で無い機会を持てたのだ．我々は最初に到着した，翌日 2 隻の捕虜たち (POW's) を救出した病院船を従えた小さな艦隊が現れた，しかし海軍の乗組員たちは全く上陸を許されなかった．艦船はドックに係留し，出てゆくまでそこに居た．[彼らは放射能調査の完遂と陸上は安全であるとの我々の証明を待ち続けていた．これはヘンリーらの遅れての到着によって停滞してしまった]．約 10 日の後，商店が開き始め，お土産を見つけ出そうと捜しまわった．我々は円（日本紙幣）を持っていないという事実によって，購入が困難となった，それで彼らを説き伏せドルで購入させなければならなかった．我々は最終的に $1 = Y 15 の概念を相互に有した，しかし不幸にも日本の銀行は戦前の 4.25 Y = $1 レートのみで支払うのだということが判明した．日本滞在中での最も最近のトラブルは，ドル札を振る怒った店員のグループによるものであった，彼らは騙されたと考えてしまったのだった．ヘンリーと私は立派な買い物チームであった：私は交換比率の算術を説明しようとした（定理と伴に，図解講義により），一方，ヘンリーは彼の 0.45 インチ（45 口径）の残り (butt) を目立つように見せることで我々の正直さを彼らに信じ込ませようとした．

　しかし 2 日前に，第 2 分艦隊が入港した．考えで一杯な人物が，すぐさま，全商店への立入禁止命令を出した．時代が変わる最初の本当の兆候が顕れた，しかしながら，昨

6.2 長崎より

図 6.12 長崎県知事による宴会にて，素足のアメリカ MP 海兵隊員によって妨害される前.

日の前の晩だった．我々のパーティーは最上の芸者屋での長崎県知事による晩餐の招待を受けてしまっていた．我々は素晴らしい時を過ごした，小さな座布団 (little mats) の上に素足 (barefoot) であぐら座し，食事は上等だった（私は箸を極めて上手に使えた）．薄く切ったローストビーフ，すき焼き（肉と野菜），ミートボール，野菜．基本的な小道具として面を付けて，芸者は優雅 (graceful) で煌びやかな (colorful) な踊りを披露した．そして彼女らは我々の背後で膝を曲げて我々の小さな磁器製の杯 (little porcelain cups) ——極めて美しい日本の風景が描かれた——に酒を注いでくれた丁度その瞬間に，MP たちが乱入してきた．背丈 6 フィート (1.8 m) もある約半ダースの海兵がドアを包囲した．彼らの中尉が言った，"紳士諸君，あなたたちは拘禁下にある．私は在席中の上席士官と話しをしたいのですが?"．そのばかばかしい話しは，戦闘ヘルメットとベルトに装着した 0.45 インチ（45 口径）から——1 フィートの靴下をきちんと装着し——，完全に公式的で妥協の余地が無いものであった．MP たちは入る前に靴を脱がなければならなかったのだが，そしてそれらの靴は彼らが喜ばない不幸な場所へ置かれてしまったのだ．彼らがドアで我々から聞いた時，そのことは事態を悪くした，なぜなら GI 全員の靴と同様に見えたからだ．そして MP らはしばらく放って置かざるを得なかった．知事はそれについて極めて不幸 (unhappy) だった，翌朝，地元現地の人々との友好のためにワーレン大佐は司令長官から怒鳴られた．可哀そうなワーレンはその晩餐に欠席しただけでなく，その絆が軌道に乗った直後に到着したばかりだったのだ．私が大村で何をしていたかをここで話そうと思う，大村は長崎から約 40 マイル (64 km) の処に

ある町だ，そこには空港が在る．1 週間前，[James B.] ニューマン将軍はペニーとレイノルズを連れて去った，3 日以内に戻ってくるものと理解して，ワーレン大佐と私を選び，廣島へ連れてゆくことにした．それ以来，我々は彼から一言も聞いてなかった．昨夜，このことを大村に滞在しなければならないガス欠の空軍乗組員へ話し続けた，如何いうわけかその夜はビーチ・ホテルに滞在した．そのことを話した後，私が必要とするものは，個人用 C-47 と乗組員であると我々は決定した（彼らは沖縄のホームへ戻りたくないと熱望していた）．彼らはそれはどの劇場か，どの輸送か，を言う私の指示を見つて，戦争保安事務所から署名を得ていた．カバーされた全てを言った，それで（私はちょっとばかり驚いたのだが）ワーレン大佐は獲得した，我々は本日大村へ北上して来て，その飛行機は数日間我々のミッションのために割り当てられると沖縄のラジオが訊ねていた．答えが未だ返ってこないが，そのギャグが働くなら，我々は幸運を見つけ出し，綺麗なシャツを得るために（天候が許すなら）明日には東京へ飛び立つことになろう．一方では，そのことは極めて好都合だ，ヘンリーは彼のグループと大村海軍病院に滞在できるからだ．そこは巨大な場所だ，ブラン (Bruns) に比べれば [サンタフェに在る V.A. 病院]*4，可能な限り親切な利口で背の低い日本人提督の命令下で，ヘンリーは素晴らしいと思った，本物の絹製蚊帳を含む特上の食べ物と宿舎を提供してくれた．私はこれまでにそのシーツを見たことは無かった，多分それも絹であろう．今夜は合衆国を離れて以来，2 度目のホット・バスに入浴出来た，この時のは日本式の風呂だった．我々は 2 名の空軍乗組員の中尉を連れて昼食をした．彼らはお互いのミルク・グラスによって度肝を抜かれた．18 ヵ月間でその物を見たには初めてだった．

　ここは最も重要な場所だと思う．東京を去って以来，勿論手紙を受け取っていない，手紙を受け取るメカニズムが存在しないのだ．しばらくの間，沢山の愛を，10 月の前半には戻れるに違いないと依然と変わり無くと思っている．

愛しているよ，ボブ

　大村への我々の旅の記述を省略した，多分シャーロットの注意を引かないと思うからだ．長崎近傍の戦闘機滑走路に在る我々が借りた飛行機は，最終的に着陸時に破裂したタイヤを新しいタイヤへ交換し，パイロットは我々を大村へ送ると申し出た．それでワーレン大佐，彼の 2 人の右腕と私は大佐のジープでその滑走路まで行き，C-54 に全ての物を積み込んだ．しかしこの点で，パイロットはおじけつき，それら重量物全てを積んでは離陸出来ないと決め込んだ．ワーレンと彼の優秀な部下たちが，それでジープを降ろし，彼ら自身の手で大村へ行った．私は面白半分で機内に留まった．我々は輸送機型の離陸を行った——ブレーキをロックし，エンジンを完璧に吹かし，ブレーキを突然外す——そして我々は滑走路を轟音を立てながら進んだ．我々は滑走路の端の直近で離陸した．

---

*4 訳註： V.A. 病院：退役軍人局病院．

サーベイでは，市内に全く放射能が見いだせなかった．ある夜，ヘンリーと私は日々読んだ値を地図にプロットし，ハイスポットに気付くようにした．次の日，探査で駆け回っていた若者らが戻り，ラドン針 (radon needle) を見つけ出した，それは明らかに癌患者からのものであった．

廃墟は見るに耐えない，しかし現実の悲惨な体験とは長崎の病院にヘンリーと伴に訪問したことだ．それは当座しのぎの病院だった，前面壁が吹き飛ばされた建物で，患者たちは内部では折り畳み式簡易ベッドの上で，外ではグランド上の担架の上に横たわっていた．それは爆発から5週間後だ，患者たちの殆どは閃光火傷 (flash burn) または放射線病 (radiation sickness) であった．

6.3 廣島より

東京，10月1日
愛するあなたへ：
　もう1週間も，我々の仕事が終わらなかった報告をしなければならなかったので御免なさい．なぜそんなに長くかかるのか，何もかもを終わらせるのが困難であることを理解することは難しいことは分かる．その困難さと混沌は信じられるように見えてくる．もしビルと私だけが信頼すべき2通の手紙で武装してここに居るとしたなら，行く手を邪魔し台無しにする40名ないし50名の全軍事ミッションを抑えこむよりもさらにもっと速くより効率良く進められただろう．ファレル (Farrell) が我々を長崎に残してから，どの様に推移したのかの物語がここに有る．ニューマンは2日間で戻って来た，しかし1週間顔を見せなかった．彼はビルを一緒に連れて来て，3日間私とワーレン大佐のために返してくれた．10日間が過ぎ去り，東京というたった一言を聞くことが出来なかった．両端はメッセージを送って無かったわけでは無かった――コミュニケーションは完全に破壊されていたのだった．もしも私自身の手中に先手が無いなら，そして私用のC-47が私を東京に戻すことが難しいなら，手紙であなたに話したようにそれを試みようと思っている．我々がここに着いた時，ノーラン (Nolan) が長崎に着陸したのを見た，次の日にワーレンをつかまえ，彼を東京へ帰した．彼らは我々が到着のと同じ日と期待されていたが，示さなかった，実際，2日後に，彼らから一言も無かった．それはここではかように見える――姿を消すや否や，彼らは地球表面から効率的に消え去った．
　一方，ニューマン将軍は，我々を廣島に送って何を行わせるかを決定する前にここでワーレンと会おうとして待っていた．全ての事は完全に行き詰まり状態だった．私は昨日の朝，オッピーへの速達便を書いた，ニューマンを説得してその手紙を送らせるのに32時間要する．彼はワーレンを待ち続けた．この朝，ニューマンは私のC-47パイロットを忘れてしまっていた，しかも午後一杯我々と一緒にぶらぶらしていた．ビルと私は最後に状況はあまりにもばかばかしいものと決め付けた：我々には飛行機がある，

我々が廣島へ飛ぶことを妨げるものは何も無い，我々自身で進めようと決めた．東京のオフィスからの非常に大きく見える妨害と困難（食糧，水，輸送）が有ると思われたが，その場所では充分単純だったことが分かった．戦闘の用意をして将軍に会いに行った——途中（勿論，戦闘位置でないときに）でデシルバ (de Silva) と [Hymer] フリーデルを誘って．我々はニューマンに何が起きたのかを知らなかった．彼は完全に意気消沈し，落胆し，意気阻喪状態だった．彼はしぶしぶながら我々の飛行機を維持し，明日に南下する案に同意した．我々はフリーデルと [Paul] ハーグマンもまた連れて行く．それは4日ないし5日となろう．そして，我々は本国へ戻る準備となるだろう．

大村から立川 (Tachakawa)（長崎飛行場から東京飛行場）へ飛行機で戻る．素晴らしい時間を過ごした——その飛行機の副操縦士をした．我々が航行した気軽な路はびっくりするものだった．パイロットは決して計算または計測を行わなかった，コースは地図の目視で判断するだけ，雲間が切れた時の陸地の確認可能物で確認するだけだった．しばらくして，我々は雲から抜け出し，快い旅を続けた．日本の沿岸は，私がいままで見た中で最も美しいものだ．山々，数百に散りばめられた島々，岬々，地峡，キャップロック．どの丘も木々で覆われ，段々畑があり，どの小島にも人が住んでいた．層雲から突き出た富士は素晴らしい山だ．

もう一方の側も同じだ．我々は長崎，廣島，大阪，神戸，東京へ飛んだ．我々のB29によって引き起こされた完全な荒廃を伝えることは難しい．大きな都市は70％またはそれ以上も破壊されたのだ．そして沿岸の上下に在るどの小さな町も全てなぎ倒されてしまったのだ．我々は廣島の上で半時間旋回した．その道すがら，長崎に比べて廣島からは死の都市として強烈な印象を受けた：幾つかのコンクリート・ビルがぽつんと立ち，その他の瓦礫道は瓦礫が過って意味を持っていたものだったことを示しているだけだった．捨て去られた土地の数マイルに亘り動く生き物は居なかった．

昨日の日本タイムズ (Nippon Times) 紙は，オークリッジ科学者協会の声明記事を伝えてた．悪い声明では無さそうだ．好機が現れた時，我々がここで広めた信条 (gospel) と丁度同じだ．[9月30日日本タイムズ紙はクリントン研究所でオークリッジ科学者協会の創設を伝え，そして核兵器の国際管理を求める長文の声明を引用していた]．

今日，D+1 [その日の後] の記述を含む，8月4日と8月8日付けのあなたからの手紙を受け取った．それは大変な時であるに違いなかった，我々には（張り詰めたものではないが）よけいに興奮させられるものだった．

愛する君へ，これが家のドアを叩かない最後の手紙であることを願っているよ．その前に多くの仕事が在るものの，我々の仕事は今やビジネスライクな関係と感じており，そしてその仕事は長くなら無いだろう．軍では無くて，我々がイニシアチブを維持している限りは．愛を込めて，あなたと直ぐに会える大きな希望を持って．

ボブ

廣島近傍にはビーチ・ホテルは無かった．その近くの公共ビルディング内の大きな休憩室 (common room) が我々に与えられ，堅いマットと木製枕で眠ることを試みさ

6.3 廣島より

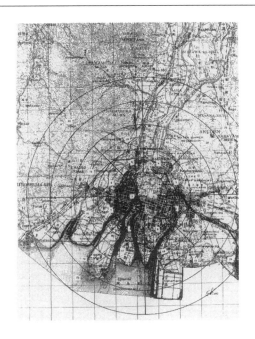

図 6.13 廣島の地図と爆発の影響.

せられた．廣島での我々の仕事は，興味を加えての長崎の仕事の繰返しだった．グランド・ゼロから丁度 1 マイル (1.6 km) の処に在る郵便局の中で，爆発に面した部屋のガラスは吹き飛ばされて大きな窓に成ってしまっていた，近隣壁のビーバー・ボード[*5]へ飛び散ったガラス破片が撒き散らかっていた，しかし窓枠は健全で，その窓枠の影は壁上に明確に見えた．それは逆の影で，光が当たった壁は爆弾の閃光により黒く焼け，影の部分は白く見えた．影の角度を測定するその三角測量から爆発した時の爆弾の高度を見出した，それは 1,900 フィート (578 m) であると判明した．その影の半影部 (penumbra) 測定から，火の玉がどの程度の大きさなのかの粗い見積もりも得た．

廣島に居る間に，我々は飛行機とパイロットを失ってしまった．君も推察できるように今や，我々の仕事が終わった時にビルと私は立ち往生していることに気付いた．

[*5] 訳註： ビーバーボード (beaverboard)：木繊維を固めて成形した軽くて硬い板で，間仕切りなどに用いる．

図 6.14　グランド・ゼロから 1 マイルに在る廣島郵便局のビルディング．

しかしこれまでにも我々は我々自身の手でやって来た経験を有していた．東京への列車を確保できることを発見した．それは暴風雨の中での夜行列車だった．列車の客室の便所は日本スタイルの配管設備を有していた．それは床から線路へ通じている穴の上に人がしゃがみ込むことを想定していた．揺れる客車の中でそれが困難であることが理解出来た，そこで列車が幾つかの中間地点で停車するように計画されている時，より安定しているトイレを探してその駅へ降りた．1 つは男をイメージする印ともう一方は女をイメージさせる印を持つ 2 つのドアを見つけた．男印の部屋に入ると，両方のドアは同じ部屋に通じていることが分かった．これは間違った西欧化の 1 例であると私は受け止めた．風が吹き荒れるプラットフォームを横切って列車に急いで戻る途中，男が私を止めた．私は驚いてしまった，彼はヨーロッパ人だったのだ．彼はロシア人で，戦時中を日本で過ごしたと話してくれた．UCLA に娘が居て，彼が生きていることを娘に伝えて欲しいと私に依頼した．彼は英語翻訳付きのロシア語の娘宛ての手紙を私に渡した．私が本国に戻った時，電話で彼女と話を続けることが出来た：私が彼女の父の手紙の英語版を彼女へ読んであげたことを覚えている．

6.3 廣島より

図 6.15　廣島郵便局の室内，そこのガラスは吹き飛ばされたが，窓枠は健全なまま残され逆影効果を形成していた．閃光によって壁面は黒く焼け，窓枠の影が白く残された．これが原爆破裂の基礎的情報である．私は三角測量法で爆発した高度（1,900 フィート）を導いた，その影の半影部から火の玉の粗い大きさを求めた．

東京へ戻り，我々は大学の研究室へ仁科芳雄 (Yoshio Nishina) を訪ねた．彼は戦争中の彼と学生たちの困難な時期を過ごし，そこで彼らが必需品のために如何に駆けずりまわったのかを語ってくれた．飢餓から逃れるため，大学で彼ら自身の食糧自給のために食物を育てなければ成らなかったかを，そして研究棟の脇の野菜園を自慢げに我々に見せてくれた．彼と幾人かの学生たちは我々自身の旅の 3 週間前に廣島に下っていた，そこで何が起きたのかについて素晴らしい考えを既に得ていた．彼らもまた市内での放射能は発見出来なかった，4 マイル風下で積算線量約 2 R[*6]；危険な量には

[*6] 訳註：　　レントゲン [R]：照射線量の在来単位．1 R = 2.58×10^{-4} C kg^{-1}．C はクーロン；空気をどれだけ電離するかを尺度とする線量で X 線，γ 線に対してのみ用いられる．
　原子力施設の事故の結果，公衆が受け入れうる線量（『原子力工学講座 2= 放射線防護』培風館，p.26 (1971) より）は下記の通り：

達して無い，のその痕跡を発見したのではあるが．

　ある日の夕方，私のホテル部屋のドアをノックする音が聞こえた，驚いたことに，カルテックでチャーリー・ローリッツエンと一緒の元放射線学者，キティー・オッペンハイマーの前夫であるスタート・ハリソン (Stuart Harrison) がそこに立っていた，そして今では陸軍医療部隊の主要人物の1人だった．私は日本に滞在していたので，彼が如何にして知ったのかを知らない；第1ホテルに一人ぼっちで滞在させられていたのだから；我々は自覚している以上に著名なのかもしれない．彼はサムライの刀をお土産として携えていた．遠征に伴いある種のウイルスが蔓延していた；誰もがガラクタ収集家となった．私もまた襲われてしまった，廣島滑走路上に見捨てられていた，我々が見つけた日本の軍用航空機から2個の高度計 (altimeters) と3個のコンパスを家に持ち帰ったのだった．他の誰もが好む TV 気象予報を信頼するよりもその高度計の1つを気圧計としていまだに使っている．

　我々は東京を去り，テニアンへ行き，そして本国へ第509（混成群団）で舞い戻った．私はテニアンへ戻る飛行機でパイロットと一緒に一寸ばかり操縦した．私は腹がすき，食べ物は一切供給されなかったから，すねて，5ポンド(2.3 kg)のロースト・ビーフのブリキ（錫）缶を開けた．そのパイロットを正しく困らせた；彼は日本の闇市場のためにそのブリキを節約していたのだった，そこで彼は，どの位でそれが売れるのか怒りながら私に説明した．テニアンでもう1つのミスを起こしてしまった，私が日本のウールの着物を着たまま降て，熱帯の暑さで蒸し焼きにされた時だった．

　我々はサンフランシスコでちょっとしたトラブルに巻き込まれた，そこでは平和時の業務が効力を発していた．我々は押しつぶされたガス缶，コンクリートの破片，黒こげになった籠と一緒に税関を，そして出入国管理 (Immigration) を通過しなければならなかった．ビルがパスポートを所持していないことが判明した．しかしながら，

　原子力施設の事故の結果，公衆が受け入れうる線量（MRC: Medical Reserch Council 報告 (1960＆1961) より）．

	(1) 全身 γ 線照射	(2) 全表面組織 $\gamma+\beta$ 線量	(3) 体表面 0.1 以下 皮膚汚染	(4)
16才までの子供	20 R	75 rad	75 rad	
その他	30 R	150 rad	150 rad	30 R

(1) の制限では，妊婦には16才までの制限値が適用される．20 R は表面組織に 15 rad, 胚, 胎児に 10 rad を与えると推定される．30 R は表面組織に 25 rad を与えると推定される．
(2) は (1) の状態を仮定している．
(3) は (2) の状態 + 1 cm^2 について平均した表面汚染による β 線量．
(4) は数人の特別グループに対して，(1), (2), (3) の線量に加算．

　ちなみに，ラド [rad] は，1 rad = 100 erg/g = 1/100 Gy の吸収線量の在来単位．1 Gy = 1 Jkg^{-1} である．この他に線量当量に対する SI 単位：シーベルトがある．1 Sv = 1 Jkg^{-1} = 100 rem である．

6.4 ロスアラモス

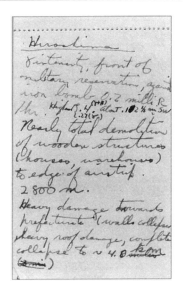

図 6.16 廣島訪問のノート．

我々の他の身分証明が強烈だったために，出入国管理官はビルを英国 RAF 士官と称し，彼を入国させた．

6.4 ロスアラモス

我々は最終的に 10 月 15 日にロスアラモスに到着した．私の 3 ヵ月の不在中に起きたこまごまとした事——廣島に関するニュース後の大規模な，高揚したパーティー，長崎後に始まった陰鬱 (gloom) ——でシャーロットは，私を満たしてくれた．シャーロットはシャリー・バネットと伴にハリウッドへヒッチハイクしたことも語った．2 人は海軍機がロスアンジェルスに飛んできたことを見た，そして労働者の日 (Labor Day) の週末をそこで過ごした．彼女らは我々の古い友人，今や成功した脚本作家となっていたハリー・カーニッツを訪ねた，そしてアイラ・ガーシュインの邸宅でパーティーを打ち上げた，そこで彼女らはアベ・バローズ——当時の有名なラジオ・コメディアン（彼は後にブロードウエイでさらに有名となった，彼は *Guys and Dolls* に関する本を書いた）——がピアノの前に座り即興で歌うのを聞いた，原子爆弾に関する歌詞も含まれていた．シャーロットらとシャーリーらは FBI に尾行されていた，後に

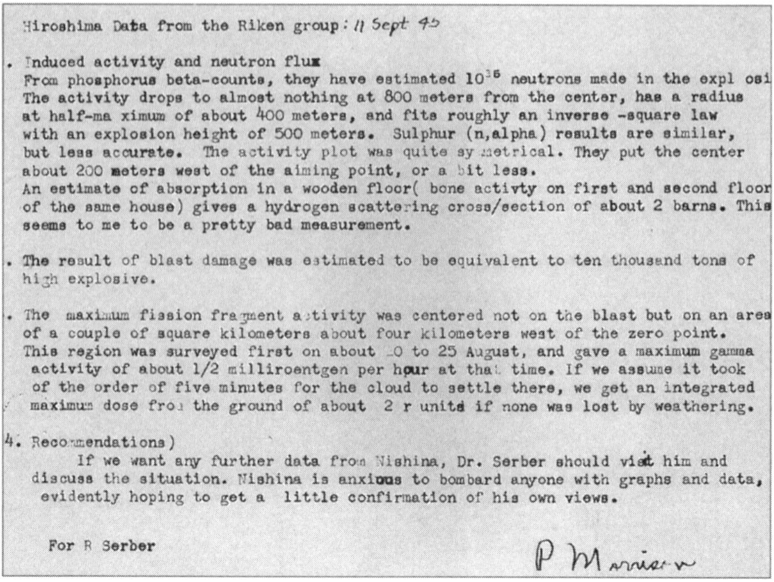

```
Hiroshima Data from the Riken group: 11 Sept 45

. Induced activity and neutron flux
    From phosphorus beta-counts, they have estimated 10³⁶ neutrons made in the expl osi
    The activity drops to almost nothing at 800 meters from the center, has a radius
    at half-ma ximum of about 400 meters, and fits roughly an inverse -square law
    with an explosion height of 500 meters.  Sulphur (n,alpha) results are similar,
    but less accurate.  The activity plot was quite sy metrical. They put the center
    about 200 meters west of the aiming point, or a bit less.
    An estimate of absorption in a wooden floor( bone activty on first and second floor
    of the same house) gives a hydrogen scattering cross/section of about 2 barns. This
    seems to me to be a pretty bad measurement.

. The result of blast damage was estimated to be equivalent to ten thousand tons of
    high explosive.

. The maximum fission fragment activity was centered not on the blast but on an area
    of a couple of square kilometers about four kilometers west of the zero point.
    This region was surveyed first on about 20 to 25 August, and gave a maximum gamma
    activity of about 1/2 milliroentgen per hour at that time. If we assume it took
    of the order of five minutes for the cloud to settle there, we get an integrated
    maximum dose from the ground of about  2 r units if none was lost by weathering.

4. Recommendations)
    If we want any further data from Nishina, Dr. Serber should visit him and
    discuss the situation. Nishina is anxious to bombard anyone with graphs and data,
    evidently hoping to get a  little confirmation of his own views.

For R Serber                                              P Morrison
```

図 6.17　フィリップ・モリソンが日本の科学者たちから受け取った廣島のデータ，私へ渡された．

准将ら (Commodore Parsons) は海軍機へ彼女らを乗せたパイロットをどなり散らした．後に，この旅行の記録はオッピーの FBI ファイルの中に綴じられた，彼が逮捕されるべき信頼性に欠ける人物 (untrustworthy people) の区分に入る証拠として．

私が戻った後の日に，研究所は最優秀賞，いわゆる陸軍・海軍 E-栄誉賞に輝いた．その式典は大きな行事だった；グローヴズ将軍が居り，カリフォルニア大学総長スプロールも居た．オッピーは研究所の E-栄誉賞の受賞を受諾した，そしてシャーロットはロスアラモス女性の E-栄誉賞を受け取った．

私が戻って来てから数週間が瞬く間に過ぎ去った，私は原子爆弾の影響について幾つかの講演をした，しかし物理学の研究を再び始めることが出来るのだった．エド・マクミランが相安定性のアイデアを思いついた，それはシンクロトロンを可能にさせる，そして私が彼の数学を確認した．ある日，シャーロットはロシアのジャーナル誌に気付いた，それにはウラジミール・ヴェクスラー (Vladimir Veksler) が英語で，非常に似通ったアイデアの記事が掲載されていた，そして彼にそれを示した．ルイス・

6.4 ロスアラモス

図 6.18　ロスアラモスの女性を代表して "E-栄誉賞" を受けるシャーロット，1945年 10 月．オッペンハイマーが写真左端に座っている．

アルヴァレは電子の集束は放射損失を増加させるのか否か疑問に思っていた，しかしMIT 放射研究所で，ジュリー・シュヴィンガーはこのことでトラブルは生じないことを示した．これら全てはドン・カースト (Don Kerst) の研究と密接な関連が有り，そして私はベータトロン理論をやり遂げた．

　1945 年の秋，狂気の採用活動が沢山あった――大学が人々を探し求めると同様に，人々は仕事を探し求めた．イリノイ大学は私に完全な教授職位の提供を示してくれた；去る時に私は准教授だったのだ．しかしアーネスト・ローレンスの後釜となったマクミランとアルヴァレはカリフォルニア大学放射研究所でのバークレー教授職位の提供を申し出た，そこでの理論部門長として．シャーロットはアーバナの小さな町の生活を望まなかった，そして私もまたバークレーに戻る機会を喜んだ，そこでの研究は世界第 1 位の加速器研究所で行うことを意味することだったから．

第 III 部

再びの平和：PEACE AGAIN

第 7 章
バークレー，1946-1951

7.1 カリフォルニア大学放射研究所[*1]

　1946 年 1 月初めにバークレーに戻り，シャーロットと私は 1936 年から 1938 年まで住んでいたフィッシュ・ランチ・ロード (Fish Ranch Road) のプエブロ仕様構造の 6 軒のアパートメントの 1 つに入居した．そこは居間にある巨大な暖炉によって暖められ，バークレー・スタイルの低俗であるが愉快な場所だった．フィッシュ・ランチ・ロードの反対側に在る Claremont ホテルの庭を真向かいに眺められる素晴らしいテラスを有していた．我々は殆どそのテラスの上でもてなしをした．過って，若い方のローリッツエン夫婦が訪れた，1 ドル紙幣の小さな半券が何処からか飛んで来た時に，トミーと私はテラスに行った．トミーはそれを回収し，後で煙草の火つけにそれを用いて妻のマージ (Marge) を怒らせてしまった．最初に入居した時，電話は 50 フィート (15 m) のコードで繋がり，アパートメントのどの部屋にも届くようになっていた．しかしながら，最初の請求書が届いた時，電話会社はその特別延長コードに対し月 1 ドル 25 セントの料金を課していたことが分った．私は電話をかけて，それを取り去るように請求した，電話修理員が来て，その後は標準長さの電話となり，特別追加料金は無くなった．1 年半を過ぎた頃，電話のベルに悩まされることになった，時々断続的に鳴るだけだったのだ．我々は他の電話修理員を呼んだ，彼は電話ボックスを開けた——当時，ベルはベース・ボードのボックス内に在った——そして電話コードの 50 フィートの大部分がコイル状に巻かれボックスの内部にテープで留められている事を発見した．そのテープは最終的に崩れ，そのコードがベルの上に乗っかってしまっていた．最初の修理員はその長いコードを取り除く心配はしなかっ

[*1] 訳註：　節番号および節見出しは原書になく，日本語版翻訳にあたり付けたものです．

たのだ，それを巻き取り，見える場所から隠してしまっただけだから．新しい修理員はそれをボックスから出し，テープを取り，長いコードが必要かと我々に質問した．

当時，シャーロットは犬よりもむしろ猫——子猫——を飼っていた．ある日，彼女は猫を逃がしてしまった，そして最後には電話ポールの天辺で，動くにはあまりにも怖すぎて絶縁体とワイヤーの間に居る子猫を見つけた．彼女は消防署へ助けを求めた，しかし消防署員は"ご婦人，我々は戦前から猫の救助は行ってこなかったのであります"，と言った．彼女が彼の言葉に対して不服を言うと，"ご婦人，木の枝の上に猫の骸骨を見ることは決して無いと思いませんかね?"．シャーロットは最終的にそれが電話ポールではなくて電力ポールであることに気がついた，そこで彼女は電力会社へ電話した，会社は直ちに登り鉄梯子を持った男を派遣し，彼はポールに登りその猫を救い出した．

余剰となった軍用ジープを私は通勤用として購入した．放射研 (Rad Lab) はキャンパスの上に在る丘を占め，そこでは戦前より 184 インチのサイクロトロンの使用が開始されていた．その敷地は戦時中に新たな工作室，研究室，事務所建屋に伴に拡張され，戦争が終わってからも発展し続けた．我々の成功は，科学者達が培養され得る価値ある国家資源であり，新しい研究室，加速器，研究用原子炉，スタッフ，ポスドクたち，大学院生たちのための資金が存在することを軍に納得せしめた．バークレーに戻ってからそう経たない時期に，研究室は陸軍長官エド・ポーレー (Ed Pauley)[*2] の訪問を受けた．彼が訪問した後，彼の車へ戻るまで我々は彼をエスコートした，アーネストは 184 インチのサイクロトロンのために追加として 200 万ドルを使用することについて触れた．彼は車の中へ入り，別れのあいさつに手を振るために窓を開け，"ところでローレンス教授，あなたは 200 万 (two million) ドルと，または 20 億 (two billion) ドルと言ったのですか?"と訊ねた．疑わしげな (apocryphal) 声色だったが，それは私自身が聞き取ったことだ．

放射研では，3 基の新たな粒子加速器の計画が在った．エド・マクミランは彼とベクスラー (Veksler) の相安定性理論によって製作可能となった，300 MeV 電子サイクロトロンを設計していた（1 基のサイクロトロンは，磁気コアの替わりに電場を加速のために用いることでベータトロンの性能を大きく向上させた）．相安定性原理でもまたシンクロサイクロトロンの製作が可能であるため，エドのアイデアはその完成された 184 インチ・サイクロトロンの一部の再設計を許すものだった，そこでは相対的

[*2] 訳註： エド・ポーレー (Edwin Pauley) (1903-1981)：カリフォルニア大学自然科学科卒．石油発掘で成功し百万長者となった．米国大使兼大統領特設団長として大統領への対日賠償報告書（1945 年 11 月-1946 年 4 月）を纏めた．陸軍長官になったことは無い．

7.1 カリフォルニア大学放射研究所

図 7.1 アーネスト・O・ローレンス (1901-1958), 世界初の高エネルギーの粒子加速器, サイクロトロンの発明者, 1925 年エール大学から Ph.D. を取得. 1928 年にカリフォルニア大学バークレー校に加わり, そこでサイクロトロンの開発を行い, 1930 年にその加速器に関する最初の科学論文を投稿した. 1939 年にサイクロトロン開発の功績に対してノーベル物理学賞を受賞した. 彼は 1936 年から 1958 年の彼の死までカリフォルニア大学放射研究所長を務めた (写真は科学サービス, Watson Davis とカリフォルニア大学バークレーの好意による).

質量増加は rf (ラジオ振動) 加速システムの振動数変化により補償され, 回転当たり 3 MeV のエネルギー増幅を伴う荒々しい力を用いるオリジナル・アイデアで強烈な改善が望める. その間に, ルイス・アルヴァレ (Luis Alvarez) は, 終戦後というユニークな機会にその疑問を提示したことで自分自身を困惑せしめていた. 彼は, 線形加速

器の出力用として使うために過剰な程沢山のレーダー装置を手に入れる決心をし，そして 30 MeV の陽子ライナック (linac) 建設を実証した．

放射研では，私は理論部門 (Theoretical Division) の長だった．我々の基本的な隠れ家 (lair) は約 30 フィート (9 m) × 50 フィート (15 m) もある大きな部屋だった，その 1 つの隅にはガラスで仕切られた私の事務所が形成され，残りは開かれており，机と壁に掛けられた黒板で埋められていた．ポスドク達はプライバシーが無いと不平を言った，しかし教育学上その配置は素晴らしいものだった；大学院生またはポスドクの誰もが，否応なく黒板で活発な討議をせざるをえなくするものであった．1946 年 1 月に私が到着した時，2 名の大学院生，レズリー・フォルディ (Leslie Foldy) とデイビット・ボーム (David Bohm) は放射研に在籍していた．エドは既に彼らにシンクロサイクロトロン理論の研究の仕事を与えていた．彼らは，エドと私に少しばかりの編集の手助けを借りただけで，そのテーマの古典的論文を書き上げた．ボームとフォルディは長期間に亘り数多くの後継者たちを持つこととなった，マービン・ゴールドバガー，ジェフリー・チュー，ケン・ワトソン，リチャード・クリスチャン，シド・ファーンバッハ，テド・テイラー，エド・ハート，ピエール・ノイス，ケイス・ブルックナー，マレイ・ラムパート，ロバート・ジャストローが含まれる．

7.2 テラーの熱核兵器

私は依然として兵器問題に係わっていた．1946 年 4 月，スーパーに対するエドワード・テラーのプログラム状況を評価する目的の諮問委員に任命された．我々はロスアラモスで会った．エドワードと彼のグループが報告し，至るところで彼らは最も楽観的な仮定を行い，そして現実的に実行するための堅実な計算を行っていないように私には見えた．会議の終わり近く，エドワードは提案された委員会報告書の改訂版を作った．多くの場所で，取り分け結論の部分で，それはあまりにも楽観し過ぎていた．その報告書はその兵器が "事実上確実な (practically certain)" 働きをし，そして幾つかの詳細なことのみで成就すると報告していた．私はエドワードのところに行き，幾つかのさらに無謀な声明をトーンダウンすべきだと提案した，そして一緒に報告書を書き直し，ちょっとだけ現実的なものに変えた．私は依然として大変楽観的過ぎると考えていたものの，それに対して反対するつもりは毛頭無い——私はエドワードのプロジェクトに冷や水を浴びさせるつもりは無かった，そして彼が最善を尽くした行為を続けることには賛成だった，未来のことを想像した上でその兵器が働くチャンスがあるとは，私自身実際には思っていなかったのだが（テラーとスタニスロウ・ウラ

ムが後に造り上げた水素兵器は全くの別物だ*3).

2ヵ月の後,バークレーでたまたま図書館に居た時,図書館員が言った,"ところで,あなたの名前が記された機密文書が届いたのですが——その本を見たいですか?". 会議報告書の最終改訂版だった;"スーパー会議報告書"(1946年6月12日付け). それは我々が合意した変更の全てを除外したままのエドワードのオリジナル報告書だった. それは遺憾なことだった,何故なら3年後,ロシアによる原子爆弾の爆発を伴った危機の時代に,この報告書は無視出来ない影響を与え,スーパーが働く見込みに関して人々を惑わしてしまったのだ.

オッピーがロスアラモスを去った時,彼は初めにカルテックに行った,そして1946年の秋までバークレーで教えるために戻ることは無かった. その年,彼は多くの時間をワシントンでのコンサルティングのために費やした. 私の指名は放射研究所での研究教授職であったものの,彼が出かけている間,彼の補欠だった,彼の欠席が頻繁となるにつれて私は徐々に教育職へと戻っていった. 1947年3月,優良なバークレーを去り,オッピーはプリンストン高等研究所長に就任した. 私は出しゃばらずに彼の教育義務を引き受けた,そして結局は放射研に加えて物理学部でも指名を受けた.

7.3 加速器理論と素粒子研究

その理論部門には,各々の部屋が別れている加速器理論グループと設計グループが含まれていた. 私は自分自身の時間の大部分を加速器理論のために費やした. 実際,私の戦後初めての論文はこの主題に沿ったものだった:チャーリー・ローリッツエン

---

*3 訳註: 1951年1月末にテラーにステージングというアイデアを話した時,ウラムは圧縮の方法が問題点であることを理解していた. 数年後,彼は自分のアイデアをこう説明している. 「熱核燃料をきわめて強力に圧縮する [ために]…… 装置の主要部分を爆縮させるというもので,こうすれば莫大なエネルギーを解放できるだろうと考えられた」. (…) ウラムによれば,「2人で話し合った時,[テラーは] はじめのうち30分間くらいは,この新たな可能性をうけいれようとしなかった……」. だが「数時間後には,最初はためらいがちに [ウラムの] アイデアに興味を示すようになり」,やがて「夢中になった」. 1つは「彼が…… このアイデアの全く新しい側面を理解した」ことで,もう1つは「彼が私のアイデアに代わるものとして,それに似ているが,おそらくもっと便利で一般的なアイデアを考えついた」ことだった. 彼は熱核装置のセカンダリーを圧縮するのに,中性子ではなく,核分裂装置のプライマリーから放出される放射線を利用することを提案したのだ. 熱核装置のセカンダリーを爆縮させるのに,物質的な衝撃の代わりに放射線を利用する場合の利点は,核融合燃料をより速くより長く圧縮して,その密度をより高くできることだろう. E. テラーとS. ウラムの [共著] と記された1951年3月9日付の報告書のタイトルは,「二段方式のデストネーションについて I:流体力学レンズと放射線反射鏡」とされている. この報告書はステージングのアイデアを説明し,圧縮の効果を強調している [pp. 711-714] (リチャード・ローズ著『原爆から水爆へ 下』小沢千重子・神沼二真訳,紀伊國屋書店 (2001) より).

の昔の学生，ディック・クレン*4，今はミシガン大学，が提案し，線形加速部を有するシンクロトロン，"競馬場 (racetrack)" として建設中の理論であった．私の 1946 年論文，"競馬場の粒子の軌道" (Orbits of Particles in the Racetrack) （論文 25）はそのような装置に対する安定状態を考察したものだ．この論文は幾らか興味あるものである，何故ならその問題は，交番磁気とフィールド自由領域を示すクレンの装置に対する交番勾配理論 (alternating gradient theory) の問題との類似性を有していたからだ，そして交番勾配の特別なケースとなっていた．アニー・コーラント (Ernie Courant) が交番勾配理論研究を達成した時，私の論文がその式をいか様に解くかを頭に描く上で役に立つのを発見したと私に語った．1947 年に多数の著者たちと共に論文，"カリフォルニア大学 184 インチ・サイクロトロンの初期性能" (Initial Performance of the 184-inch Cyclotron at the University of California)（論文 26）を投稿した，著者はブローベック，ローレンス，マッケンジー，マクミラン，サーバー，シーウェル，シンプソン，ソーントンらである．

　バークレーの他に，シンクロトロンの研究が行われている場所はブルックヘヴン，コーネル大学，スケネクタディに在るジェネラルエレクトリック (GE) 研究所だった．ある日，アーネストがエド・マクミランと私を彼の事務所に呼んだ．シンクロトロンは作動し無いことを示す新たな計算結果を彼に告げる GE 研の人々から受け取ったばかりの電話の内容に困惑していた．GE は機械式アナログコンピュータを作り上げたばかりだった．GE でジョン・ブルベット (John Blewett) がシンクロトロン軌道の相振動の方程式を与えることでそのことを認めたのだ．コンピュータは相振動が不安定で，振動の振幅が時間と伴に増加することを示した時，彼は驚き斐嘆にくれてしまった．これを聞いた時，私は笑ってしまった，そしてその方程式を解析的に解いてしまったと，数学は嘘をつかないとアーネストに話した．アーネストは依然として心配し続けていた——もしもこの噂がワシントンへ届けば厄介なことになるだろうと——そしてエドにスケネクタディへ行ってそれを調べるようにと言った．それらの結果を眺めた後，コンピュータに $\sin x$ の式を代入したのかと GE の連中に訊ねた．実際に，振幅が発散してしまったのだった．ギアにバックラッシュ (backlash) が存在していたことが分かった．

　陽子線形加速器に関連して，私はその機構理論で大きな失敗をしてしまった．エド・マクミランがもしもビームの領域内に電荷が無いならば，器械の中心軸と平行に移動する陽子は半径方向に焦点を合わさないとの理論を証明した．半径方向の焦点化に対する電荷を造り出すため，陽子ビームが通り抜けなければならない一連の金箔が

---

*4 H.R. Crane, *Physical Review* 69: 542 (1946).

7.3 加速器理論と素粒子研究

装荷された．過剰な散乱を避けるために，これらの箔は非常に薄いものだった．研究している間，彼らは大いに困惑していた，何故なら造り上げることが困難で，常に壊れてしまうからである．エドは1次の焦点効果が消失する，明白なことは2次の効果を調べなければならないことを証明した——それは，エドの平行路から導かれる効果が焦点システムそれ自身によって引き起こされるものだった．そのことが私を図書館に向かわせ，電子顕微鏡内でどの様に焦点を結ぶのかについて調べさせた．その年中に，少なくとも6回程この件についての調査を行った．ある日，図書館のドアに達する直前，ホール内の誰かから邪魔された，そして私はそれを見つけ出すことが出来なかった．もしそれを得たとしても，その問題を少しだけ考えたとしても，ブルックヘヴンの連中が行う前に交番勾配焦点化を考案することは不可能だった．2次焦点化を私が考えたことこそが素晴らしいパラドックスである——弱い焦点化——ブルックヘヴンの強い焦点化と同一のものであることが判明した．

バークレーで，エド・マクミランは機構 (machines) に関する幾つかのアイデアを思いめぐらしていた，そして交番勾配 (alternating gradient) について語っていた；彼が行ったことを私は詳細に調査してなかった．私は言った，"なるほど，フィールドの方位角変動だ (azimuthal variations of the fields)——それはトーマスのサイクロトロンだ．彼の論文を見たら良い"．我々はそれをさらに探究しようとはしなかった．

交番勾配焦点化の背後に在る理論は容易に理解出来る．光学的アナロジーで考えれば良い．半分が焦点を結ぶ（凸レンズ），半分が焦点をぼかす（凹レンズ）同一強度のレンズを沢山持っていると仮定しよう．もしもそれらを交互に密接して詰めたとしたなら，正味の焦点を結ぶ効果も焦点をぼかす効果も生じない——これがエド理論を例示したケースなのだ．しかしながら，もしもそれらレンズを離したなら，その正味効果は焦点を結ぶものとなる，何故なら凹レンズは光を外方向へ曲げてしまう，そして次の凸レンズに達した時，その光はさらに中心から遠のいており，そのためさらに強く焦点を結ぶ力を経験するのだ．同様に，凸レンズを通過した光は内側に曲げられ，次の凹レンズのより中心部をたたく，そこは焦点をぼかす力がさらに弱い処である．この原理を装置設計に適用するとの発見は，ブルックヘヴンにて1952年夏にアーネスト・コナント，スタン・リヴィングストン，私の旧友ハートランド・スナイダーによって行われたのだった．（実際には数年前にギリシャの電気技術者，ニコラス・クリストフィロス (Nicholas Christofilos) によって発見されていた，しかし無視されてしまった，それにしてもトーマス・サイクロトロンに先立つものだった）．ジョン・ブルウェット (John Blewett) はルイスの線形加速器の焦点化箔を四重極 (quadrupoles) に置き換えることでいかに強められるのかについて示した．

184インチ用磁石が完成し磁石外縁近傍の磁界の形状の測定が行われた後に，その

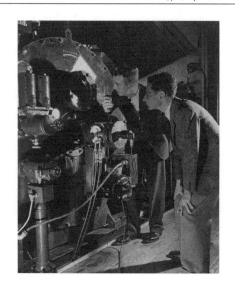

図7.2 1947年頃，184インチ・サイクロトロン前のアルヴァレと私（写真はゲン・レスターの好意による）．

ビームの水平振動と垂直振動間に生じる共鳴半径を予測するためにそのデータを用いた．これらのポイントにおいて，垂直振動の振幅が増加し，ビームは失われる．そのビームが損なわれる半径を予測することが出来た，その場所は磁石の外縁近傍で満足行くものであった．

184インチの建造の間，それを使用するための準備作業は無かった．新たな高エネルギー領域は未知の分野だった．ビームを同軸化してフル・エネルギーへ上昇させる間に，ある点でのクライシス (crisis) を思い出すことが出来る；ある半径で，突如ビームが消失した．チョットした驚きを伴いながら何も間違っていないと私は確信した——何が起きたかと言えば，ビームのエネルギーが高くなりすぎてファラディー・カップ (Faraday cup) としてモニターに用いていたプローブの厚さを越えてしまったことによる．

ビーム源として重陽子 (deuteron) かアルファ線を用いた——その rf（ラジオ振動）は加速陽子まで未だに到達出来てなかった．如何にして外のビームを創りだすかを考えていた時，エネルギーと方位角の両者ともに明らかに狭い高エネルギー中性子を生み出す素晴らしい機構が私の頭に浮かんだ：重陽子ビームで，内部のターゲット中の原子核との衝突は，重陽子エネルギーの半分の中性子が前に移行し続ける現象を伴

7.3 加速器理論と素粒子研究

いながら陽子を脱ぎ捨ててしまう．このアイデアを最初は米国物理学会の 1947 年 7 月会合で報告した（論文 27, 論文 28）．C. ヘルムホルツ，エド・マクミラン，D.C. セウェルが測定した実験的中性子角分散度との比較を加え[*5]，1947 年遅く，以下の題：''ストリップによる高エネルギー中性子の創生'' (The Production of High Energy Neutrons by Stripping)（論文 29）を投稿した（''stripping'' はロスアラモス用語，金属プレート内の穴を通じて吸収体を射出によりウラン弾から吸収体をストリップすることを引用する用語だった）．理論との整合性は大変良かった．当時バークレーの大学院生だったテド・テラーが計算の殆んどを行った．常にシド・ダンコフの名前が論文上に記載されなかったことを常に遺憾に思う．シドはアーバナを離れてバークレーでの春学期を過ごし，その理論に大きな寄与をしてくれたのだった．彼がアーバナに戻る時，中性子創生に関する他の機構を書きあげることを合意した――核クーロン場による重陽子の分解 (disintegration of the deuteron)――私がその stripping を書き上げたのに，私の注意不足でこれが分かれた著者名へと向かわせてしまったのだった．

1946 年 11 月の明記すべき夜，ビームが全半径に達し，我々は祝賀会を催した，アーネスト・ローレンスがガイガー計数器を脇に抱え，鳴らし続けながら中性子ビーム内に立ち，彼の顔をビームに向けても，背を向けても同じ計数率であるとの発見への大いなる歓喜を示したことを覚えている（中性子は彼の体を正確に通り抜けたのだった）．高エネルギーは用いられるにはあるものを得なければならない．実験に用いるための検出装置は準備されていなかった．最初の実験結果はエド・マクミランによって放射化箔とイオン・チャンバーよりも複雑な装置無しの状態で得られたものだった．

数年間の戦争研究の後で，放射研の物理学者らは基礎が少々錆びついてしまっていると感じていた，それで彼らは私がバークレーに戻って程なく，彼らが知るべき事または興味のある事について週毎に講義をしてくれるようにと私へ依頼した．これらの講義は 1946 年春に開始し，1947 年まで続けられた．大学院生のマレイ・ラムパート (Murray Lampert) がノートを採り，放射研報告書として ''サーバーが言う'' (Serber Says) との題名で印刷された．2 巻の報告書が出来た，最初の巻の副題は ''**高エネルギー過程と核力について**'' (*About High Energy Processes and Nuclear Forces*) で，第 2 巻の副題は ''**メソトロンについて**'' (*About Mesotrons*) であった（我々は 1947 年にも依然としてそれらを ''メソトロン'' と呼んでいた[*6]）．これら報告書に対する請求要請が各地から寄せられ，放射研は幾つかの印刷を余儀なくされた．マレイ・ゲルマ

[*5] C. Helmholz, E.M. McMillan, and D.C. Sewell, *Physical Review* 72: 740 (1947).
[*6] 訳註： メソトロン (mesotron)：現在は ''メソン'' (meson) と呼び，中間子のことである．

ン*7は学生時代に MIT でその報告書で勉強したと私に話してくれた．"メソトロンについて" の私自身の手もとに在る本は，ビル・ニルンベルグが彼の論文の中に在るのを見つけ，覚書 "1948 年 5 月 17 日届く：J.R. Dunning：物理学部：コロンビア大学" と記された本を私に送ってくれたものだ．

ノートの 3 巻目は編集されたもののマレイ・ラムパートが大学を去ったために出版されることは無かった．彼が去る前にノートは書き上げており，謄写版形式でのそれらを私に渡した，決して出版されなかった理由は単純である，私はそれらの校正にとりかかったことが無かったし，それらを出版しようとしたことも無かったからだ．内容は興味深いものだ：100 MeV 領域内での核物理学の考察だ．それは現在において平凡なものと聴こえるかもしれないが，核子・核子断面積が $1/E$ から外れると予測された後，我々が入り込んだエネルギー領域で，核子の平均自由行程が原子核半径と同程度となることを認識しなければならないことに驚かされたことを覚えている．原子核 (nuclei) は部分的に透明だ，その概念は我々が親しんできた核反応理論とはかなり異なるものである．

私は平均すると原子核の吸収断面積計算を通じて直線軌道を導いた，そして小さな運動量移行を妨害する排斥原理に依る散乱断面積減少を除いては，あたかも自由であるかのように，入射核子 (nucleon) が原子の核子と相互作用すると言い，インパルス近似を導いた．この効果は後にシェル・モデル理解の基礎と認識された．私はエネルギー損失と 2 次粒子のカスケードを，我々の放射化学者の便宜のために残りの核子の分布を計算した．184 インチの研究と予測が生まれたことを見た後に，エド・マクミランは私にこの研究の簡約報告書の出版を促した．数年後，シャーロットがエドから私へ催促するようにと促していたことを知った；彼女は私が論文書きを好まないことを知っていたからだ．1947 年にこの 1 つが *Physical Review* 誌に "高エネルギーでの核反応" (Nuclear Reactions at High Energies)（論文 30）の題名で発表された．

1947 年の初め，MGM スタジオがマンハッタン計画に関する映画を "始まりかま

---

*7 訳註： マレイ・ゲルマン (Murray Gell-Mann) (1929-)：ニューヨーク生まれの物理学者．1969 年「素粒子の分類と相互作用に関する発見と研究」でノーベル物理学賞を受賞．

リチャード・P・ファインマンは，1918 年ニューヨーク市クイーンズ区のファー・ロッカウェイという町の裕福な家に生まれた．それから 11 年後の 1929 年，マレイ・ゲルマンは同じくニューヨーク市マンハッタン区の非常に貧しい家に生まれた．「マン」という名前から想像がつくとおり，どちらもユダヤ系である．お互いに長年にわたってカリフォルニア工科大学で物理学の教鞭をとり，ファインマンは 1965 年度に，ゲルマンは 1969 年度にそれぞれノーベル賞を受賞している．この 2 人，共同論文まで発表しているが，実はたいへん仲が悪いことでも有名であった．もっと正確に言えば，水と油のように相交わることのない，まるで個性の違う人間だったのである [p. 18]（竹内薫『闘う物理学者！』中公文庫 (2012) より）．

7.3 加速器理論と素粒子研究

図 7.3 バークレーでのパイ中間子の研究.

たは終末か" (*The Beginning or the End*) の題名で，ヒューム・クローンがオッペンハイマー役を演じる擬似記録映画 (pseudo-documentary) として公開した．MGM はサンフランシスコでの事前映写会にバークレー放射研のセニア・スタッフを招待した，我々全員がその計画で実際に働いていたから興味津々だった．上映が終わり映写室の灯がついた時，我々がコメントすべきことが明白となった．一瞬気まずい沈黙が生じた．結局，アーネストが言った，"いかにも，私が想像してた程には，実際に悪くは無い!"．アーネストは彼らしくない寛大さを示した．私の身の周りの人々と関係無いと主張している主題について，そこに居た科学者全員は——無性格で話す事の出来るスマートな輩へと——変身することは不能だった．

1947 年 6 月のシェルター島会議へ出席のため私は東へ飛んだ，ロングアイランドの東遠端近く，ペコニック湾内のシェルター島 (Shelter Island) で開催された約 25 名の理論物理学者の会議だ[*8]．国際連合 (UN) 近くの米国物理学会のビルディングには，

[*8] 訳註： シェルター島会議：それは物事を深く考え，単に原子をどう利用するかだけでなく，原子の本質をもっと知りたいと考えていた研究者たちであった．理論物理学者が考えを交換できる場をつくる，新たなソルベーが求められていたのだ．

1947 年春，ニューヨーク科学アカデミーの前会長であるダンカン・マッキネスが，新しい試みに挑んでみようと思い立った．彼が選んだ場所はニューヨークのシェルター島という，ロングアイランドの二股に分かれた先端から数 km 離れたところにある，研究者たちができるだけふだんの喧騒か

第 7 章 バークレー，1946-1951

午後遅くの会議開始のためにそこから参加者をシェルター島へ送るためのバスが待機していた．私はバスに乗車しなかった：ウイリス・ラムは自分の車で参加するつもりで私も一緒に行かないかと誘ってくれたので，ウイリスとラビと一緒に車で出かけた．グリーンポートの海鮮レストランで休憩した，そして我々は面白い事を取り逃がしたのだと聞いた*9．ロングアイランドでバスと遭遇したオートバイ警察官は随行することがグリーンポートのスタイルだった．その随行はサフォーク郡保安官事務所 (Suffolk County official) が行っていた，その事務所は太平洋の海兵隊として日本の占領に参加し，評判を落としてしまっていた．晩餐後，我々はフェリーに乗りシェルター島へ向かい，ラムズ・ヘッド・インまで車で行った．翌日，ラムとラビはコロンビア大学放射研究所での革新的な測定結果を報告した：ラム・シフト*10と電子の異常

ら解放されるよう，古風なラムズ・ヘッド・インというホテルが選ばれた．マッキネスが招待したのは一流の理論物理学者のみで，30 人に満たなかった．オッペンハイマーをはじめ，ハンス・ベーテ，エドワード・テラー他数人，マンハッタン計画に加わった中でもトップレベルの研究者がやってきた．ボーアとアインシュタインも招待されたが，すでに予定が入っていたため来ることはかなわなかった．

新しい世代の天才たちが，理論物理学を牽引する時期が来ていた．この会議には才能あふれる若者が出席していたが，その数は大御所に比べてまだ少なかった．しかし，リチャード・ファインマンという名の若者は，この世界の第一人者となり最新の難題を解決しようと野心にあふれていた [pp. 202-203]（ピアーズ・ビゾニー著『ATOM：原子の正体に迫った伝説の科学者たち』渡会圭子訳，近代科学社 (2010). より）．

*9 訳註： 1947 年 6 月 1 日日曜日午後，会議出席者のほとんどが，当時ニューヨークは 55 丁目東 55 番地にあった米国物理学会本部で落合った．そこで一同バスに乗り込み，ロングアイランドのノースフォークにあるグリーンポートまで行くことになっていた．信号がたくさんついている旧モントーク道路を走るので，いくぶん長めの行程になるものと皆，思っていた．まだ，ロングアイランド高速道路もなければ，サンライズ・ハイウェイもなかった．

ところが意外なことに，乗っていた時間は当初の予想よりもずっと短かった．ナッソー郡に入ると，バスはバイクの警官に停められた．警官はバスの中に顔だけをつっこんで，尋ねられた．「あなた方は，あの科学者ですか？」そのとおり，私たちは，あの科学者だった．「私についてきてください」と警官は運転手に言うと，サフォーク郡に入るまでサイレンの音をならして私たちを先導し，赤信号も無視してと通してくれた．サフォーク郡では別の警官が引き継いだ．私たち一行は，これが何を意味するのか皆目見当がつかず，当時は思いもかけない形式を取ることが少なくなかった，科学活動に対する防護措置とも憶測した．謎が解けたのは，グリーンポートで素晴らしい晩餐がふるまわれ，主催者の地元商工会議所会頭が短い挨拶をすべく立ち上がってからのことだった．戦争中，その人は海兵隊員として太平洋上にいた．もしあのときあの原子爆弾がなかったら，ひょっとして生きていなかったかもしれない，と話しをした．この晩餐の席だけでなくあの警官の先導も，自分の人生の中で「あの科学者たち」が自分の運命を方向づけてくれたことに対する会頭の個人的な感謝のしるしだった [pp. 253-354]（アブラハム・パイス『物理学者たちの 20 世紀』杉山滋郎/伊藤伸子訳，朝日新聞社 (2004) より）．

*10 訳註： ラム・シフト：電子に対する電磁場の反作用によって生ずるエネルギー順位のずれをいう．1947 年に実験で確認され，後に朝永-シュウィンガーの繰り込み理論で説明されて，その実験的根拠の 1 つとなった．水素原子の $2^2S_{1/2}$ 準位が，ディラックの電子論の計算結果よりわずかに高

7.3 加速器理論と素粒子研究

な $g-$ 値[*11]である．これらに対して沢山の議論が起きた，量子電磁力学上の問題であるとヘンドリック・クレーマーから明白な指摘を受けた．高エネルギー核物理学上の最初の実験となる184インチ・サイクロトロンからの初めての結果を示した私自身の報告は，これらの大きなイベントの影に隠れてしまった．

1947年，コック，マクミラン，ピーターソン，セウェルはリチウムからウランまでの90 MeV中性子に対する全断面積と散乱角の測定を始めた，190 MeV重陽子ビームからストリップによって創り出される90 MeV中性子を用いて：それらの結果は1949年の初めに発行された[*12]．それらを解説するため，シド・フェルンバーン，テド・テイラーと私は光学モデルを導入した（論文31），その吸収，回折，全断面積を計算するため，核子を通過する中性子波は反射指数（または複合ポテンシャル）で記述される，としている．これは全くの予測であった：パラメータの調整は皆無だった．我々は測定された90 MeV $n-p$ 断面積と14 MeV中性子散乱実験から導いた原子半径を用いた．その理論と実験で非常に良い一致が得られた．1949年の米国物理学会ワシントン会合にてその光学モデルの招待論文を提供した．ヴィキ・ワイスコフがその分科会の座長だった．私の報告の終りで，カール・ダロウが立ちあがり，このモデルを"曇入り水晶球" (cloudy crystal ball) と呼ぶべきであると提案した，後にニューヨーカー誌の良く知られた定期特定記事欄の名称になった．後に，ヴィキとハーマン・フェズバ (Herman Feshbach) がこのモデルをさらに低エネルギーの核反応へ成功裡に適用させた．

1948年の殆んどを，ハドレイ，ケリー，レイス，セグレ，ヴィガント，ヨークは90 MeV $n-p$ 散乱の測定に，クリスチャン，ハート，ノイスはその結果の解釈で過ごした．最初の頃，散乱は核力の姿を調べる充分短い波長の中性子を用いて行われた．その結果は球状対称から愉快にさせる程大きく隔たったものを示した．実験曲線の最も顕著な特徴は約90度での散乱の近似的な対称性だった．そのような対称性は，中心力が半規則性 (half ordinary)，半変数 (half coordinate) で交換，または交互に状態が替わる事を意味する，中心異常 $-l$ 力が存在してなかった．それは，互いの核子が接触するまでになぜ原子核が潰れないのかを示し，観測されたものとして核子数の1

いことはS. Pasternackによって指摘されていたが，ドップラー効果の方がスペクトル線の分離間隔より大きくて確認できなかった．W. Lamb Jr. と R. Retherford は超短波による磁気共鳴で $2^2P_{3/2}$ と $2^2S_{1/2}$ の間の遷移をおこさせて，その間隔を測定した．ヘリウムについても同様な2S準位のずれが発見された．

[*11] 訳註： $g-$ 値：電離放射線による化学作用の効率を表する量．吸収エネルギー100 eVごとに，化学反応を起こして生成するラジカル（分子またはイオン）の数で示す．原子炉や核融合炉に用いられる材料は $g-$ 値の低いものでなくてはならない．

[*12] E.J. Cook, E.M. McMillan, J.M. Peterson, and D.C. Sewell, *Physical Review* 75: 7 (1949).

乗より2乗に比例する結合エネルギーを与えることを意味する"飽和"条件を破るものとして驚くべき結果だった．

この時期にユージン・ウイグナーがバークレーを訪れた，私は彼にこれをどの様に理解すべきかを話した．後に，この結合力は"サーバー力" (Serber force) と呼ばれるようになった；ユージンが名付けたに違いない．サーバー結合力は他の利点を有していた；異常波散乱無し (no odd wave scattering) で与えられる全断面積を最小とする．このことは重要だった；ディック・クリスチャンはその角度分布のフィッティングに何の苦労もしなかったのだが，彼が試みた全ての具体化された力は，重陽子 (deuteron) の結合力と四重極モーメントゼロ近傍エネルギー散乱に合致するよう束縛する，全断面積に対して約10パーセント大きすぎる値を与えたのであるが．

私はディックに反撥コアがその断面積を減少させると示唆した．核子間の力——近距離での反撥と遠距離での引力——は液中の分子間の力と大変似たものになるだろう．このようにして核子が何故潰れないで核子の数の増加に対し一定の密度を維持しているのかを説明することが可能となる，液体で生じているように．ハイゼンベルクは彼の1932年古典論文でこの説明を拒否してしまった，何故なら素粒子に似合わない複合構造の特徴として複雑な相互作用を考えたからである（勿論，今では中性子または陽子を素粒子とは呼ばないだろうが）．しかディックは不承不承ながら，彼の角度合致を除いて報告してしまった．私はそれをフォローアップすることに失敗した．少し後に，ボブ・ジャストロー (Bob Jastrow) が高等研究所を去り，反撥コアに熱中していた我々のグループに加わった，彼はそのことについて独立に考えていたのだった．ディックのプログラムが含まれているIBMパンチ・カードのスタックを借りて，1日か2日でセグレのデータと良好な一致を成した．それで，短距離での反撥力で原子核は潰れないことを説明し，1932年にハイゼンベルクが導入した偽りは必要なかったのだった．原子核は液体のようだったのだ．ハドリーら[13]は1949年に発表，クリスチャンら[14]とジャストローら[15]は1950年に発表した．

バークレー加速器の高エネルギーは，さらに多くの基礎研究プログラムの可能性に開かれていた：湯川が予言した中間子が核力に対応していることの研究だった．後に，ミュアヘッド，オキャリーニ，パウエルが宇宙線の中からパイ中間子を，丁度184インチが稼働した1947年に発見した，勿論それら加速器生産物は放射研での最優先項目となった．当初，その見通しは明るく無かった；我々は190 MeV重陽子ま

---

[13] J. Hadley, E.L. Kelly, C. Leith, E. Segrè, C. Wiegand, and H. York, *Physical Review* 75: 351 (1949).

[14] R.S. Christian, and E.W. Hart, *Physical Review* 77: 451 (1950); R.S. Christian, and H.P. Noyes, *Physical Review* 79: 85 (1950).

[15] R. Jastrow, *Physical Review* 79: 389 (1950).

7.3 加速器理論と素粒子研究

たは 380 MeV アルファを——核子当たり 95 MeV だけで得られた．陽子を加速し，2倍の rf（ラジオ振動数）を要する 380 MeV まで上昇させた，これは未だ達成されていなかった．テイラーは標的原子核内の核子の運動量分布について指摘した，"フェルミ運動"[*16]が実効エネルギー閾値を減少させるだろうと．イースト・エドワードが会合でバークレーの加速器がパイ中間子を創り出したと信じているのかと私に訊ねたことを覚えている．私は信じている，しかし問題も発見されたと答えた．エド・マクミランは設計し，標的と原子感光乳剤板 (nuclear emulsion plate) ホルダーを設置した．アルファ入射粒子と標的原子核の両者のモーメント分布を用いて，我々はいまだに百万の他の軌跡当たりたった1個の分別されたパイ（中間子）を得ただけだった．

チェサレ・ラテス (Cesare Lattes) がバークレーに着くまでゲン・ガードナー (Gene Gardner) は失敗続きでイルフォード板を露出し，現像し，観察し続けていた．経験と観察を積んだ英国のセシル・パウエル研究所から来たチェサレが直ちに 1948 年 2 月にパイ（中間子）崩壊を見つけ出した．3 月 9 日中間子人工生産のプレス会合が研究所で開催された．その直後，ゲン，エド，ラテスと私が私の事務所でくつろいでいた，ライフからのカメラマンが正規を逸して我々のスナップ写真を撮った，それは後にエドワード・スタイケン[*17]の**人間家族** (Family of Man) として結実した．

そのプレス会合後，ラテスは得意になっていた；彼は重要人物の 1 人であると感じていた——しかし彼は放射研の現実を理解してなかった．アーネストは所長だった，とはいえ慈悲深い 1 人だった．アーネストへ研究所の達成祝辞をノーマン・ラムジーが書き，感光乳剤の 1 つを見たいものだと言った．アーネストはラテスにプレート 2 枚をノーマンへ送るようにと話した．ラテスは厭だと答えた；それは彼の仕事であり，それに割り込む如何なる競争者も望まなかった．アーネストはその点で火を噴いた，守衛を呼び彼を正門までエスコートさせた．2 日後，懲らしめられたチェサレが助けを求めて私の処に来た．私は彼をアーネストの処へ連れて行き会わせた，彼は何事も無かったようにラテスを迎え，そしてラテスは仕事に戻った．言うまでも無く，アーネストの最初の行動がノーマンへ幾つかのプレートを送らせしめたのだった．

[*16] 訳註： フェルミ運動 (Fermi motion)：フェルミ気体模型は，原子核内の核子が気体分子のように自由に運動するというモデルであり，金属内の自由電子のふるまいを説明するモデルを原子核に応用したものである．このように，原子核内の核子をフェルミ気体模型により記述すると，ポテンシャルの底にある陽子，つまり $T_p = 0$ MeV，束縛エネルギー $B = 48$ MeV である状態から最大の運動エネルギー，つまりフェルミエネルギー $E_F = 40$ MeV, $B = 8$ MeV までの状態がある．

[*17] 訳註： エドワード・スタイケン (1879-1973)：米国写真家．単なる写真家としての活動にとどまらず，1947 年にはニューヨーク近代美術館のディレクター（写真部門）に就任．後世まで大きな影響を与える写真展「Family of Man」展を企画・開催する (1955 年) ことなどにより，写真の普及にも尽力・貢献した．

その直ぐ後，1948 年 3 月中に，第 2 回 "シェルター島" 会合が開催された，その時はペンシルベニア州，ポコノ・マノー (Pocono Manor) で行われた．私はパイ中間子のバークレーでの最初の実験を報告することが出来た．ジュリー・シュヴィンガー (Julian Schwinger)*18 が彼の "明白な相対的不変性" および電子とラム・シフト異常磁気モーメント計算によりこの会議でのスターとなっていた．私は彼の話しを興味深く聴いた，私には任意の空間・時間表面の計算セットアップの議論に多くに時間を費やしたようにも感じた，唯一の現実の関連性の話題はジュリー考察の効果かもしれない．その時，ファインマンが今では著名となったファインマン・ダイアグラム (Feynman diagrams) を提案した．彼の論拠は，電気力学方程式の公式的な関連性よりも彼自身の才能を基礎としていた．彼の思いがけないアプローチがボーアを悩ましたように思われる，ボーアはある点で立ち上がり物理学の歴史を無視し物事を作り上げるものとファインマンを特徴付けた．他の点でファインマンは真空分極の存在についての疑いを表明した，何故なら如何にしてもそれを彼のスキームに組み入れられるとは見えなかったからだ．会合の後で，彼と私は一緒に外に出た，私は彼に真空分極論文を過って読んだことがあるのかと訊ねた．彼は読んだことが無いと答えた．それがディックの長所の 1 つだったと思う——どのような問題が起き上がった時でも，彼は他の誰かがそれを考えた方法を採らずに彼自身の方法でそれを理解しようとした．

シャーロットと私はフィッシュ・ランチ・ロードの我々の家でゲイ・パーティーを開いた，取り分け米国物理学会合のようなイベントの時期に．それらの 1 つで，夜遅く，客の 1 人がシャーロットをテラスから数フィート離れた境の木々へ誘い込み，彼女に言い寄った．彼女が抵抗した時，彼が言った "なぜだめなの? 私に良い理由を言ってくれ"．シャーロットは地面を指し，"プワゾン・オーク" (Poison oak)*19 と言った．

そうとは言えシャーロットは 2 年間に亘り家探しを続けた．バークレーでの家探しは警戒を要する．彼女は丘の上の家を探し続けていた，しかし丘は札付きの不安定さが在った．ある人が大理石球 (marble) を運び込み，居間の床の上に置いた，そして

---

*18 訳註： ジュリアン・シュヴィンガー (1918-1994)：17 歳 (1936) でコロンビア大学から学士号を受け，その 3 年後に博士号を受けた．カリフォルニア大学バークレー校に移り，オッペンハイマーの助手として研究した．第二次世界大戦中はシカゴ大学の冶金研究所と MIT の放射研究所で研究した．1945 年，助教授としてハーバードの教授団に加わり，翌年教授となったが，ハーバードの歴史上もっとも若い教授の 1 人であった．1972 年，カリフォルニア大学ロサンジェルス校の物理学教授となった．彼のもっとも有名な貢献は電磁気理論と量子力学を量子電磁気学という 1 つの科学に融合させたことであった．シュヴィンガー，ファインマン，朝永は互いに独立に研究したが，その後 1965 年にノーベル物理学賞を与えられた．

*19 訳註： oak：オーク，オーク製のドア．sport one's oak：〈大学生〉が留守のしるしに戸を閉める；〈一般に〉面会を謝絶する．

7.3 加速器理論と素粒子研究

図 7.4　ディック・ファインマンに従えば 8 個の英語の語彙を知っている，ニッカ．

部屋の隅までそれが直ちに転がってしまったことに気がついた．1948 年の春，我々は終にサンタ・バーバラ通りに面した家を手に入れた．半地階の中央部に 3 フィート (0.9 m) 平方のコンクリート製柱 1 本を有し，そこから約 2 インチ径の鉄製ロッドが家の四隅に伸びていた．それは多分有効な投資では無かったのだが，その柱がその家が置かれたままにあるという信頼を我々に与えてくれたのだった．その家は典型的なカリフォルニア・スペイン風だった：白い漆喰，赤いタイル屋根，木柱の高い天井を有する部屋．サンフランシスコ湾を望める居間の大きな窓——その市は，金門橋，マーチン郡，マウント・タマラピアス (Mount Tamalpia)．セグレが最初に訪問してそれを見た時，"シャーロット，あなたの一生をこの眺めのために支払ったのだろう" と言った．数年以内にサンフランシスコに原爆が投下されるとセグレは確信していた；彼自身はバークレーから離れ 20 マイル (32 km) 内陸部のウォールナット・クリークへ移った．ラビがそれを知った時，"同じ眺めかい？" と質問した．

　訪問者の 1 人はディック・ファインマンで，我々は発見した，彼が時折チョットした躁鬱病になることを．彼は時々部屋に閉じこもり，長時間に亘ってドアを閉ざしていたものだった．過って，我々の犬ニッカ (Nicka) と一緒に半地階に彼が閉じこもってしまった，そして数時間後に現れてニッカが 8 個の英語語彙を理解すると断言したのだった．

　家を所有して，私は対処すべきことを直ちに理解した．風を避けるために家の裏側に小さなパティオ（中庭）が丘の中に入り込んでいるだけだった，それで草を刈る手

間はそう大変ではなかった．しかし通りから家まで60段の階段が在る丘の下り斜面側には，およそ百本のバラが咲く庭園が在り，除虫のために週1回散布しなければならなかった．盲導犬地方機関から，ドイツ犬シェパードで名前がニッカ (Nicka) と言う犬をもらいうけた；盲導犬として2年間の訓練後の最終試験で落第した牝犬だと彼らは語った．猫を追いかけまわさないように彼らが訓練したとは思われなかった——しかし訓練されていたことがすぐ後に判った．ある日，通りの高さで私は洗車していた，その時に階段に繋がれていたニッカが激しく吠えたてた．私のパンツを銜え，階段のほうに私を引きづり上げようとした．結局犬について行こうと思い，そしてシャーロットが足首捻挫で動けなくなり地面に座り込んでるのを発見した．剪定しようとし，木につまずいてしまったのだ．

7.4 セキュリティ聴聞

しかし平和な田園生活の気分は間もなく中断されてしまった．1948年の初夏，原子力委員会 (AEC) の委員の1人で旧友であるロバート・ボッチャー (Robert Bacher) がバークレーを訪問し，私に AEC がセキュリティ聴聞 (security hearing) を私に行うであろうと伝えた．彼らは私を疑ってはいないと私に彼は保証してくれた，しかし彼らがワシントンでの（前期マッカーシー）[*20]ヒステリーから彼ら自身を守るにそのような行為を余儀なくさせられたのだと語った，そのヒステリーには原子力計画の中の共産主義者の恐怖が含まれていた．その後間もなくして，個人セキュリティ理事会 (Personnel Security Board) はそのケースの聴聞に指名した．その理事会の議長はジョン・フランシス・ネラン，カリフォルニア大学理事会議長であり，ウイリアム・ラン

[*20] 訳註： ジョセフ・マッカーシー (Joseph Raymond McCarthy) (1908-1957)：アメリカ合衆国の政治家．ウイスコンシン州選出の共和党上院議員（任期：1947-1957)．マッカーシーとそのスタッフは，「マッカーシズム」と呼ばれた米国政府と娯楽産業における共産党員と共産党員と疑われた者への攻撃的非難行動で知られる．

「マッカーシズム」（赤狩り）：1950年代に米国で発生した反共産主義の基づく社会運動，政治的運動．米国上院議員のマッカーシーによる告発をきっかけとして，共産主義者であるとの批判を受けた政府職員，マスメディアの関係者などが攻撃された．しかし，これは赤狩りというよりも，エレノア・ルーズベルトから反対されたことが象徴するように，リベラル狩りというべきものであった．1945年に第二次世界大戦が終結すると米国とソ連との潜在的な対立が直ちに表面化した．これに関して米国内の様々な組織について共産主義者の摘発が行われた．議会において中心となったのは1938年に米国下院で設立された非米活動委員会である．1954年3月9日にジャーナリストのエドワード・マロー自身がホストを務めるドキュメンタリー番組『See It Now』の特別番組内でマッカーシー批判を行ったこともマッカーシーへの批判が浮上するきっかけとなった．1954年12月2日に上院は賛成67，反対22でマッカーシーが「上院に不名誉と不評判をもたらすよう行動した」として譴責決議を可決した．

7.4 セキュリティ聴聞

ドロプ・ハーストの代理人であった．他のメンバーは，第2次世界大戦中太平洋米国海軍の司令官だったニミッツ提督，引退した偉大な将軍ケニオン・A・ジョイスだった．1948年7月の末，この理事会が私に手紙を送って来た，それには私の"性格，交際，忠誠心"の調査は放射研でのセキュリティ許可の継続に関する問題が生じたと記されていた．その手紙は聴聞に先だってその項目の返答を促していた．

私は最善の努力で回答した．その証拠の無さが私を大変不安に感じさせた．彼らが直接衝突したのはシャーロットのことだけだった，彼女がスペイン市民戦争中スペイン人共和制支持者 (Spanish loyalista) のための医療救援委員会の秘書だったことと第2次世界大戦中に英国・ロシア戦争救援委員会で活躍したことだった．その残り全部は連想による有罪だった．彼らはシャーロットの両親が共産主義者だと言った．私は彼らの最近の活動について答えることは出来ない，何故ならこの15年間で6回程の短い訪問で逢っただけなのだから．彼女の父親の場合，私には違うように思われた，何故なら彼は昔の社会主義者であり，社会主義者と共産主義者は互いに嫌っていると私は考えるからである．彼女の兄に対して，彼はむしろ極端な政治的意見を持ち，共産主義者の同調者と私は考えている，しかし彼が党員であったのか疑わしいと感じている，その党は党員に規律を命じたが，ミルトは規律に服従しなかった1人と1度聞いたことがある．彼らは我々の多くの友人関係について訊ねた，それにはバークレーの前大戦中のオッピーの女家主であったマリー・エレン・ウォシュバーン，私が戦争から戻った時のバークレーの大学院生，ダビッド・ボームが含まれていた．それらのいずれも破壊すべきという意見を一寸でも持ったことは無かった．彼らはハーコン・シュヴァリエもまたリストに挙げていた，彼とは戦前バークレーでオッピーを通じて知り，1946年にバークレーに戻った後で短時間会っていた．当時，この件に関して何が疑問なのか気付く理由を見いだせなかった．彼に対する容疑は，6年後のオッペンハイマー聴聞の期間中に深刻となるのだが，当時公には知られていなかった——確かに我々も知らなかったのだ．

8月5日にサンフランシスコのネランの事務所で聴聞が行われた．その朝はあまり幸先良く始まったものではなかった．ニミッツ提督が紹介された時，私が言った，"あなたを知っております，提督，マッカーサー元帥が東京湾で署名した休戦協定 (the peace treaty in Tokyo Bay) 当時，私はガム島のあなたの本部に居ましたから"．彼が返事した，"それは私が東京湾で署名した休戦協定当時のことだ"．本当にまがい物の優先権の返事 (A real faux pas) だった．

その会場のセッティングが移動法廷を思い出させた，テーブルの背後に3人の裁判官 (judges) が並び，彼らの面前の1つの椅子に告訴人が座り，検察官たち (prosecutors) が右側へ並ぶ——しかし左側に並ぶ弁護士らまたは証人たちは居なかった．彼らは私

が法律家または特別な証人を同伴したいかと質問した，私は必要無いと答えた．どのような質問が為されるのか私には想像が付かなかった，それで法律家がどの様に有益なアドバイスを私へ与えてくれるのか，そのイメージが想像出来なかったからだ．委員会はシャーロットの家族の政治活動についての質問から始めた，それについて私が実際に知っていることは何も無かった．それで彼らはシャーロットの戦前の政治活動について質問した，私はそれについて非難すべきことよりもむしろ称賛に値するものとして彼女を擁護した．

その聴聞は後日オッペンハイマー聴聞で起きたものと同様な経路をたどった．彼らは手紙の中の9個の私への容疑を列挙した——しかしこれは彼らが所有しているファイルの全ての中で極僅かなものに過ぎなかった．彼らは公式権限を超えて完全なまで多くの質問を続けたのだった．彼らはフランク・オッペンハイマーのような友人たちについて質問をした，そして彼が共産党員であったと言って私を驚かした．彼らは大学の学生らについての質問をした，彼らの政治見解についてであるが私は全くノー・アイデアだった．私が聞いたことも無い名前の人々や過ってのミーティングで記憶に無い人々について訊ねられた．彼らはシャーロットの1945年労働休日にロサンゼルスへの小旅行で，ハリー・カーニッツとアベ・ブロウスと一緒にアイラ・ガーシュインの家を訪問した件について訊ねた．

オッペンハイマーの聴聞とは非常に異なることが1つ在った．そのファイルの中味はそう大したことでは無いと私は直ぐに判った，そして同じ印象を巻き込まれた誰もと分かち合えたものと私は考えている．最初に在った敵対関係気分というものは，聴聞が進むにつれて蒸発するように思われた；オッペンハイマーの聴聞でのロジャー・ロブとは等価では無かったのだ．昼食休憩時刻までには，委員会は全く友好的では無いとは感じられなくなり，昼食休憩の始まりでは，ネランが私に証人を出廷させるようにとアドバイスしてくれた．私は同僚たちに迷惑かけたく無いと言って，いくらかばかげたごとく私は申し出を断った．その時彼は彼らを彼自身の手で呼び出すと言って，私が彼に呼びだしてもらいたい者は誰なのかと尋ねた．私はアーネスト・ローレンスとエド・マクミランだと答えた．彼らはエドを見つけ出すことに失敗したが，ルイスとアーネストを捜し出した，彼らは午後の部に出席した．ルイスは彼らにパラシュートをミスしたために私が長崎へ飛び立つ飛行機からどの様にして蹴り出されたかを語った，そして特にジョイス将軍がこの物語から強い印象を受けた．

1つの興味深いインシデントが在った．彼らがシュヴァリエに関して話すことは1点のみであり，オッペンハイマーが機密情報をソビエト連邦へ渡すことを望む第3番目の党員に代わりシュヴァリエがオッピーに近づいたことであった；オッピーは拒絶したものの，それについてセキュリティ（保安）の役人たち誰にも話していなかった．

もしも誰かが私の処に来てアーネストに幾つかの機密情報を覆すように私に努力してくれと頼まれたとしたなら，私は何とするだろうかと自分自身に問うた．私はそれらを引き延ばすごまかしの返事をし，ローレンス教授に話すだろうと回答した．その点で，聴衆の中に仰天と制止の声が在った，アーネストの喘ぎ声が聴こえた，"トンデモ無い，ボブ!"．その興奮が収まった時，ネランが言った，"あなたをわなに陥れようとしているのでは本当に無いのだ，しかしあなたがローレンス教授に言いに行くと語った時，あなたは適切な権威に報告したことを意味する，あなたの心の中でローレンスは，このケースにおいて適切な権威であることを意味しているのだ"．私は答えた，"そうです．正しくその通りです．私が言ったことでローレンス教授が何をするのかは解りませんが…"そして困惑からなかなか抜け出せなかった．このちょっとしたシーンが，私が語ったり行ったことに比べて，私の忠誠心疑義聴聞委員会をより納得させたと私は考えている．

委員会の有利な判定の公式的通告を得られたことは思い出せない；多分それをアーネストから聞いたのだろう．委員会報告書を見たことは無い．後にオッピーはその報告書を見たと私に話し，熱烈な称賛 (glowing praise) をもって私は合格したのだった．しかし自尊心を傷つけ脅えさす体験と私は認識している，そしてそれが通過したことに腹が立った．

サンタ・バーバラ通りに面した我々の新家屋での珍奇な偶然の一致は，我々のお隣さんがニミッツ提督だと判明したことだ，彼は通りの真向かいの家に住んでいた．我々は時々逢った，その殆どはニッカと散歩に出た時だった．

7.5 湯川秀樹の来訪とソルベー会議

1948 年の夏，日本の米軍占領当局と伴に国務省はプリンストンのオッピーの下で1年間研究のために湯川夫妻の米国への旅を手配した．夫婦が到着した時，シャーロットと私はサンフランシスコで逢った．湯川夫人の主な望みは米国百貨店を見ることだった，そこで我々は I Magnin's に連れて行った，そこは市中でも特選の百貨店だ．彼女は手に入れられる全ての物によって魅了されたように見えた．彼女は和装していて非常に目立ち，そして湯川夫婦は大騒ぎを引き起こした．米国への日本人訪問者は当時においても日常的には知られていなかった，そして我々が立ち止まる度に，敵愾心のあるつぶやきがそこかしこから湧き上がり小さな群衆の塊が形成された．翌日，夫妻は大学バークレー校を訪問した，キャンパスの旧放射研の前に立つアーネストと私自身が一緒の夫妻の写真を持っている．私の写真集には，我々の家の中庭で着物を着た湯川夫人とシャーロットの写真も持っている．

184   第 7 章　バークレー，1946-1951

図 7.5　1948 年湯川の最初の米国訪問で，バークレー校の旧放射研究所正面で撮影した湯川秀樹，アーネスト・ローレンス，湯川スミと私．

放射研で，多くの中間子実験が進捗中であった．その研究の幾つかを報告するために 1948 年 9 月末にブリュッセルで開催されたソルベー会議へ出かけた．会議が始まる前の夜，ホテルのロビーでポール・ディラックに出くわした，そして彼，エルヴィン・シュレディンガー (Erwin Schrödinger) と私は近所のレストランへ晩餐に出かけた．食事中に，シュレーディンガーがどの様にして波動方程式を発見したかについて説明してくれた．その物語は既にディラックによって話されていた：如何にシュレーディンガーが独創的な相対論的波動方程式（クライン-ゴルドン方程式[*21]）を有し得たのか，そしてその仕事を成し遂げられなかったのか；何故アドバイスを得るためにポール・エーレンフェストのもとに行ったのか；エーレンフェストが非相対論的限界を見ていか様に示唆したのか；そして非相対論的限界が如何にして正しい方程式へと生まれ変わったのか．

翌朝，バークレーでの実験を報告する準備のために会議場に到着した，私の話は装置類と結果のグラフを示すスライドをベースとしたものだった．その殿堂は美しい

[*21] 訳註：　　クライン-ゴルドン方程式 (Klein-Gordon equation)：スピン 0 の自由粒子に対する相対論的波動方程式で，粒子の質量を m，波動関数または場の演算子を ψ，真空中の光速度を c，プランク定数を h ($\hbar = h/2\pi$) として，
$$(\Box - (mc/\hbar)^2)\psi = 0$$
とあらわされる．ただし $\Box$ はダランベルジャン．

7.5 湯川秀樹の来訪とソルベー会議　　　　　　　　　　　　　　　　　　**185**

図 7.6　1948 年ソルベー会議.

ものの非実用的であることが分かった：その大きな窓にカーテンを備え付ける方法が無い，室内を暗くすることは不可能だった，そして私のスライドはその白いスクリーンに対して目につかないほどの投影にしかならなかった．装置類とグラフを言葉で述べることを余儀なくされた，その話しは多かれ少なかれひどいものだった．しかしながら，私は中間子の性質に関して私が導き出した幾つかの結論を報告することが出来た．原子核に捕獲された時，パイ中間子は原子感光乳剤中に星々を形成し，他方ミュー中間子は形成しないという事実から，ミュー中間子のケースではニュートリノ (neutrino)[22]はそのエネルギーを獲得し，パイ中間子のケースでは獲得し無いと結論付けた，それはミュー中間子のスピンは 1/2 であり，パイ中間子のスピンは 0 か 1 であることを示している．ミュー中間子は崩壊して 1 個の電子と 2 個のニュートリノに成るとの発表は，私が知る限りにおいて初めての指摘だった.

　私の話の終りで，オッピーがミュー崩壊の結合定数 (coupling constant)[23]についてと，その結合定数がベータ崩壊のものと同一であるかとの質問をした．"2 個のニュートリノ仮説におけるミュー中間子の寿命は中性子寿命と一致するのか？" と彼が質問した．私は答えた，"我々はその計算を終わらせていない，しかし大きく変化すると

---

[22] 訳註：　ニュートリノ（中性微子）：レプトンの一種でふつう ν で表す．電荷 0, 質量 0 として矛盾はない．スピンは 1/2 でディラック方程式に従う．歴史的には，β スペクトルでエネルギー保存則が成立しないように見える現象を説明するために Pauli によって仮定され，E. Fermi によって理論づけられた．

[23] 訳註：　結合定数 (coupling constant)：素粒子間の相互作用の強さを表すパラメータをいう．

の理由は見いだせない*24". 実際,バークレーを去る前の宵にその計算を成し遂げた,しかしその結合定数を定義する2個の平方根の因子について確信が無かった. オッピーが質問した事実は,普遍的フェルミ相互作用のアイデアが大気中に存在していたことを示している.

もっと心安くて好意的な環境下に在るバークレーでのAPS会合で同じ結論を報告した；その要旨は"中間子のスピン" (The Spins of the Mesons) (論文32) の題で Physical Review 誌 1949 年 5 月 1 日の特集号に載っている.

1949年4月ハドソン川沿いオールドストーンでの第3回シェルター島会議は,バークレーの結果をさらに興味深く関連させるに丁度良い時期となった. 私は実験および理論での中間子の光反応生成の存在について報告した.

7.6 熱核兵器開発論争

1949年8月29日のソヴィエト連邦初の原子爆弾の爆発（それとトルーマンの1ヵ月後の公表）は放射研で大きなショックを引き起こした. アーネストはロシアの技術能力の証拠によって狼狽した；彼らが兵器を得るためにはさらに数年を要するだろうと考えていたのだった. テラーは直ちにアーネストに近づきスーパーを開発する破壊計画 (crash program) のアイデアを押し出した. 彼は全核物理学者の平和時の努力を諦めさせ熱核兵器の開発に集中することを望んだ. 私はアーネストにスーパーは動かないはずだと話した；エドワードは熱核爆弾の作り方を知らないのだと. ハンス・ベーテと話をして信頼すべき意見を得るべきであると私はエドワードに勧めた. 彼が今までに意見を聞いたとは信じていない. 熱核兵器をトリチウムとプルトニウムで造るアイデアを思いついた,そして――活動家というものは常に――彼はそれをどの様に作るのかを彼自身で行うと考えていた. 次の2週間で,彼とルイスはカリフォルニア海岸への重水炉建設計画を練り,バークレーの北側にそのサイトを選考さえしてしまった. ルイスは計画所長と成ることとなっていた.

原子力委員会 (Atomic Energy Commission) の一般諮問委員会がワシントンで10月28-30日に開かれれる予定だった. アーネストは私に代理として出席し,重水炉建設に関する彼の提案を説明するよう私に依頼した. 私を送る理由は,私がオッペンハイマーに影響力を持っていると彼が考えてのことであることは分かっていた, オッペンハイマーは一般諮問委員会 (GAC) の委員長だった. この国が破滅する程に危険だとするアーネストの印象と私の感覚とは異なっていた. 私は,起きるものだけが起

---

*24 *Les Particules Élémentaires* (Brussels: Instituts Solvay, 1950), 105.

7.6 熱核兵器開発論争

こり得るとの考えに近かった——言い換えれば，膠着状態は展開するものなのだ．セグレがウォールナット・クリークへ移る一方で，私はサンフランシスコ湾を臨む家を買った事実がそれの証明だ．しかしプルトニウムまたはトリチウム生産に用いる生産原子炉建設は合理的予防措置のように見えた．そこで私は参加を引き受けた（被害妄想的兵器開発競争の進展との考えを私は持ち合わせていない）．

　私は会合前日の木曜日にプリンストンへ行き，オッペンハイマー家に一晩泊まった．エドワードのスーパーは働かないとの私の意見をオッピーに繰り返した時，彼はその件に関する話をする時には用心するようにと私に警告した；エドワード案が実用的で無いのは正しい，他のアイデアが必要であろう，誤解を与えるようなことの無いように注意すべきと要望した．私がアーネストの計画を彼に話したのだが，彼の反応が何だったかを思い出せない．GAC技術報告書へ国家政策の勧告を加える提案に関してのジェイムズ・コナントから丁度受け取ったばかりの連絡にオッピーは大きな関心を寄せていた．コナントはスーパーに関連して"ジェノサイド"(genocide)という言葉を使っていた．その報告書には他に代わり得る兵器使用は存在しない，合衆国はそのような兵器を造るべきでは無いと記載していた．万一ロシアが製造し，かつ我々に対してそれを用いたとしても，我々が蓄えている原子爆弾で充分に報復出来ると述べていた．言わんとしていることを察するならば，スーパーは最小でもメガトン級のエネルギー放出量の兵器を表現するものとして理解されていたに違いない．この中で，それは数年後に発明されたウラム-テラー水素爆弾から大きくかけ離れたものだった．

　私は驚いてしまった；東部は，明らかにカリフォルニアとは全くの別世界だった．コナントのような人々のこと私には考えもしなかった，そしてそのような考えのいずれもをオッペンハイマーは抱いていた．バークレーではそれらは問題外だったのだ．

　翌朝，オッピーと私は列車でワシントンに向かった．その日の午後，AECの建屋で，GACメンバーの非公式な準備会合が開催された．その会合の1刻で，彼らはベーテと私を証言のために呼び入れた．ハンスはスーパーに関する質問を受けて，私の記憶が正しければ彼の意見は私の意見に比べて高いものでは無かった．プルトニウムとトリチウムの製造能力増強に関するアーネストの事業と，西海岸に意図しているバークレー放射研究所での原子炉建設の提案を話した．フェルミが当然の質問をした：何故放射研究所なのか？ 国内に在る全ての研究所の中で，原子炉の設計や運転経験の全く無い唯一の研究所だった．可能な限り速く進めている新製造設備に関連しているアーネストが大きく寄与している事業の提案を例示して答えた——その事業は巨大だったので，彼は研究所自体をこの目的のために分散することを望んでいた——しかしそれを成就するための最善でかつ速い方法であったとしても，アーネストはそれに賛

成し原子炉建設を優先させただろう．

翌朝，公式会合が始まった．私は AEC 建屋のロビーでルイスと逢い，GAC メンバー構成員としてスターたちを一緒に観察した，後年，証言が統合部長ら (Joint Chiefs) と高官たち (high-ranking officers) の双肩にかかるスターたちに印象付けられた．昼休みにオッピーは部屋から出て来て，ルイスと私を近くのレストランに連れて行った．彼は会合の進捗についての幾つかを話してくれた：GAC は技術的面とモラルの面の両面から最優先スーパー計画への方向に傾きつつある．コナントのポジションを聞いて驚いてしまった：ルイスは愕然としてしまった．その日の午後，彼は家に帰ってしまった．

7.7　中間子探究

バークレーに戻った時，フェルミの質問に何と答えたかをアーネストに報告した，私の回答が正に正確だったと言った．私は徐々に研究所の物理学へと戻って行った．1949 年までに，我々は 184 インチ加速器内で高エネルギー陽子を得た，それらを用いて Bjorklund, Crandall, Moyer, York がパイ・ゼロ中間子の証拠を発見した[*25]．発見は直ちに Steinberger, Panofsky, Steller が最近稼働した 300 MeV 電子シンクロトンを用いて光化学生成させて追認した[*26]．

パイ中間子性質のさらなる証拠は直ちに顕れた．2 個の陽子となるパイ・ゼロ崩壊はパイ中間子がスピン 1 を持たないことで証明された．スカラーというよりむしろスピン 0 の偽スカラーを示していた，何故なら核子間のテンソル力によるからだ．バークレー実験の多くは，1950 年に投稿され，1951 年に発行された "重水素中のパイ中間子の捕獲" (The Capture of Pi-Mesons in Deuterium)（論文 33），Keith Brueckner, Ken Watson と私がそれが偽スカラーであることを示したものだった，に引用されている．Panofsky, Aamodt, Hadley の重水素のパイ中間子捕獲観察に依る論議が[*27]，時間の 70 パーセントが 2 個の中性子放射，30 パーセントが 2 個の中性子にガンマ線を加えた放射であることを導いた．$d-$ パイ・システムの K 殻からのスカラー中間子捕獲は禁止されている：初期状態は $J = 1$ を伴う偶数である，一方 2 個の中性子の唯一の $J = 1$ 状態は奇数である．核子・核子衝突での中間子生成と中間子の光合成の逆過程に対する測定断面積と詳細なバランシングを用いて，我々は，より高い角モーメン

[*25] R. Bjorklund, W.E. Crandall, B.J. Moyer, and H.F. York, *Physical Review* 77: 213 (1950).
[*26] J. Steinberger, W.K.H. Panofsky, and J. Steller, *Physical Review* 78: 802 (1950).
[*27] W.K.H. Panofsky, R.L. Aamodt and J. Hadley, *Physical Review* 81: 565 (1951).

トの軌道からの捕獲速度はスカラー中間子に対して遅すぎることを証明した，そして全てが偽スカラーと一致しているように見えた．この論文は注目に値する，何故ならそれはフェルミはバークレーからは生まれた記載論文中の最良論文であると言ったのだった，と私に報告されていたのだから．私はフェルミの言葉をバークレーの権威筋のコメントに比べて我々の論文に対する低目の称賛と受け取った．オッピーの論文は時々あまりにも短くしすぎる——彼は論文を書くべき時，レター（速報）にしてしまうのだった．

この研究の拡張として，パイ中間子と軽い原子核の相互作用を取り扱った多数の実験の解説である，"原子物質とパイ中間子の相互作用" (The Interaction of Pi Mesons with Nuclear Matter)（論文 34）を投稿した．しかし，これが私がバークレーから投稿した最後の論文となった；エデンにはトラブルが在ったのだった．

7.8 宣誓書騒動

1950 年初め，1 年の殆んどを費やした論争後，カリフォルニア大学の理事たちは，大学の全ての教員と職員に対して共産党員でないことと合衆国への忠誠心を有しているとの宣誓書を提出させる要求を再確認したのだった．このことがキャンパス内で途方も無い騒ぎを引き起こし，そして数年間に亘り大学の雰囲気を毒してしまった．ディベートには怒りが存在していた，人々は互いに相争った，そして理事たちが実際に人々——終身在職権の教授たちさえも——に非難を始めた時に事態はますます悪化した．ジアン・カルロ・ヴィック (Gian Carlo Wick) は，以前イタリアで宣誓書を強制された，そこで彼はムッソリーニへ忠誠するとの宣誓書を書いてしまったのだと語った；彼はそれ以来そのことを悔やんでいると，そして同じ間違いを二度と冒したくない，と言った．ジアン・カルロは非難された，ウオルファング "パイエフ：Pief" パノフスキーは狼狽してしまった，その恐怖はバークレーを去らせスタンフォードで仕事をさせる程であった．私は気にかかったものの，私が署名しなくともそれ程重大なものではないとし宣誓書を提出しなかった．しかしながら私の友人達や同僚達が解雇された時，私は本当に不快に感じた．私は 1 年または 1 年とすこしそこに留まった．ヴィック (Wick) が去った時，私は彼の人々を引き継いだ．その中の 1 人が T.D. リーだった，彼は Ph.D. を取得後，フェルミの指摘でジアン・カルロと伴に研究するためにバークレーへやって来たのだった．ヴィックが去った丁度その時に彼が到着した，それで T.D. は私と研究を始めた．公式的にはその通り：実際は，T.D. は大きな方向付けを必要としていなかった．

しかし当時，アーネスト・ローレンスとロバート・オッペンハイマー間の政治的対

立へと形成されて行くという不幸な要素が現れた．アーネストは明確なリベラルのバックグランドを持つ北ダコダの出身者だが，時が経つにつれて彼の意見はより保守的となった，一方オッピーはリベラルな民主党派だった．アーネストがオッピーの政策をワシントンで何度も反対し始めたため，私はさらに困った状況となってしまった．アーネストの研究室の一員として，アーネスト一派の1人であり，彼の世界観を支持していると私は思われていた．例えば，アーネストがローレンス-アルヴァレ原子炉計画を彼の代理で発表しにワシントンへ私を行かせた時，私は断る理由を本当に持っていなかった．その当時，アーネストは研究室の労力をカルトロン計画——材料実験加速器 (Materials Testing Accelerator)——へ変えようとしていた，そして私はカルトロンに関する会合に出向くのに多くの時間を過ごすことを自分自身で見つけ出した．

1951年初め，ラビがバークレーに来た，そして私のキャリアに影響を及ぼす方法で彼の優しい役目を演じた．彼は要するにと，言った，"君はアーネストかオッピーのいづれかを選択しなければならないのだ"．勿論，私が選択する方法についての不確かさは皆無だ，しかしそれは依然として非常に困難なことだった．私はそれに関し大変困惑した何故なら私はアーネストに可愛がられたし良き友人だったのだから．それは苦痛そのものだったが，ラビがコロンビア大学での職を提供し，私はそれに応じた．

それはぶっきらぼうな決心ではなかった．シャーロットと私は素晴らしい家を持っていた——我々がこれまでに所有した唯一の家だった，それがだめになるのだ．バークレーでは私はその全部門のボス（長）だった，一方，コロンビア大学では少なくとも短い間，普通の教授となるのだ．私の離反がアーネストとオッピーの対立に依るものとの事実を隠すことに最善を尽くした．我々は誰にでも家族の理由によるものとこの異動を説明した——シャーロットの両親は当座の間ニューヨーク市に移ってしまったのだとした，それらは全て出鱈目だった．1945年に未亡人となってしまっていたシャーロットの姉の Madi は，ニューヨーク演劇出版代理人ジョージ・ロスの雇用者，愛人そして妻となっていた，そしてモリスとジェニーは彼女と一緒にニューヨークに移り住んでいた．その提供のもう1つの誘惑される部分は，コロンビア大学の近くに在るブルックヘヴン国立研究所の存在だった，その研究所長は私のウイスコンシン大学での同僚だったリーランド・ハワース (Leland Haworth) なのだ．

幸運にも，コロンビア大学とブルックヘヴンは物理屋にとって活気あふれる場所であった．

第 8 章

コロンビアとブルックヘヴン，1951-1967

8.1 ネイビス研究所とプーピン校舎[*1]

　ラビは私をコロンビア大学[*2]に来るように説得しただけでは無かった；彼よりもむしろ彼の妻ヘレンがシャーロットと私の住む場所を見つけてくれていた．彼ら自身の大学所有のアパートメントはリバーサイド・ドライブに面したキャンパスから1ブロック離れた，リバーサイド公園とハドソン川を眺められるところに在った．ヘレンは向かいのホールが引越準備中だと近所の人々に触れ回り，我々の場所として確保するようラビが影で操ったのだった．我々はその夏に入居し，それ以来そこに住み続けた．
　我々が7月に着いた時，コロンビア大学物理学部校舎，プーピン (Pupin) の周りに

[*1] 訳註：　　節番号および節見出しは原書になく，日本語版翻訳にあたり付けたものです．
[*2] 訳註：　　コロンビア大学 (Columbia University in the City of New York)：ニューヨーク市マンハッタン区に本部を置く，アイビー・リーグに属する私立大学．イギリス植民地時代 (1754年) に英国国王ジョージ2世の勅許によりキングスカレッジとして創立され，全米で5番目に古い．世界屈指の名門大学としてノーベル賞受賞者を101名輩出するなど全世界から多くの優秀な研究者，留学生が集まっている．卒業生はあらゆる分野の第一線で活躍しており，これまで34名の各国の大統領・首相や28名のアカデミー賞受賞者等を輩出している．最近の著名な卒業生は米第44代大統領バラク・オバマ．第2次世界大戦中，ナチスドイツが先に原子爆弾を開発することに危機感を抱いたレオ・シラードがアインシュタインを説得し，当時のルーズヴェルト大統領に原爆開発を促す手紙を書かせたことがきっかけとなって，マンハッタン計画がスタートした．同僚のエンリコ・フェルミ等と共に米国初の原子核分裂に成功する (1939年)．実験が行われた Pupin Hall（物理学部の校舎）は，合衆国歴史的建造物に指定されており，ここで行われた研究により，10人がノーベル物理学賞を受賞している．レーザーやメーザー，MRI の技術もここで開発された．

人っ子一人居なかった；夏休みで誰も不在だった．クラスが始まるまでの間，私はコロンビア大学物理学部付属施設であるネイビス研究所(Nevis Laboratory)でその夏を過ごした．その研究所はハドソン川上流約 20 マイル (32 km) のアレクサンダー・ハミルトン[*3]——西インド諸島のネイビス島が彼の生誕の地——の地所だった処に在る．ネイビス研究所には，1950 年初めに稼働し，ブルックヘヴンでの実験兵站地としてユージン・ブースとジェイムズ・レインワーターにより建設された 300 MeV サイクロトンが備え付けられていた．当時，誰もが夏季休暇を取得していなかった；接触を保ちながらどこかでいつも働いていた．ネイビスには他に理論屋は居なかった，そのことが一寸寂しかった．私が記憶しているかぎり，ジム・レインワーター (Jim Rainwater) だけが沢山しゃべる 1 人だった．しかしそれは常に問題がジムに話しかけるのだった；彼は独創的な精神を持っていた，そして他の人とは異なる方法で物理学問題を見ていた．彼は誰も使ったことの無い用語でそれら問題を彼自身の言葉で語るのだった．あなたが彼と議論した時，彼の言葉の意味を描き，彼の観点は何であるか，彼が何を話しているのかを理解する前に，最初に半時間程費やさなければならない．

　コロンビア物理学部に在るプーピン研究室の私のオフィスは，ジョージ・ペグラムから借りた．世紀が代わった直後からコロンビア大学て教鞭を取った物理学者のペグラムが最近引退し，コロンビア大学副学長として学長（当時，ドワイト・D・アイゼンハワー）の特別顧問になったのだが，ロウ図書館 (Low Library) に在る管理オフィスと同様彼の古いプーピン・オフィスを依然として所持してた．物理学部長でノーベル賞の月桂冠に輝いた 1 人であるポリカープ・クッシュ (Polykarp Kusch)[*4]が彼にプーピン・オフィスを諦めるよう要求し，私がそのオフィスを得た，ペグラムも同意してくれた．（歴史上，バークレーできっかりと起きてしまった宣誓書騒動問題が無かった唯一の場所と時間のオフィス空間だった）．このオフィスは 1940 年 12 月 16

[*3] 訳註：　　アレクサンダー・ハミルトン (Alexander Hamilton) (1755-1804)：アメリカ合衆国建国の父の 1 人．英領西インド諸島のネイビス島に生まれる．1773 年よりニューヨーク市のキングズカレッジ（現コロンビア大学）に入学し，行政学・政治学を学ぶかたわら，歴史・文学・政治哲学などの広い分野にわたる読書を始めた．1787 年のフィラデルフィア憲法制定会議の発案者で，アメリカ合衆国憲法の実際の起草者．アメリカ合衆国の初代財務長官．陸軍少将．連邦党の党首．1801 年，米国最古の日刊紙ニューヨーク・ポスト紙やバンク・オブ・ニューヨークを創業した．1804 年，対立するアーロン・バーとの決闘で死去，49 歳だった．

[*4] 訳註：　　ポリカープ・クッシュ (1911-1993)：アメリカの物理学者．イリノイ大学の研究助手として研究し，1936 年に博士号を得た．1937 年から 1972 年までは，第 2 次世界大戦中の一時中断した時期を除き，コロンビア大学物理学教室に在籍した．彼が電子の磁気モーメントを正確に測定した研究によってウイリス・ラムと 1955 年のノーベル物理学賞を共同受賞した．ラムはコロンビア大学でこれに関連する水素原子の超微細構造に関する実験を独立に行っていた．

8.1 ネイビス研究所とプーピン校舎

日の歴史的打ち合わせが行われたところだ，ペグラム，アーネスト・ローレンス，エンリコ・フェルミ，エミリオ・セグレがプルトニウムは核分裂するか否かの可能性を見出す討議を行なった処だった．そこで，彼らはウランのサイクロトロン照射でその核分裂断面積を測るのに充分な程のプルトニウムを製造する計画を立てた．

私が転入してきた時，丁度ウイリス・ラムはプーピンを去ろうとしていた．彼はエール大学へ向かう途上だった．私はバークレーで以前，2週間だけ彼と会っただけだ．私は彼を乗せて丘を上り放射研へ行った，我々が私のオフィスに着いた時，彼が言った，"バークレーを去ってコロンビアへ行くなんて，あなたは気違いだ"．"何故だい?" と聞いた．彼は，"ここでは，あなたの名前入りの駐車場所を持てるのに"．現在，彼は机の中身を詰める間プーピンの彼のオフィスに私は座り続けていた．詰め込みが終り，彼は私に机の上に置かれた 10 インチ (25 cm) の磁器製るつぼを訪問者は見過ごす程大きすぎる灰皿として使うようにと私にくれた．ウイリス自身は煙草を吸わなかった．私はそれを持ち続けた；喫煙を止めた時，それは台所用具へと移された．

バークレーを去る直前，クッシュから "数学物理学入門" の学部生コースを教えないかとの問い合わせの手紙を受け取った．彼は受けてもらえるものとしてコースの概要を同封してきたので，私は肝をつぶした．まず第 1 に，生涯で学部生に教えたことは一度も無かった，研究部門の他には大学院生を持っていただけだった（そして私は一度も教えたことは無かった）．学部の首脳たちは，私をルーミス (Loomis) やバージ (Birge) と同様に，学部生たちを教えるようにと尋ねることは無かった．多分，彼らは私があまりにもインテリぶりすぎると考えたのだろう，もっとはっきりと言うと教室の中でさえ，私はあまりにも低い声で話すのだったから．大学院生らはそれを耐え忍ぶだろうが，学部生たちは我慢できるとは思われなかった．ウイスコンシン大学の院生だったとき，私の指導教官，ヴァン・ヴレック教授は私の話し方が矯正出来るかもしれないと話し方部門 (Speech Department) へ私を見に行かせた．そこでの初日，その教授は彼のクラスで私に詩を読ませた．私の指導に学期のほとんどを費やした後，クラスが私のおかげで詩を大きな声で，明瞭な鳴り響く声で復唱することで彼は感銘を受けたのだった．しかし私は出来なかった，他でその声を用いたことも無かった．第 2 に，そのコースは，19 世紀の数学的物理学に関連する約 30 年前にデザインされたものだった．新たな場所で，明らかに伝統的なコース自体へ過激な変化を起こすべく私は抜け目が無かった．私はクッシュへその任務を拒絶する手紙を書いた．彼は聞き入れて，そのプログラムを差し戻した．当時コロンビア大学教授だった湯川が量子力学を教える予定となっていた．クッシュは湯川の替わりに量子力学講義を私へ与え，湯川には先進量子力学コースを与えた．湯川の英語は良好である，しかし私に比べて彼が学部学生を一層良好に教えることは無いとの方へ私は賭けた．

第8章　コロンビアとブルックヘヴン，1951-1967

　その秋，コロンビア大学で教え始めた．私のそこでの最初のPh.D学生はレオン・クーパー (Leon Cooper) だった．彼の学位論文はミュー中間子原子のジム・レインワーターの実験解釈に関するものだった．レオンはジョン・シュリファー，ジョン・バディンと共に超伝導理論に対する1972年ノーベル賞を受賞した．

　ネイビス研究所は海軍研究局からの支援を受けていた．1953年末開催予定の日本において戦後最初の大規模な物理学会議となる国際理論物理学会合に参加するための旅行費をネイビスを介して1953年の春に申請した時，予期しない結末となった．申請が拒絶されたとレインワーターから聞いて驚かされた．海軍情報局が私の請求を不許可したことをジムが聞いたのだった．当時，ジョセフ・マッカーシーの時代[*5]だった．そして，もし私が海軍によって支援されていたことが明るみに出たならば，敵意のある非難を海軍情報局は恐れていたのだった．個人セキュリティ理事会により私の機密委任許可が出たにもかかわらず．私は本当に怒った，そして私の憤慨がベトナム戦争中に国防省のコンサルタントになることを後日拒絶したことの大きな部分を占めたのだ．シャーロットは，そのような反響を恐れて，如何なる政治的アクションも避ける彼女の戦後方針の智慧の確証としてそれを受け止めた．

　コロンビア物理学のスタッフは尋常でなかった．ラビと湯川はノーベル月桂冠をいただいた，それに続く数年で他に9人のスタッフがノーベル賞を受賞したのだった．湯川に加えて理論屋はノーマン・クノルとヘンリー・フォリイ，彼たちは先立つ数年間で各々が量子電気力学発展へ大きな寄与をしたのだった．シャーリィ・クインビーも居た，彼は引退したばかりで，彼の数学方法コースを引き継がないかと依頼されたのだった．クインビーは2つの課外区分を持っていた：彼はニューヨーク・ヨット・クラブの計量員でアメリカン・カップ競技者を計測する責務を有していた，そして彼は著名なエンターテーナー，魔術師ブラックストーンの甥だった．彼の伯父が亡くなった時，クインビーは彼の道具類を受け継ぎ，数年後，デパートメントでの社会的な集まりで，彼はマジック・手品で楽しませてくれた．学部には2名の女性教授も含ま

[*5] 訳註：　「マッカーシズム」（赤狩り）：1950年代に米国で発生した反共産主義の基づく社会運動，政治的運動．米国上院議員のマッカーシーによる告発をきっかけとして，共産主義者であるとの批判を受けた政府職員，マスメディアの関係者などが攻撃された．しかし，これは赤狩りというよりも，エレノア・ルーズベルトから反対されたことが象徴するように，リベラル狩りというべきものであった．1945年に第二次世界大戦が終結すると米国とソ連との潜在的な対立が直ちに表面化した．これに関して米国内の様々な組織について共産主義者の摘発が行われた．議会において中心となったのは1938年に米国下院で設立された非米活動委員会である．1954年3月9日にジャーナリストのエドワード・マロー自身がホストを務めるドキュメンタリー番組『See It Now』の特別番組内でマッカーシー批判を行ったこともマッカーシーへの批判が浮上するきっかけとなった．1954年12月2日に上院は賛成67，反対22でマッカーシーが「上院に不名誉と不評判をもたらすよう行動した」として譴責決議を可決した．

8.1 ネイビス研究所とプーピン校舎 195

れていた——学生の研究室を運営していたルーシー・ハイナー，と著名な核物理学者チェン・シュン・ウー（呉健雄：Chien Shiung Wu)，彼女は 1978 年に最初のウルフ賞 (Wolf Prize)[*6]を受賞した．T.D. リー (T.D. Lee) が 1953 年に加わった．

しかし，最初は一寸寂しげに新しい職を見つけたのだ．私は最近，理論部門の長で無くなったばかりなのだ．勿論ラビに依れば，コロンビア大学では異なる雰囲気が在った，実験屋と言っている者は彼ら自身の理論で行動すべきであると信じていたのだ．ラビはいつもここには沢山の理論屋が居すぎると不満を口にした．私はバークレーのギブ・アンド・テイクを怠ってしまった．しかしネイビスの成長が，バークレー・モデルの方向へ移行させた．ラビはそのことを見越していた，そして最初にプーピンと連携してのネイビスでの専門研究を維持するに役立たずの努力であるプーピンでのオフィス・スペース供与を禁じた．私はジム・レインワーターによりバークレー・モデルへと向かわされた，彼は理論物理の院生たちへネイビスが払う夏期給与に難癖をつけた，在りていに言えば，私自身が得た金でそれを行わなければならなかった．私が行ったことで，原子力委員会 (AEC) から補助金を受け取っている私自身のコロンビア大学理論グループ主任調査員を見つけ出した．我々の AEC 接触から数年以内で，半ダースまたはそれを超える大学院生，コロンビア大学で政府の奨励金を支給されていた半ダースのポスドク，2 名の助教授，それと出張費または夏期給与を必要とする教授連に援助支援が受けられることとなった．次の数年で，物理学部は幾人かのシニア理論家も加えた：クイン・ルティンガー (Quinn Luttinger) が 1960 年に到着，1952 年に 1 年間の NSF 特別研究員としてマール・ルーダーマン (Mal Ruderman) が来て，1969 年に良い仕事をして戻った，バークレーで非難を浴びて以来ピッツバーグ大学に在籍していたジアン・カルロ・ヴィック (Gian Carlo Wick) が 1965 年に一員となった．

1957 年にリー[*7]とチェンニン・ヤング (Chen Ning Yang) がノーベル賞を受賞した．

[*6] 訳註： ウルフ賞：1975 年にイスラエルに設立されたウルフ財団によって優れた業績をあげた科学者，芸術家に与えられる賞である．1978 年から授与が開始され，農業，化学，数学，医学，物理学，芸術の 6 部門がある．ノーベル賞の前哨戦とも言われ，ウルフ賞受賞者がノーベル賞を受賞することも少なくない．

[*7] 訳註： 李政道 (Tsung-Dao Lee) (1926-)：中国系アメリカ人の物理学者．中国南部，貴州の国立浙江大学に学んだが，第 2 次大戦で学問は中断された．国立西南大学を卒業後，1946 年にシカゴ大学に留学し，エンリコ・フェルミのもとで学び 1950 年に博士号を得た．カリフォルニア大学やプリンストン高等研究所にも籍を置き，1953 年にはコロンビア大学の助教授に就任．1956 年には 29 歳で教授となった．1956 年，李は楊振寧とともに素粒子間の弱い相互作用においてはパリティ（対称性）が保存されないというパリティ対称性の破れについて研究し Physical Review 誌に発表した．これはすぐに実証され，物理学の世界に一大センセーションを引き起こし，2 人は翌年度のノーベル物理学賞を共同受賞した．

最年少者のノーベル賞獲得に加え，T.D. は他にもスピード記録を達成したと私は思う．1960 年のある夜，11 時頃，電話が鳴った．それはプリンストンからだった（その年，彼はコロンビア大学を去りプリンストン高等研究所へ移っていた）．彼は私にコロンビアへ戻りたいと言った．私は直ちにこのニュースをポリー・クッシュ，物理学部長，に伝えた，彼は私の 450 Riverside に在るアパートメントの階下，3 階に住んでいた．ポリーは芸術・科学の学部事務長のジョージ・フランケルに確認を取った，彼は 9 階に住んでいた，そして T.D. が電話を掛けて来た 15 分後には，彼に段どりは全て終ったと電話した．15 分間で完全な教授職が手配されたのだ．

1953 年に彼が到着して程なく，T.D. が "中華式ランチ" を始めた，それはコロンビアの伝統となった．月曜日の正午，理論セミナーの前に，約 15 人のグループはプーピンで落合い，訪れたセミナー講演者を地元の中華料理店での昼食へエスコートした，通常 113 番街とブロードウエイの角に在るムーン・パレス（月宮殿）または閉店していたなら 125 番街の上海だった．T.D. は多くの皿を注文し，聴衆たちは 2 時 10 分のセミナー開始時刻にかろうじて戻ったものだった．その時刻もコロンビアの伝統だ，ノーマン・クノールが交互の通り路肩駐車の時限のため彼の車のを駐車を許すため，最初に選択されたものだった．そして年に 2 回程，特別な催しまたは特別な訪問者のため，完璧な中華料理の宴会が催された，通常リュウク・ヤン (Luke Yuan) が差配し，夫人同伴で物理学部の全員が出席した．

無知だったので，さらに尊ぶべき伝統，毎金曜日の宵，7 時 30 分に行われる "コロキウム：討論会" と衝突した．私が到着してすぐに，それに参加しないかと訊ねられた，そして直ちに私の仕事の選択が知られるようになった，学部の総意として午後 4 時 30 分へ時刻を繰り上げるようにと要請されたのだった，それで金曜日の宵が自由となる．この変化が私には合理的に見えた，それで私はそれを公表した．後日聞いたことだが，ラビは憤慨した．7 時 30 分コロキウムはコロンビア慣習だったのだ，とラビは言った．周囲の学校——NYU，CUNY，スティブンス工科大——からの物理屋たちが約束通り出席していたことを指摘したのだった，彼らは午後に到着することが不可能だった．しかしこの偉業は実施され，その時刻は決して元に戻らなかった——実際，後日 2 時 10 分へと繰り上げられた．

コロンビア大学での私の最初の研究は，ラビの問題に関してだった．原子の励起状態を原子線で計測する彼の提案した方法を精密に評価してくれとの問いだった．それで私のコロンビアでの最初の 1 年の多くは，中間子理論と核物理学から完璧に抜けてしまい，原子ビーム問題の研究に打ち込んだ．それが完遂した時，その原稿をポリー・クッシュへ引き渡した，そしてそれは暫らくの間コロンビア放射研究所内で回覧された．暫らくして紛失してしまったが，それを再度書いてくれとの意思を私は無

8.2 ブルックヘヴン国立研究所

図 8.1 ブルックヘヴンのゲルツルード・ゴールドハーバーのオフィスにて；T.D. リーは上段, 右に居る（写真はゴードン・パークスによる, ライフ誌：著作権 ©Time, Inc.）.

視した. 16年後の1968年放射研のある事務所を清掃していたときに, ある人がその原稿を見つけ, そしてクッシュはそれが依然として出版されるのに充分な興味が在ると考えた. 彼はそれを Annals of Physics 誌に送り, "原子ビーム二重共鳴スペクトロスコピイーの理論" (The Theory of Atomic Beam Double Resonance Spectroscopy) の題で出版された（論文50）.

8.2 ブルックヘヴン国立研究所

ニューヨークに到着して間もなく, 私はブルックヘヴンを訪れた. ウイスコンシンとアーバナからの旧友で同僚のリー・ハワース (Lee Haworth) が現在の研究所長だった. リーは私にコンサルタントに成ってくれないかと訊ねた, それから週に1日ブルックヘヴンで過ごすことになった.

続く20年間の殆んど, 毎週木曜日の朝に車で出かけ夜に戻る, 片道約1時間半の旅を続けた. 最初に始めた頃, そこに到着するには3レーンと2レーンのハイウエー

の迷路を旅するようなものだった．次の 5 年間で彼たちは Long Island Expressway を建設し続け，毎年数マイルずつ遠くまで伸びていった．延長すると伴に交通量は増え，そしてブルックヘヴンへ到着する時間は不変だった——高速道路以前の 1 時間半とそれ以降の 1 時間半と．

　ブルックヘヴンのスッタフには多数の旧友たちが居た：オッピーの学生の 1 人であったハートランド・スナイダーはコスモトロンの加速器理論の研究をしていた；ジェリー・クルーガーのアーバナ加速器建設を助けたケン・グリーンはコスモトロンを建設中だった；モーリスとトルード・ゴールハーバー，アーバナからの核物理学者，は今やブルックヘヴンのスタッフだった．最初の頃，私はブルックヘヴンで唯一の高エネルギー理論屋だった，それで週に 1 回は極めて忙しい日をおくった．常に列をなして人々が助言又は教育又は物理学のニュースについて話すために待つ人々の列が常に出来ていた．私もまた発展中の理論セミナーを寄稿した．

　東海岸から出版された私の最初の論文は，ハートランド・スナイダーと共同してのサム・ゴウズミット (Sam Goudsmit) によって命じられた俯瞰的成果報告だった，サム・ゴウズミットはブルックヘヴンの物理部門長であると同時に *Physical Review* 誌の編集者だった．サムは初期と最終原子間でエネルギーが異なるベータ崩壊エネルギー計算の標準的方法に関する *Physical Review* 誌のレター・コラム内での論争によってうんざりさせられていた．ある人々はこの方法が不正確だと主張していた，最終原子の電子はベータ粒子が放出される前に再調整する時間が無いからだとの理由で．ハートランドと私は，そのような効果は存在するものの人々はそれを過剰に推定していることを示し，その論争を収めた（論文 35）．

　1952 年の夏，我々はブルックヘヴンへ出かけた．その夏季セションは忘れがたいものだった．研究所サイトに約 50 家族が集まった；ロスアラモスの宿泊施設とは全く異なる，平屋のバンガロー・タイプの部屋，むしろ原始的アパートメントと言えるものだった．東部に在る全ての大学から物理屋が家族を連れてやって来たのだった．仕事の後，我々はスミス岬またはウエストサンプトン・ビーチに泳ぎに出かけた，週末には通常ピクニックがウエストサンプトン・ビーチで開催された．その期間に，橋を渡ってウエストサンプトンの在る沿岸洲 (barrier island) へ行き，右へ曲がる，その橋と数マイル西に拡がるパブリック・ビーチの間には，橋の端に在るテニス・クラブとビーチの端に在るスナック・バー，中央に 2 軒のビクトリア朝風の古いマンションを除いて何も無かった．この浜辺前面が凝った夏の家で埋め尽くされるのにそう長い時間はかからなかった．ビーチ・ピクニックの時でさえ，物理学者たちは物理を忘れることは出来なかった，私の記憶の 1 つは海辺の濡れた平坦な砂に棒で T.D. リーが書いた方程式だった．当時撮影した写真の中の 1 つはフェルミがユニバーサル取

締役秘書プリシア・グリーン・デュフィールドと話している写真，同じく水着でのラビの写真である．プリシアはアーネスト・ローレンスがバークレーに電磁分離器を建設し始めた時のシニア（管理職）秘書で，ロスアラモスでオッピーのシニア秘書となり，そこで彼女はボブ・デュフィールドと結婚した．戦後，夫妻はサンディエゴへ行き，そこで彼女はスクリップス海洋学研究所のロジャー・ラヴェルのシニア秘書となった．その後，夫妻はアルゴンヌ国立研究所へ行った，彼女がそこのシニア秘書でなかった唯一の理由は彼女の夫がそこの所長だったからだ，その替わりとしてフェルミラボの初期にボブ・ウイルソンのシニア秘書となった．

1952年秋の初めのある日，リー・ハワースから私に会いたいとのメッセージを受け取った．彼のオフィスを訪れた，彼は改良加速器のアイデアがこの中に書かれていると言い私に紙束を渡した，その加速器はエルニ・コーラント (Ernie Courant)，スタン・リヴィングストン (Stan Livingston)，ハートランド・スナイダーによって開発されていた．彼はその論文を見て，正しいか否か考えを示してほしいと言った．それは——交番勾配焦点化 (alternating gradient focusing) のアイデアだった．勿論，私はバカだった，それを私自身で考えるべきであったのだ．ルイス・アルヴァレのライナック（直線加速器）の焦点化に関連してそのことをミスってしまったのだ．"競馬場"論文（論文25）を書き終わった時，その論理的結論へ，交番勾配焦点化へと私を導かせる，研究を進めたいとは感じなかったのだった．バークレーでその直後に，エド・マクミランが方位場変動でのシンクロトロンを考察した論文を私に持ってきたのだが，

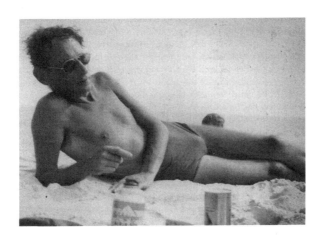

図 8.2 ウエストサンプトンでの活動．

図 8.3　ウエストサンプトン・ビーチでプリシア・デュフィールドと一緒のエンリコ・フェルミ．

そのことについて考える替わりにトーマス・サイクロトンに関する L.H. Thomas の論文——そのアイデアのもうひとつの予測——に言及した．勿論，ブルックヘヴンは直ちに新しい機械，交番勾配シンクロトロン (Alternating Gradient Synchrotoron) 計画を開始した，それはコスモトロンの後継機となった．

図 8.4　ウエストサンプトン・ビーチでの I.I. ラビ．

1952年12月，ブルックヘヴンはコスモトロンを開所した，最初のBeV加速器である．それは出版物やTVで報道された大きなイベントだった．完成式典で，TVリポーターが肩を叩き"何時動くのかね?"と私に質問した時，私は床に巻かれた2000トンの磁石リングを見下ろすバルコニーに立っていた．その宵，我々はギムナジウム内で晩餐を祝った．それは陽気なイベントで，私はいつもより多く飲んだ．晩餐後のスピーカー——ジョンズ・ホプキンスの所長でアメリカ科学アカデミー総裁のデトレフ・ブロンク (Detlev Bronk) がスピーチに立った，私はカナダで何かが起きたことを聞くまで多くの注意を割かなかった，と話した．その言葉を聞いて，ブルックヘヴンまたはコスモトロンに全く触れていないことに私は気がついた．彼の秘書が間違った演説文を渡し，そして2日後にカナダで起きたある出来ごとに拠ることを読んだことが判った．デトはその間違いを直ちに認識した，しかし少しも慌てず，前に進めそれを終わらせてしまったのだった．

8.3　オッペンハイマーの聴聞

　1954年4月13日の午前3時頃，電話のベルで起こされた；声色の末尾からサムエル・シルバーマン (Samuel Silverman)，ロイド・ギャリソン事務所の弁護士と認定出来た．彼は私にオッピーが忠誠心聴聞 (loyalty hearing) に出頭しなければならないだろうと話した，そのことは朝には知れわたった，そしてギャリソンが私にメッセージを伝えるように彼に言ったと伝えた，すなわちその聴聞が終わるまでオッピーとの連絡を試みてはなら無いということだった．サーバーの名前はオッピーの左翼陣営と結びついているからだ，と彼は言った．オッピーの電話に支線が取りつけられ，監視下に置かれるだろう，そして我々間の如何なるコミュニケーションも害をなすだけだと話した．このニュースは途方も無い衝撃だった，しかし翌朝のニューヨーク・タイムス紙の大きな見出しは："A.E.C.（原子力委員会），保安調査（セキュリティ・レビュー）でオッペンハイマー博士の身分を一時保留"だった[*8]．

[*8] 訳註：　1954年4月12日月曜日，16番街とコンスティチューション通りの交差点広場に，戦争中建てられたぼろぼろの2階建て仮設構造物であるT・3ビルにおいて，ついに聴聞会が開かれたとき，ストローズはほっと胸をなでおろした．ここにはAECの調査部長のオフィスが入っていたが，今回の事件のために，2022号室が応急の緊急法廷に模様替えされた．長くて暗い長方形の部屋の一方に，3人の委員会メンバー，ゴードン・グレイ委員長と他の2人，ウォード・エバンズ，トーマス・モーガンが，大きなマホガニーのテーブルを前にして陣取る．
　対立する弁護士チームは，T型におかれた2つの長いテーブルに向かい合って座った．一方の側に，AECの弁護団ロジャー・ロブとカール・アーサー・ロランダー Jr.（AECの保安次長）が座った．彼らと向き合う形で，オッペンハイマーの弁護団ロイド・ギャリソン，ハーバード・マークス，サミュ

弁護士の要望により私は我慢した，そしてオッピーと接触することを試みなかった．オッピーはそのことを全く知らなかった，とキティーは後に私に話してくれた，それは全てギャリソンのアイデアだったのだ．私はシルバーマンの忠告に従うべきでなかったのだ，と彼女は言った．物理学者たちの大多数と同様に，個人セキュリティ委員会 (Personnel Security Board) の結論により，私はふさぎ込みそして憤慨させられた．オッピーの失墜は空軍によって画策された，空軍は政府へのアドバイザー達，彼らは DEW ラインを唱導していた，に乗っかったのだ．それはカナダの早期警報レーダー・システムであり，戦略空軍司令部から軍へ数 10 億ドルの供与を約束するヨーロッパ向けの戦術的支援兵器をもたらす計画でもあった．オッピーはまた個人的な敵も幾人か持っていた：AEC の委員長ルイス・ストラウスとエドワード・テラー．

その議事録の写しが出版された時，委員会の法廷弁護士であるロジャー・ロブの策略に愕前とさせられた．その聴聞には反対尋問が与えられないことおよび真実を明らかにする目的のためであると想定されていた．しかしロブは刑事裁判の検察官もどきで振舞った，彼のゴールは有罪判決を得ることだった．その写しの出版直後に，ロブがシャーロットに関して"共産主義同調者"と問うた時にシャーロットを充分弁護しなかったと考えてしまったノーマン・ラムゼーからのわび状を受け取った．ノーマンはロブが彼を陥れ，惑わせたと考えたのだった．

オッピーと私とでその聴聞を議論したことは全く無い．彼はそれ以降ふさぎこみ，彼の精神は破壊されてしまった．戦後，彼は政府への助言者としての地位を築いた．これらが全て終った時，彼は生きるための名目を全て失ったように感じたのだった．ブラム（アブラハム）パイスは私に語った，ニューヨーク・タイムス紙で聴聞勧告に関する記事を初めて読んだ朝，アインシュタインにそれを知らせようと駆けだしたと．アインシュタインが大笑いした時，彼は驚いてしまった．アインシュタインが言った，"オッペンハイマーの困った点は彼を愛していない女を愛していることさ――女とは合衆国政府のことだがね"．オッピーは依然として高等研究所長であった，しかし彼が行う何かを行う彼の左腕としてラビが指名された．彼は心半分で著述と講義で過ごした．

エル・シルバーマン，アラン・エッカーが座る．「T」の字の一番下に，木製の椅子が 1 個置かれ，そこには被告または他の証言者が裁判官と向き合って座った．証言していないときオッペンハイマーは，証人席の後ろの壁際に置かれた革のソファーに座る．翌月オッペンハイマーは，約 27 時間を証人席で，そしてそれよりずっと長く心細い時間をソファーの上で過ごすことになる．立て続けにタバコを吸い，ウォルナットのパイプの香りを部屋中に立て込めながら [pp. 291-292]（カイ・バード＋マーティン・シャーウイン著『オッペンハイマー　下』河邊俊彦訳，PHP 研究所 (2007) より）．

8.4 シャーロットの活動

　ニューヨークに落着くや否や，シャーロットは何かを行うために捜し回り始めた．ジョージ・ロス，Madi の新たな夫，はコール・ポーターの**キス・ミー，ケイト**のようなショーの演劇出版代理人だった．ジョージを介して，シャーロットはブロードウエイで演じられるプロデューサーでマネジャーのエディ・チョートの秘書の職を得た．劇場遍歴の最初の日，何を行えば良いか訊ねた，"それだけで舞台入口を創ることの出来る犬をくれ"．彼女はその問題を解決し，単純な技法によって"ヘレン・ハイスをくれ"のような要求の解決者として，後に自分自身の名声を上げていった：彼女は電話帳の中で，演劇の世界での誰にも明らかに決して起こらない見解を見つけるのだった．犬のケースでは，供給している"無名の動物"と呼ぶアウトフィット（商売道具）を見つけ出したのだ．経営している婦人のアパートメントをシャーロットが訪ねて時，居間にはラマが居た，ヒョウはカウチ（寝椅子）に追い立てられていた．シャーロット成功の第 2 の理由は，彼女は意欲的な女優，脚本家または舞台設計者では無かったことだ．12 年間の間，多数のプロデューサーの製作助手として働いた．

　ジャック [ジャコブ] とマリアン・ジャビットは 450 リバー・ドライブの我々のビルディングに住んでいた．これは彼が上院議員になる前のことで，ニューヨーク州の最高法務官だった時だ．シャーロットが働き始めた直後のある朝，シャーロットは下りのエレベータでシャビット夫妻と遇った，そして夫婦が彼女に荷物の引き上げ仕事を依頼した．彼らのお抱え運転手が最初に立ち去り，それでシャーロットが事務所へ行く途中で捕まったのだった——彼女の事務所ビルディングのドア・マンに強烈な印象を持たせた：秘書たちの 1 人がライセンス・プレート NY 3 のお抱え運転手付きリムジーンで到着したのだ．ある朝のレオナルド・ライオンの著名なニューヨーク・ポスト紙のゴシップ・コラム，"ライオンズ・デン" (Lyons Den) に載った：Sardi's で昨晩見かけた，ノーベル賞受賞の物理学者ロバート・サーバーがシャビット夫妻と食事を共にしていた．しかし私の社交的可視性の最高点は**マイ・フェア・レディ**の開幕初演の宵に参加したことだ．劇場内の他の誰をも認識が可能だった．シャーロットはプロダクション・アシスタントらと他の全てのブロードウエイ・プロデューサーの秘書らを知っており，パス（無料入場券）を交換しあっていた．我々はブロードウエイで開演されるほぼ殆んどの演劇を鑑賞した．

　シャーロットが働いた人の 1 人は，A&P 相続人のハンティントン・ハートフォー

ド*9だった，彼は嵐が丘を基にした演劇を書き，エロル・フリン (Errol Flynn) に主役を務めさすために雇った．彼はフリンに多くの仕事を与え，全ての演技を充分地味に演じた．開演の夜会がイースト・リバーと国連が見渡せるハートフォードのアパートメントで開かれ，そしてハートフォードのモデル事務所から来た12名のモデルたちによりにぎやかだった．朝刊の早版の演劇批評が届くまでは，そのパーティーは素晴らしかった．

シャーロットはまた長い間エレイン・ペリーの下で働いた，彼女の家族はデンバー・ポスト紙を所有しており，彼女の母はトニー賞を設立したアントネット・ペリーだ．彼女らの最大のヒットは**アナスタシア**(*Anastasia*) だった，それは最後のロシア皇帝の娘である可能性を持ちかつ恐らく処刑から逃れてきた若い女性に関する物語だった．グランド・シアターでの一寸の間，ユーゲニ・レオンビッチが演じた皇太后およびビビカ・リンドフォースが演じたその女性が"認知場面" (Recognition Scene) で女大公爵アナスタシアであると要求するのだった．後年の映画版では，そのパートはイングリッド・バーグマンとヘレン・ハイスによって演じられた．当時，ビビカ・リンドフォース，スエーデン人の女優，はヨーロッパで最も人気のある映画スターの1人だった．1956年の投票日の夜（アイゼンハワー対アドレー・スティーブンソン），シャーロットと私は交流パーティーを開こうとした，物理学者とビビカを含む演劇人．予想されたごとく，この2つのサイドは交わらなかった．そしてスピリットはアイゼンハワー大統領の再選で意気消沈させられた．

彼女が働いた他のプロデューサーはハイラ・ストダードだった，女優で人気のあった午後のTVメロドラマのスターだ．我々のメイドのウイニーはアイロンをかけながらいつも午後のメロドラマを観ていたものだった．ウイニーが給仕したシャーロットがハイラと晩餐を共にした時，ウイニーは完全に困惑してしまった．彼女はその現実からTVの人物を分けることが全く出来なかったのだ．ハイラの演劇の1つは，彼女がハリウッドのスターとなる前の彼女のキャリアの初期段階でシャーリイ・マクレーンを主演したことであった．私が初めて彼女を見た時，巨大な2匹のボルゾイ犬により階段を引きづり降ろされていた．

---

*9 訳註： Huntington Hartford (1911-2008)：Great Atlantic & Pacific Tea Company 創立者の孫．A. & P. 食料雑貨業からの莫大な財産を相続し，興行主，芸術家のパトロン，有閑紳士としての彼の夢を追ってその財産の殆んどを失った．バハマの自宅で亡くなった．

8.5 素粒子の研究

ロスアラモスで我々のグループだったビル・ラリタは今やブルックリン・カレッジの教授だった，そして彼と私は共同で大きなモーメント遷移を伴う陽子・陽子散乱の論文を書いた，それは 1955 年に出版された（論文 36）．この論文の興味深いことは，陽子を基礎的粒子としてでなく，構造を有する物として，通常の取扱いとは離れたラジカルなものとして取り扱ったことだ．

1954 年秋，アブラハム・パイス (Abraham Pais)[*10]が高等研究所からサバスティカルを取得し，コロンビア大学でそれを使った．ブラムはドイツ占領下のオランダで辛うじて生き延びて戦後間もなく米国にやって来た．彼とは 1947 年のシェルター島会議で初めて会った，その後我々は良き友達となった．ブラムと私は K 中間子のブルックヘヴン・コスモトロン実験から得られた結果を議論し，散乱からの核子と K 中間子との相互作用についての結論を導き，核子内の K 中間子のふるまいについて共同で論文を書いた（論文 37）．ブラムが高等研究所へ戻った後も我々は共同研究を続けた，そして 1 年半の後に "強いカップリング" (Strong Coupling)（論文 39）を発行した．当時，理論物理学の興味は散乱振幅の正式な性質に向けられ，結合定数 (coupling constant) の大きさによって制約を受けていなかった．散乱の摂動理論計算結果をさらに大きい結合定数へ拡張する多くの努力が払われた．ブラムと私は，大きな結合定数を伴うもう一方の端から始めるのは啓発的であると考え，そして中間領域へ下げた．それで我々は以前に比べて強いカップリング理論の決定的で注意深い考察へ乗り出した．我々の最初の論文では，荷電スカラー理論を考察した，それは単純性の長所を有していた．2 年後に，対称偽スカラー理論を扱った論文を引き続き出した（論文

[*10] 訳註： アブラハム・パイス (1918-2000)：オランダ生まれの米国物理学者で科学史家．ユダヤ人の小学校教師の両親のもとで長男としてアムステルダムで生まれた．1941 年 6 月 9 日ユトレヒト大学より理論物理学の博士号を取得．オランダを占領していたドイツにより 1941 年 6 月 14 日以降，ユダヤ人の博士号取得禁止令が発効し，彼は戦後までオランダのユダヤ人として最後の博士号取得者となった．占領下で友人達の支援で隠れていたが 1945 年 3 月に逮捕された．その同じ週に米軍がライン河を渡ったために鉄道路線が寸断され彼らをユダヤ人収容所へ送ることが不可能となる．終戦の数日前にパイスは解放された．ボーアの個人助手としてデンマークで 1 年間を過ごした後，1947 年プリンストン高等研究所の職を得てアルバート・アインシュタインの同僚となる．1963 年ロックフェラー大学の理論物理学のグループ長となり，定年まで勤めた．1970 年代から科学史家として数多くの伝記を書いた；翻訳書としては『神は老獪にして … アインシュタインの人と学問』(1987)，『アインシュタインここに生きる』(2001)，『反物質はいかに発見されたか——ディラックの業績と生涯』(2001)，『物理学者たちの 20 世紀 ボーア，アインシュタイン，オッペンハイマーの思い出』(2004)，『ニールス・ボーアの時代 1/2』(2007/2012) などが在る．

40).

　しかし私を悩ます強いカップリング論文の幾つかが存在していた．その意見を調査した時，1942年のダンコフとの共同論文（論文23）に全て戻ってしまう苦悩すべき疑問が横たわっていることに気がついた．シドと私が強いカップリング理論を初めて扱った時，我々は中間子場を自己場（それは湯川場である）と自由場の部分へ分けた．しかしながら，ジドはその時にパウリと一緒に研究していて，彼らは異なる事をしたのだった．シドと私が行った研究をシドが書き上げた時，彼は我々が最初に設定した方法をせずにパウル-ダンコフ手順に従ってしまった．私を悩ましたことは，それを最初の手法で行うことで，それは物理的センスを形成するように感じられた，一方，パウリ-ダンコフ法は物理的センスを形成するものでなかった．

　大学院生ハリー・ニクル (Harry Nickle) と共に研究し，オリジナルのサーバー-ダンコフ法を発展させた，そして実際に荷電スカラーのケースに対しパウリ-ダンコフ法に比べてより制御可能で追跡可能な手順を与えることが出来た（論文41）．我々の研究の途中で，パイスと私の論文中に在る間違いを我々は取り上げた——それは私にとり幸運だった，何故ならハリーと私が研究中に高等研究所でパウリと偶然に出くわしたからである．彼は直ちに私へ飛びかかって来て，結合定数が小さくとも安定な同重体が存在するとし，パイスと私の荷電スカラー論文の主張は信じられないと言った．私は我々の間違いを認めることが出来た，そして今では正しい措置を知っており，その同重体は結合定数の平方が2を超えるまで安定にはなら無いと彼に話した．

　一時期バークレーは高エネルギー物理研究室を創りだし，それはユーザー研究室では無く，バークレーのスタッフに有効であった．ユーザー（利用者）研究室はブルックヘヴンで創り出された，しかし労働の苦痛は容易ではなかった．最初に，見込みがありそうな利用者からのコスモトロンでの実験提案を研究室で受け入れた，そしてそのアイデアは彼らたちが注文した以上に素晴らしい出来栄えで実施された．全てを休み無く行っても2年間分の受注残が在り，提案のオーバラップ問題が果てしなく続いた．技術委員会のコスモトロン部門長，ジョージ・コリンズへの勧告が在ったものの，それは単なるロジェスティックによるものだと認識されていた．ジョージはその実験計画を決定しなければならなかったのだ，程なく誰もがジョージに威嚇され，馬鹿な行いを始めた．1955年までに，リー・ハワースは彼自身が行わなければならないある事を決心した，その正しいある事とはプログラム諮問委員会の創設だった．当時，どの様な過激な提案が為されたのかを，君たちには想像出来ないだろう．あなたの実験が他の人の実験と比べて悪いか否かをある人物が判定するアイデア——それは侮辱だ——には我慢出来ないだろうし，多分憲法違反だ．ハワースはコスモトロン利用者会議を招集したのだが，ブルックヘヴンの誰1人も立ちあがってその委員会へ提

案する者は居なかった．リーは外部者——理論家でさえも——にそのアイデアの提案をあずけるのが良いと考えた，それでその問題での衝突は消えてしまった．私がこのニュースを利用者たちへ知らせる担当者に選ばれそれを行った，かつ沢山の憎まれ口を叩かれたものの生き延びれた．私は対価を支払った．私はプログラム諮問委員会の委員を真面目に数年間勤めた，最初はリーランドの下で，それ以降はマーキュリー・ゴールドハーバーの下で．

その間，中間子に関する非常に多くの実験がコスモトロンを用いて行われた．重要な結果はレオン・リーダーマン (Leon Lederman) とウイリー・チノウスキー (Willy Chinowsky) による 1956 年の長寿命 K 中間子の発見とオレステ・ピショニー (Oreste Piccioni) による K 中間子再生実験だった．再生の討論で，長寿命 K 中間子と短寿命 K 中間子のあいだの微小差異が予測されるに違いないとピショニーに指摘したことを覚えている．オレステはいつも彼の観察に対しクレジットを私が与えてくれることを求める細心で注意深かった．ジョージ・コリンが巨大モーメント遷移事象の測定を試みて最初に計数機の列を設置した．私はコリンへジェットのようだと主張した．そのジェットのアイデアからは新しいものは何も出なかった：制動放射 (Bremstrahlung) はジェット事象で光子をもたらすことを示した．同様な議論は粒子場でも応用出来るに違いないと私は考えた．コリンはそのジェットで観察を試みたのだったが，彼の装置はそれらの現象を発見するに必要な精度を有していなかった．

8.6　世界旅行

ブラムと私が書いた強い結合（カップリング）に関する 2 つの論文の間隔が長かったのは，1957-58 の学術年にサバスティカルを取得してコロンビア大学を離れたことに依る．私はホミー・バアバ (Homi Bhabha) からボンベイのタタ研究所で数週間の講義を行う招聘を受けた．それを基礎に，シャーロットと私は世界旅行を計画した．シャーロットはファーストクラスでのみ飛んだ；ファーストクラスがより安全だと彼女は認識していたのだった．彼女はさらに常に最良で高価なホテルに滞在するのが，同じ理由で安全だと信じきっていた．ヨーロッパで夏季休暇の大部分を過ごす予定で，5 月に我々は出国した．英国で車を借り，数週間駆け巡り，その後フランスへ船出した．パリで，モーリス・レビィ (Maurice Levy) は私がエコール・ノルマル（高等師範学校）で講義を行うように招待してくれたので，しばらくの間そこに留まった．パリのホテルにチェックインした後で，我々はエレベータに乗り，グレン・シーボーグと出くわした，彼は当時原子力委員長だった．"何故だい，ボブ" と彼は叫んだ，"君がここに居るとは知らなかった！"，"私は違います" と返事をした．エレベー

タのドアが開き，グレンは出て，その会話は終焉となった．シャーロットはそれを奇妙な挨拶と思ったが，私にとっては充分に明白なものだと思われた．私がいずこかで開催された彼が出席する会議の米国訪問団の一員であることをグレインは知らなかったのだと彼は言い，私はその一員で無い，と言ったのだ．

パリの後，車で南下しフランス・リビエラに2週間滞在し，そこで初めてビキニを見た，それからイタリアへ，そこでは通常の景色を見て非常に強い印象を受けた．システィナ礼拝堂でビキ・ワイスコフと出くわした，彼もまたサバスティカルを取得していた．

ローマからイスタンブールへ飛び，そこで数日を観光に費やした．ある日ボスポラスを上り，ロシア国境近くの黒海まで行くフェリーの旅をした．この旅で少なくとも3つの異なる情報機関からの情報局員によって我々は監視されているとシャーロットが毒づいた．彼女は多分想像で考えたものと私は思った．しかし翌日，イスタンブール・ヒルトンの7階でエレベータを降り我々の部屋に入った時，シャーロットが言った"エレベータドアの反対側のベンチに座っていた小男に気がつかなかった？彼は我々がエレベータを出る時，いつもそこに居たわ"．私は，それは偶然だったに違いないと言った．彼女は言った"違う，他のドアでは男はどこにも居ないのよ"．次回，我々が部屋に入り，シャーロットはドアを閉め，数分待ち，ドアを再び開けて覗いた．その男が我々の隣の部屋に入るのを見たと言った．我々がイスタンブールを去る日，シャーロットはトロッキストたちの最悪のケースを思い，我々が空港で向かわなければならない時刻よりも2時間も早くチェックアウトした事実から彼女の人生は混乱させられていた；しばらくの間，ロビー内で落着かなく座り続けていた——その小男もまた7階では無くて，ロビー内に居たことを指摘しておこう．

イスタンブールからアンカラへ飛んだ，そこでは物理学者たちであるフェザー・ガーシィ(Fesar Gursey)と妻のシャーが中東部技術大学(Middle East Technical University)の講義に私を招いてくれていた．フェザーは当時，半年間はエール大学の教授として，残りの半年は中東部技術大学で過ごしていた．少し前に，エール大学に居た時，彼はトルコ政府からトルコに戻り学生として兵役免除されていた兵役を完全に遂行するようにとの命令を受けていた．フェザーはラビが国連科学委員会の米国大使になり，まさにその委員会に出席しようとしていることを知っていた．彼はラビに大使の仲に入ってその命令を取り消すことを試みてくれないかと依頼した．しかし，明らかにラビはやり過ぎてしまった．2ヵ月後，フェザーはトルコ政府から，兵役をキャンセルするかわりに，イスタンブールで直ちにトルコ空軍の首席科学アドバイザーとしての新たな義務を引き継ぎその結果を報告するようにとのもう1つの通達を受けた．

8.6 世界旅行

　フェザーの招待は，中東部技術大学教授のエルダラ・イノニュ (Erdal Inönü) の支援も受けていた．イノニュはウイグナーの下でプリストン大学より学位を取得した．エルダラの父，イスメト・イノニュは非常に高名な人物だ．彼はトルコ軍の将軍であり，第一次世界大戦後のトルコ独立戦争中アタチュルク[*11]の首席補佐官だった．トルコ共和国が成立した時，ケマル・アタチュルクが大統領となり，イスメト・イノニュが首相となった．オスマン帝国下では固有姓は慣習的でなかったが，共和国によって導入された変革により慣習となった．国会法はムスタファ・ケタールにアタチュルクの姓を与え，または"トルコの父"と称えた，独立戦争中の戦闘で勝利した場所にちなんでエルダラの父には"イノニュ"の姓を与えた．アタチュルクが1938年に亡くなった時，エルダラの父がトルコ大統領になった．トルコに自由選挙を導入することでその地位を失うという代償を払う1950年までその地位を維持した．我々が訪問した当時，彼は反対派を率いてオフィスの外であった．彼はおよそ1964年に再び首相となった．

　私は中東部技術大学で講義し，そこが楽しく積極的な場所であることが判った．そこは新しい教育機関だった．建物は実に素晴らしい仕事でアピールした若いトルコ人建築家によって設計された——大きくて広いホール，荒削りで終わらしたコンクリート壁，何処からでも眺められる外へと通じる見通しの良い眺望．しかしこの近代的な荒削りで終わったコンクリート壁構造物には幾つかの欠点が在ることが判った．クラスの交替の時，像の群れが行きつ戻りつしているかのような音を立て，教室内での話

[*11] 訳註：　ケマル・アタチュルク (Kemal Atatürk) (1881-1938)：トルコの将軍・政治家でトルコ共和国の初代大統領．
1929 (昭和4) 年6月3日に昭和天皇が紀州に行幸された折，地元の人々によってつくられていたエルトゥールル遭難者墓地と慰霊碑を訪れ，追悼されたことにあった．
1923年にオスマン帝国は滅んでおり，革命を指導したアタチュルクがトルコ共和国を樹立し，大統領となっていた．トルコの近代化を進めようと考えていたアタチュルクは，いち早く近代化を果たし，日露戦争でロシアを打ち破った日本に尊敬のまなざしを向けていた．
その日本の天皇が，遭難事故から40年近くが経ってもなお，エルトゥールル号の将兵に思いをかけてくれていることに感激したアタチュルクは，トルコの手で墓地を大改修し，慰霊碑を建立することに決めたのである．
工事費はトルコ政府が，樫野崎灯台に程近い墓地の用地は大島村が，それぞれ拠出した．また，各所の墓地に埋葬されていたトルコ海軍将兵の遺骨がひとまとめにされ，慰霊碑の真下の棺に納められた．
慰霊碑の除幕式は，昭和12年6月3日だった．そしてこの折に，3年後におこなわれる予定だった「エルトゥールル号遭難50周年追悼祭」も繰り上げて開催された．
この時，トルコ大使館，日本政府の関係者，近隣の人々など約5000人にのぼる人々が参列したという [p. 45] (門田隆将，『日本，遙かなり：エルトゥールルの「奇跡」と邦人救出の「迷走」』，PHP研究所 (2015) より)．

しを聞くことは完全に不可能となった．そして学生達は大きなビスタ（眺望）を持つ大ホールがピンポン（卓球）台のための良好な場所であることをすぐさま発見したのだった，その卓球台もまた静かな大学の雰囲気を毀損させるものであったのだが．

ある日，エルダラは彼の父親の邸宅へ行き，彼の母親と一緒に茶のもてなしの招待をしてくれた．お抱え運転手付きのリムジンがホテルで我々を乗せ，静かに動き出した．我々が戻った時，ベルボーイ，客室係，ウエイターたちは実際に膝まずいたのだ．イスメト・イノニュは非常に有名な人物だった，彼の家に招かれることは言わばホワイトハウスへの招待以上に，更に格式の高いものだった．戻った後，残りのホテル滞在期間中，我々は VIP として遇せられた．1年後，T.D. リーもまた技術大学からの招聘を受け，我られの勧告に従いそのホテルに滞在した．1960年の彼が滞在中に，軍事クーデターでトルコ政府が打倒され，T.D. は戦闘機が数ブロック離れた国会議事堂を機銃掃射しているのを窓から眺めた．それが彼に戦争まっただ中の中国での日々を蘇えさせたと語った．

ある日，イノニュ夫婦，ガーシィ夫婦，サーバー夫婦は2台の車でアナトリア平原 (Anatolian Plain) へ行き旧ヒッタイト廃墟 (Hittite ruins)[*12] 訪問の旅をした．道の途中，幾つかの村で停まった，我々が車から出ると車の周りには人だかりが出来た．彼らはエルダラを認めた，彼の容姿は父親そっくりに見えた．そこの小作人たち (peasants) のほとんどが敵対する民主党 (Democratic Party) のメンバーと思われた，我々には脅迫しているよりもむしろ怒っているメンバーたちと感じられた．しかしトラブルも無く，結局ヒッタイ廃墟に到着した．周りには人っ子一人もいなかった．一か所に，碑文で覆われた粘土製 (clay) 平板の堆積近傍の場所に注意もしない番人の掘立小屋が在った．エルダラは我々に番人は既に役目を終えてしまったのだと話した，何故なら土地の小作人たちは既に建築資材としてそれら平板をはぎ取って運んでしまったのだと．近くには，内部へと通じる粘土壁と50フィート (15m) のトンネルを持つ要塞が在った．ヒッタイトは明らかにアーチの造り方を知らなかった，トンネルをトレンチを掘って造り上げたのだ，8または9フィート高さに互い平らな岩の2つの列を一緒にもたれかかせ，それらの周りに土を入れたのだった．トンネルは暗かった，シャーロットは，閉所恐怖症でこの種の何もかも嫌っていたのだ，まず最初に入る事を拒絶した．そのトンネルは6,000年間健全であり続け，午後遅くになって崩壊は起こりそうもないと彼女に指摘した．ガッカリして，彼女は結局，数歩中に踏み入

[*12] 訳註： ヒッタイト：インド・ヨーロッ語族のヒッタイ語を話し，紀元前15世紀頃アナトリア半島に王国を築いた民族，またはこの民族が建国したヒッタイ帝国を指す．高度な製鉄技術によりメソポタミアを征服した．最初の鉄器文明を築いたとされる．

8.6 世界旅行

れた，そして彼女は探知して，つま先が開いているサンダルを投げ捨て悲鳴をあげ，戻ってしまった，最近住み着いた羊との対面だった．

アンカラに滞在した時に，イスタンブール近傍のトルコ原子力機関での講演と調査の招待を受けていた．私はそこに飛び，私の話しをし，スイミングプール型原子炉を案内された，その原子炉は建設途上だった．隣のモスクからの詠唱が始まると，原子炉プールの端に居た労働者達は祈りの敷物を敷き膝まづき，メッカに向かって拝んだ，それがあまりにも時代錯誤的であるとして私に衝撃を与えた．我々が去ろうとしていた頃，建設所長が言った，"一寸待って下さい．あなたの航空費を弁済しなければならないのです"．彼はメール秘書に振りかえり，秘書はオフィスの中へ消え，明らかに至極狼狽してチーフに囁いた．何が生じたのかを私は知らない，しかし所長が言った，"直ぐに小切手を手に入れます．その間で，昼食を取りましょう"と．我々はリムジンに乗り，ハリウッド映画のセットであるかのように見えるマルマラ海 (the Sea of Marmora) に面するリゾートへ出かけた．水際の優美なオープン・エアーのテラスで昼食を取った，高速ボートに曳かれた水上スキーの少女たちが沖に向かって丁度出発したその水際で．我々の昼食は明らかに航空費用の数倍は高価なものであった．そして，数語の説明も無しに，我々はイスタンブールの街中に入った，そこで所長は建物の巨大なブロックに一緒について来るようにと言って中に入った．1階は巨大なオープン・スペースで，そこは台帳に走り書きしている数百名のクラークで満たされていた．所長は上階に私を連れてゆき，そこで非常に際立った紳士に私を紹介した，トルコの財務大臣であることが判ったのだが．財務大臣である彼自身のみが，3週間以内でいかなる資金も得ることが出来るように見うけられた，そして彼は現金窓口へ私を個人的にエスコートして，私の弁済金を得に必要な書類にサインをしたのだった．

アンカラの後の次の逗留地はイスラエルだ，そこのレホヴォト (Rehovot)[*13]に在るヴァイツマン研究所 (Weizmann Institute) で講義を行う予定であた．到着し研究所の正門の守衛が機関銃を抱えているのが印象に残った．到着して間もなく，死海 (Dead

---

[*13] 訳註： レホヴォト：イスラエルの中央地区の都市．テルアヴィヴの約 20 km 南に位置する．1932 年に農業研究所がレホヴォトに建設され，後にヘブライ大学の農学部キャンパスとなった．1934 年にはハイム・ヴァイツマンにより，後のヴァイツマン科学研究所となるシーフ研究所が創設された．ヴァイツマンと彼の妻は研究所の構内に埋葬されている．

ハイム・ヴァイツマン (1874-1952)：イスラエルの政治家・化学者．シオニスト運動の指導者で，初代イスラエル大統領．1948 年，イスラエルの初代大統領に就任した．1949 年，ヴァイツマンの 75 歳の誕生日を記念して，ダニエル・シーフ研究所がヴァイツマン科学研究所と改名した．1952 年，大統領在職中，78 歳で死去．自身の希望により，遺体はレホヴォルトの自宅に埋葬された．1966 年に死去した妻ヴェラも埋葬されている．

Sea)への観光旅行に出かけた．帰りに，その古いおんぼろのバスは長い上り坂の途中でそのクラッチのスリップを始めた．数分毎に，クラッチが冷えるまで立ち止まらねばならなかった．結局，キーム・リービ (Chiam Lieb) とリーア・ペコリス (Leah Pekoris)（彼は地球を通る地震波の彼の伝播論で著名な物理学者だった）による我々に敬意を表したレホヴォトでのデナーに 1 時間遅れてしまったのだ．我々のホストは心配してしまった，何故なら 1 週間前にその同じバスの遊覧旅行がテロリストの襲撃を受け 2 人が殺されたのだった．私が講義を終えた後，ヴァイツマンの人々は親切に若い物理学者を我々にプレゼントしてくれた，彼は妻と車を持っていて，我々を数日の国内の観光旅行に連れ出してくれた．

イスラエルの後の旅行はボンベイだった．我々はイスタンブールまで引き返すことを余儀なくされた，何故ならイスラエルからアラブ諸国の上空を飛び越すことが出来なかったからだ．イスタンブール・ヒルトンに戻った時，最初の時と異なる階の部屋を取った——しかし，エレベータのドアが開いた時，エレベーターの反対側のベンチに座っている同じ小男が居た．"ホー，あなたは今日のほうがさらに良く見えるよ"と彼がシャーロットに言った．

ボンベイへの途中，深夜にカラチの空港で一時駐機した，そこで我々はリーとヤングのノーベル物理学賞の受賞ニュースを報じた新聞を見た，そこで我々は祝福の電報を打った．ボンベイでは，バーバ (Bhabha) がタジマハール・ホテルの 1 室を手配してくれていた．我々の部屋はホテルの旧館だった，そこには空調機が備え付けられていなかった．シャーロットは素晴らしいと感じた，我々はその場所の大気を単純に楽しんだ——彼女が窓を開け放ち，両翼の羽幅が約 12 インチ (30 cm) もある虫，トンボのようなもの，が部屋に飛び込むまでは．それで部屋替えを彼女は望んだのだが，空調機の付いた部屋は得られなかったためそこに留まざるを得なかった．次の事はシャーロットが入浴しているときの出来ごとだった．私がベッドルームに居た時，ドアが突然開き，タオルを一杯腕にかけたホテルの従業員が，無言で勇ましくベッドルームを通り抜けて浴室に入り，シャーロットが浴槽に居ることに注意を払わずにタオルを交換し，再び勇ましく出て行ったのだった．

タジマハール・ホテルの我々の部屋からは港が見えた，部屋の直下にはローヤル・ヨット・クラブが在った．我々が到着して間もなく，嵐が近付いているとの気象予想が出ていたので，ヨット・クラブが如何に対応するのかを見てびっくりしてしまった．数百人の男たちが現れ，水に入り込み各々がボートを囲んだ——各々の船体を取り巻くに充分な程の数——そして簡単にボートを水から引き上げて陸まで運び上げたのだった．それら全手順を，1 台または 2 台のホイストを用いて当時行われていた米国のヤードでそれを行うのは不可能だ；ここでは 1 ダースの人間が一度に働くのだっ

8.6 世界旅行

た．ディナー前の最初の宵に，ドアをノックする音がした；3人の男たちがそこに居て，ベッドの用意をして良いかと尋ねた．まだ準備出来ていないと我々は答えた．1時間後，我々が部屋を離れる時，ドアの前の廊下に座っている3人の男たちが居た，それまでずーと待っていたのだった．他の時，我々は赤い城 (Red Fort) を見にタクシーを拾った，そしてその運転手と分かれた，彼が驚いた顔をした．我々が戻ろうとした時，他のタクシーを見つけるのに苦労してしまった．このことから我々は直ちに学んだ；毎時15セントの料金で車を待たせることだと，人は常に往復の旅をするのだと．

この貧困に合わせることは困難だった．ある夜，シャーロットと私はインド映画鑑賞に出かけたが，帰りのタクシーを見つけることが出来なかった．2ブロック先のタクシー待機場まで歩く間に，半折で寝ているホームレスの人々の体の上をまたいで歩かなければならなかった，そしてタクシー待機場に達する時までに，シャーロットは明らかにヒステリックになっていた．

タタ研究所 (Tata Institute)，そこで私は原子物理学のコースの講義をした，は町はずれのアラブ海に接する絶壁の上に在った．非常に印象深い建物であったが，適切な空調設備を備えていなかった，熱く湿った空気が研究所の装置をめちゃめちゃにしていた．それはタタ一族の投資によるものと私は信じている，タタ一族はインドのロックフェラーだ．バーバはタタの一員であり，ボンベイに滞在中に，我々をタタ一族の歓迎会に招待してくれた．ニューヨークで最良のユダヤ人について私に問い掛けた愛想の良い紳士との会話を覚えている：1/4百万ドル（25万ドル）もするだろう首飾りを持ち，その有償の財産税を見せながら．

我々の古い友人ベルナルド・ピーターズ (Bernard Peters)，彼は戦前バークレーでオッピーの学生だった，はその研究所の教授だった，そして私がニューヨークに去る前に低エネルギー原子物理学の講義のために私を招聘していたのだった．しかしベルナルドは宇宙線物理学者だった，そして彼が意味した低エネルギーとは数百の百万ボルト近傍であることを判明した，一方，私が用意したのは約1ボルトの話しだった．私は即興でやらざるを得なかった．ベルナルドは私たちにインドで教えることでの幾つかの困難について話してくれた．高位のヒンズー教徒の学生が最初に考えることは，研究所内の彼自身が触れたものを去る前にクリーンアップすることである．そして彼らが科学的外観に没頭し始めると，彼らの文化のタブーを忌避したとして彼らの一族と深刻なトラブルに見舞われるのだと．

インドからアジャンタ (Adjanta) の洞窟[*14]を訪れ，そこの壁画を見た；我々はアラ

[*14] 訳註：　アジャンタ石窟群：インドのマハラーシュートラ州北部，ワゴーラー川湾曲部を囲む断

ラ (Alara) も訪問した，そこには堅固な岩を切り刻んだ寺院が在る．我々はデリー (Delhi) へ飛んで，車と運転手を借りてそのデリーの周辺を数日旅行した．タジマハール (Taj Mahal) で，その場所に居た唯一の外国人が我々だったことに加えて多分1ダースのインド人の観光客しかいないことにびっくりさせられた．我々はムガル (Mogul) 帝国の首都だったファテープル・シークリー (Fatehpur Sikri)*15，そこは16世紀の初めに廃墟となった，を訪問した，そこはあたかも昨日に人々が立ち去ったかのごとく見えたのだが——冒涜も無し，落書き皆無，イニシャルも無し．西洋とは大きく異なるものだ．他の訪問地はアンベール宮殿 (Amber Palace) だ*16；そこでは，地元の楽器を奏でる音楽家の一座を従え象の背中に乗せられて入口までの道を運ばれたのだった．その時，そこに居たのは我々のみだった．

　ボンベイから寺院観光のためバンコク (Bangkok) へ向かった．アンコールワット (Angkor Wat) 見学のためカンボジアへの2次旅行もした．我々が4基のエンジン搭載の飛行機に搭乗したことをシャーロットは認めた，しかしそれはたったの1回きりだけだった——エンジンが船外機付きボートの交換品のように見えたのだ．寺院近くの草原に着陸した，親切な人物が着陸前にヤギを素早く追い払わなければならなかった．通関小屋が在った，しかしながらシャーロットがカンボジア通貨のために公式レートで支払ったことに気付いた時，関税役人は実際に笑いこけながら床を転げ回りそして死んでしまった．これまで一人としてそれを行ったことがなかったのだ．彼女は上手く話したのだが，幾つかの理由のため全ての役人を恐怖に陥れ，そして終始規則に基づき厳格に行われた．地元のホテルで一夜を過ごし，ガイドとその廃墟の周りを歩いた，そのガイドは岩を拾い，それで壁のフリーズ（帯状装飾）の一片を叩き取り，我々に手渡した．午後，ジャングルで覆われた廃墟の中で踏み迷い完全に孤立してしまった．完全な孤立ではなかった——古い寺院から深い階段を降りていた時，他のカップルが上ってくるのが目に入った．"何故ここに，ボブとシャーロット・サーバーが"と彼たちが言った，"覚えているかい？ 私らはアーバナの英語学部の何某

---

*15 訳註： 崖を550mにわたって断続的にくりぬいて築かれた大小30の石窟で構成される古代の仏教石窟寺院群のことをいう．開窟年代は，前期と後期に区分される．前期は紀元前1世紀から紀元後2世紀のサータヴァーハナ朝時代に築かれている．後期である5世紀後半から6世紀頃になると，奥壁中央に仏殿が設けられ，本尊として説法印を結んだ仏陀坐像が脇侍菩薩を従えて安置され，仏殿としての性格が強くなる．世界遺産として登録されている．

*15 訳註： ファテープル・シークリー：ウッタル・プラデューシュ州アーグラ約40km西に位置する，ムガル帝国第3代皇帝アクバルによって建設された都市．王子サリームが誕生し，記念としてここに新たな都を造り，アーグラから遷都した．しかし，慢性的な水不足と猛暑のため，わずか14年間 (1574-1588) しか使用されず廃墟となった．遺跡群は1986年，世界遺産に登録された．

*16 訳註： アンベール城：インドのラージャスターン州，ジャイプルの北東11kmの城郭都市アンベールにある宮殿．宮殿後ろの山上にジャイガル城砦があり，隠れた通路でつながっている．

だよ".

　我々の次の停泊地，香港では優雅なペニンスラ・ホテル (Peninsula Hotel) に逗留した，そこでの唯一の不足は 1 日にたった 2 時間だけの浴室の水だった．香港ショッピングの定例のコースで，私はカッコイイ 2 フィート (60 cm) の中国ジャンク模型を 7.50 ドルで購入した．模型が届いた時，内部が私の予測したような丈夫な木枠ではなかった，しかし壊れやすい木枠は木の薄板で出来ていた．その木枠は打ち負かされ，曲がり，半分が壊れていた，しかしその模型は全く損傷を受けていなかった．

　ペニンスラの食堂（ダイニング・ルーム）で新年のイブを祝った．素晴らしい衣装を身に付けた女性は 1 人も居なかった，男性も同じだった，彼らの半数は素晴らしい軍服を，その半数の民間人たちは明るい色の同じような派手な錦織ジャケットを身に着けていた．香港から日本へ飛んだ，そこで我々は京都の湯川への訪問に数日を過ごした．東京では嵯峨根と会った，彼はテニアンからアルヴァレ，モリソンと私が手紙を書いた物理学者だ．

　太平洋を飛び越える帰りの旅は米国旅客機に搭乗した——1 年の全部を使ってヨーロッパからオリエントにわたる旅行は我々にとって初めての経験だった．我々の最初の印象は，米国人の人格ともてなしは途方もなく不作法（粗野）だ；我々はサービスの異なる標準を選択してしまったのだ．2 日程，ホノルルに停泊した，そこで私はサーフボード上に立つ訓練を受けた．素晴らしいことに私は上達した，そして海岸線のそんなに大きく無い波の上で全ての方法を試みた．トラブルは去ってしまった．トライしようとした瞬間，ボードがひっくり返り，唇を血だらけにした．

8.7　ロシアでの会合とバァージン諸島セーリング

　国際友好のジェスチャーとして，ロチェスター会合が 1959 年 7 月にキエフ (Kiev) で開催された．我々の最初のロシア経験はロシア製旅客機への搭乗だった，ヘルシンキからレニングラード (Leningrad) へと我々を運んでくれた．着席した時，シャーロットは彼女の席のシートベルトが壊れているのに気がついた．彼女はホステスを呼んだ，ホステスは "Nichevo!"（"あら，問題ありません"）と言った．後でホステスはオレンジをくれた，が我々はそれを拒絶した，他の旅客たちは大変びっくりしてしまったのだが．我々は間もなく理解した；ロシア北部ではオレンジは通常入手困難な贅沢品であることを．

　ロシアは米国人訪問をごく最近になって認めた，そして旅はインツーリスト (Intourist) により直接規制されていた．しかし我々の科学会合は特別な出来ごとであるため，その管理は若干インツーリスト網から逸脱していた．レニングラードでの入

国審査と通関で2時間悪戦苦闘した後，何をしようが，我々に対して全く法的規制が無いことを発見した．タクシーをひろった，そして運転手と相当困難なコミュニケーションを持つはめとなった，我々がイディッシュ語 (Yiddish)*17 を話せない者として区別されたのだった，しかし運転手は "October" と呼ばれているホテルまで我々を連れて行ってくれた．そこでは誰も英語を話す者は居ない一方，彼らはフランス語は話す，シャーロットはフランス語を扱うには充分な程良く知っていた．レニングラードでの観光後に，モスクワ (Moscow) へ飛んだ，そこでインツーリストが我々を捉まえ National Hotel に押し込んだ——古いホテルで，ちょっと離れているモダンな旅行客用のメトロポリタン (Metropolitan) に比べて一層興味有るものだった．我々の大きな部屋は重厚な金襴 (brocade) のカーテン，グランドピアノ，クレムリンを臨む窓，長年の埃で誇らしげだった．シャーロットは，客の要求に対するロシアのホテル管理方法に大きな印象を受けた．ディスクの女性は質問された何事——運賃，航空券または鉄道切符，バレイまたは劇場の切符——も鉛筆で次の行に記載するための大きなノートブックを抱えていた，そして何事もすることになっているように実際に起きた．

スプートニク (Sputnik) とロシアの衛星計画の始まりはごく最近のことだった，スプリングで窓から飛び出すプラスチックの犬の頭と宇宙船のレプリカからなる玩具を見つけた．モスクワで最初のアメリカンフェアー開催の年でもあった，副大統領のリチャード・ニクソンがフルシチョフ (Kruschev) と有名な交替を行った時期だった．そのフェアー見学で，エドワード・スタイケンの本『人間家族』(The Family of Man) からの写真展示会に我々は駆け込んだ．その写真の1つは，エド・マクミラン，チサレ・ラテス，ゲン・ガードナーと並んで私の姿が映っていた．我々がその写真を見つめていると，幾人かのロシア人が似ていることに気付いて，間もなく大群衆に取り囲まれてしまった．

キエフでの科学会合は良く組織化されていた．組織化が無視されていた唯一の事は，昼食時におけるロシア・レストランで3時間以内に供給される店が皆無であったことだけだ．その当時，理論物理学者たちはブーストラップ (bootstrapping) とデモクラシー（民主主義）の流行に支配されてしまっていた．多くの人々は量子場理論を信じなくなった，疑いも無く技術的困難さと計算の困難さがその理由であった，そして基礎として陽子からウラン核に亘る多数の構造に関連する非常に実用的性質記述の設定を欲していた．それはナンセンスなことだと私は思っていた．ゲオフ・チュー (Geoff Chew)，（素粒子）民主主義の指導的提唱者*18，が講演のために立ちあがった

---

*17 訳註： イディッシュ語：高地ドイツ語方言に Hebrew, Slav 系の語の混ざったもので，ヘブライ文字で書く；ロシア・ヨーロッパ中部・英国・米国のユダヤ人などに用いられている．

*18 訳註： 素粒子民主主義：バークレーの Geoff Chew らは，素粒子は素粒子で組み立てられてお

8.7 ロシアでの会合とバァージン諸島セーリング

時，わたしは喫煙しにロビーへ出た．レフ・ランダウ (Lev Landau) が私に続いて出た，そしてからかうように言った，"サーバー，あなたは良い鑑識眼を持っているようだ——あなたは当面の場理論をいまだに信じているのかい？"．

会合の 1 日はドニエプル川を遊覧ボートで下ることに当てられていた．昼食，水泳，ウクライナの詩人シェフチェンコ[*19]，後に我々の遊覧ボートの名称となった，の記念碑訪問のため辺鄙な場所に停まった．彼の記念碑は丘に登る途中に在り，数百段の階段を上らなければ行けなかった．半分上って，休息場所にキオスクが在り，驚いたことに本を売っていた．さらに驚かされたのは，その本の全てが教科書だったことだ——それらの幾つかは英語であり，英語で書かれた物理学教科書が含まれていた．キエフから，我々もまたさわやかな気候と黒海リゾートを楽しむため黒海のオデッサへのサイド・トリップをした．オデッサには沢山のオレンジが有った．

我々は夏（1959 年）にニューヨークへ戻った，そこでブルクヘヴンとロングアイランド海峡セーリングに分けた．2 年前，私の同僚ヘンリー・フォリイ (Henry Foley) が 35 フィート (10.6 m) のスクーナーで海峡セーリングの楽しみ方を教えてくれたのだ．ヘンリーと彼の妻ペグと一緒に数回の旅をした後，我々は自分自身のボート 30 フィートの斜桁（ガフ）付きアルデン傾斜——アルデンは指導的米国人ヨット設計者であった——で 1926 年に建造したをボートを購入した．**ホワイトカップ**(*Whitecap*) と呼ばれていたそのボートはアンティークと言える代物だ．アンティーク・カーと同様，我々が出航すると，いつも大きな注目を浴びたものだった．1959 年のクリスマスの一寸前に，スタート・ハリソンから，彼はチャーリー・ローリッツエンの前放射線技師でキティーの前夫，バァージン諸島のセーリングへ一緒に行かないかとの招待を受けた．彼は英国の相続不動産を得ていた，そしてそれを **8 月の月**(*August Moon*) と呼ばれる，50 フィートの鋼製船体ケッチ[*20]の購入に充てたのだった．スタートと新たな妻ヘレンとセント・トーマスのシャーロット・アメリで会った．我々の最初の面倒な仕事はボートに食物を蓄えることだった．我々は地元のスーパーマーケットへ出かけた，オッピーとキティーから我々は右へと逃げこまなければならなかった．しばらくの間，まごつかされてしまった．オッピーとキティーが丁度セント・トーマス

り，その先の超素粒子はないという素粒子民主主義を唱え多くの信者を得た．しかし，これはクォークが発見されてつぶされた．

[*19] 訳註： タラス・セフィチェンコ (1814-1861)：ウクライナの詩人，画家である．ウクライナの農奴の解放に力を尽くした．1847 年 4 月 5 日に秘密結社「聖キリルと聖メソジウス団」に手入れが入った際に，シェフチェンコが書いた皇帝ニコライ 1 世とその妻アレクサンドラを批判する詩が見つかり逮捕された．サンクトペテルブルクの刑務所に入れられた後，10 年間の流刑生活を送った．皇帝の命により，流刑の間はペンと筆を持つことを禁止された．

[*20] 訳註： ケッチ (ketch)：メインとミズの 2 本のマストに縦帆を張った沿岸貿易帆船．

の浜辺に面した家を建てたところだった．セント・ジョンにはスーパーマーケットが無かった，そこの住民はセント・トーマスへ買い物をするためにフェリーで行かなければならなかった．

　バァージン諸島での日々のセーリングは非常に素晴らしかった．もしも他のボートが同じ港（ハーバー）に入ってくると，侮辱を受けたと感じられる程だった．ある夜，我々は英領バァージン諸島のトレリス湾 (Trellis Bay) に停泊した．スタートは我々のためにマリナ・ケイ (Marina Key) でのディナーを手配していた，彼はヨットマン帽子とブレーザーと大変英国風ファッションで着飾り，そしてディンギー (dinghy)[*21]でスタートと一緒に陸地の入り口を作るためにボートを離れた．そのドックに近づいた時，そのことがスポイルされた，スイッチを回した時彼の船外機付きボートは停まらなかった，そこで我々は頭を叩きつけられディンギーの船底へ投げ出された．翌朝，我々はトレリス湾を去り，北へ船首を向けた．一寸早めに私は海図を眺め，北にリーフ（岩礁）が在り，それを避けるには東へ向けさせる必要があると観た．しかしニューヨークを去る前にシャーロットが私に施した講義；スタートは船長であり私は乗組員であるとのハーバーでの厳格な講義に影響され，彼の航海に邪魔も批評もしなかった．この講義を思い出し，私は船首 (bow) へと走り出し，案の定，そこで水面下の珊瑚 (coral) の頭が急速に近づくのを見た．私は逆上し手を振った，しかし私の手振りの意味をスタートが悟る前に，珊瑚礁にぶつかった．さしたる困難も無く小錨の綱をたぐって船を移動させる (kedge off) ことが出来た，船外に潜り，幾つか抗貝付着塗料が剥がれたのを別にして鋼製船体は損傷から逃れていた．

8.8　再び，ニューヨークで

　我々は 1960 年 1 月にニューヨークへ戻り，コロンビア大学での家族的な生活を再開した．

　1963 年 3 月，マレイ・ゲルマンによるコロンビア大学での討論会（コロキュウム）が計画された．彼が講演する 2 週間前にジャン・カルロ・ウイック (Gian Carlo Wick) にマレイ講演の背景を与えるコロキュウムを行うように依頼した．ジャン・カルロはその殆んどを SU(3) として知られた対称類について講義した，それは素粒子系マレイ考察で顕著な異彩を放つものだった．量子力学系を解析する上で対称性が重要な役目を果たす．電子 1 個を持つ原子という，もっと単純なシステムを考え例証してみよ

[*21] 訳註：　ディンギー：現在はヨットの 1 つの型；もとインド沿岸で用いられた各種の小舟・小ボート．

8.8 再び，ニューヨークで

図 8.5 マレイ・ゲルマン (1929-) は 15 歳でエール大学に入学，1948 年に物理学士となり，1951 年に MIT より Ph.D. を取得．1952 年，シカゴ大学原子力研究所に居る時，彼は所謂 "ストレンジ" と呼ばれる粒子の崩壊を説明する助けとなる性質である "ストレンジネス" の概念を考案した．1962 年，彼は（彼とは独立にユーヴァル・ネイマンと）粒子を分類する重要なスキームを考案し，1964 年にクォークのアイデアを導入した．1969 年にノーベル物理学賞を受賞．

う．全ての電子は同一質量と同一電荷を持つから，その系での波動方程式はどのペアの座標の交換に対しても不変である．群変換で不変な波動方程式は，その結果多数の状態は同一エネルギーを有する，そしてそのような状態は群の既約表象 (irreducible representation) に属していると言う．もしも，同一エネルギーの n 状態が在るとしたならば，我々はそれを n 次元既約表象を有していると言う．原子系は SU(2) と呼ぶ他の対称群を持つ，ここで "2" は電子が 2 個のスピン状態を有することが出来る事実から引用されている，その波動方程式はスピンが上か下かによって依存されない．2 つの対称群が在る時，1 つの群の既約表象からの状態もまた他の既約表象に属する．ヴァン・ヴレックの大学院生として，私は原子と分子のエネルギー水準の沢山の研究を行った，そして置換群に関する幾つかの論文を出していた．私は SU(3) の既約表象を知っていた，そして置換群の既約表象を発見し使っていた．

1961 年，ゲルマンは粒子のバリオン系 (baryon system)[*22] が——陽子と中性子を含

[*22] 訳註： バリオン：3 つのクォークから構成される亜原子粒子である．素粒子物理学の標準模型

む粒子で，より重い粒子は陽子と中性子に崩壊出来る性質――SU(3) 対称を示す証拠を発見した．スピン 1/2 を持つバリオンはアイソスピン (isotopic spin)[*23] と SU(3) の 8 次元置換を伴うことが可能なストレンジネス (strangeness) 特性を有し，スピン 3/2 を持つバリオンは SU(3) の 10 次元置換で形成されている．その 10 のうち 9 個のみが当時既知だった，そしてマレイは 10 番目のエネルギーとその他の特性を予言したのだった，その 10 番目は直ぐにバークレーでニック・サミオス (Nick Samios) により発見された．

SU(3) 群解析は単純な問題では無かった．それは数学者のヘルマン・ヴァイル (Herman Weyl)[*24] によって成された，そして彼が言うにはと SU(3) の既約表象に対するヴァイルの結論についてジャン・カルロが説明してくれた．そのことを考えつづけていた私は翌日，私が原子に対して行ったことの一般化を用いて低隆起部法 (low-brow method) により既約表象を見つけ出すことに気付いたのだ．スピンが上または下を有する電子に対する群特性である SU(2) の替わりに，素粒子を考察する SU(3) 群――今では "クォーク" (quark) と呼ばれる――では 3 つの状態から成ることを得ることが出来た．今や n クォーク系に対し，その過程を逆転させ，そして既知の置換群既約表象を用いて SU(3) の既約表象を見つけ出すことが出来るのだ．3 クォーク系に対して行った時，SU(3) の 8 次元表象と 10 次元表象を見出した，バリオンに対する表象も一緒に見出した，クォーク・非クォーク系はメソンの 8 次元表象を与えたのだが．この示唆は直観的だった：バリオンとメソンはそれ自身では素粒子では無いが，クォークから成るものである――バリオンは 3 つのクォークから，メソンはクォークと非クォークから成る．

マレイのコロキュウム前に，コロンビア大学の学部クラブで彼と昼食を取り，こ

では，ハドロンの 1 種である．重粒子とも言う．バリオンは強く相互作用するフェルミ粒子である．言い換えると，強い核力を受けていて，パウリの排他原理に従うすべての粒子に適用されるフェルミ・ディラック統計によって記述される．主なバイオン：陽子，中性子，Λ 粒子，Δ 粒子，Σ 粒子，Ξ 粒子，Ω 粒子．

[*23] 訳註：　　アイソスピン：ハドロン (hadron) に固有な物理的特性を表す量；あるハドロンのアイソスピンが I（整数または半奇数）であれば，強い相互作用に対しては全く同等な $(2I+1)$ 個の（質量のほぼ等しい）素粒子数が存在し，これらの電荷の差は陽子の電荷に等しい．
ハドロン：強く相互作用する素粒子のこと；フェルミ粒子であるバリオンとボース粒子である中間子とに大別される．

[*24] 訳註：　　ヘルマン・ヴァイル (1885-1955)：ゲッチンゲン大学で学び，ヒルベルトのもっとも傑出した教え子の 1 人であった．彼はヒルベルトの共同研究者になり，1913 年以来チューリッヒ連邦工科大学で教え，そこにアインシュタインがいることで，そこにいたこと自体が彼の数学的興味を深めるに大きな影響があった．1930 年にヒルベルトの退職によって生じた空席を受け継ぐためにゲッチンゲン大学にもどった．1933 年にナチスが力を得たためアメリカに亡命した．ヴァイルはプリンストン高等研究所に職を得た．これはアインシュタインやゲーデルのような亡命者と同様である．

8.8 再び，ニューヨークで

のアイデアを彼に説明した．彼は私にその粒子の電荷を質問した，私は電荷を考えていなかったから幾つかであろう．彼は鉛筆を取出し，ナプキン紙の上に2分で図を描いた．電荷は +2/3 または −1/3 陽子電荷となるだろう——あきれる程の結果だった．コロキュウムの中でマレイはこのアイデアについて触れ，後のコーヒー・ブレークで討議した．その粒子の名称の由来について覚えている．ロックフェラー大学物理学教授バクイ・ベグ (Bacqui Beg) が**クォーク**(*quark*) の名称が生み出された当時を思い出すように彼に訊ねた——そのような粒子の存在が自然の奇妙な気まぐれ (strange quirk) に思われた，そして quirk をしゃれてクォーク (quark) としたのだと彼が答えた．

1日ないし2日後，クォークの分数電荷はストレンジだ，なのに磁気モーメントはストレンジ[*25]では無いということが頭に浮かんだ．磁気モーメントは電荷と質量との比に依存する．核子 (nucleon) において，クォークは核子質量の 1/3 の有効質量を持っているだろう，そこでその比の 1/3 は相殺され，そのクォークは積分核磁気モーメントを有することになるだろう．単純な計算結果は，陽子は 3 核磁気モーメントを，中性子は −2 磁気モーメントを持つ結果を与えた，これらの値は観測結果に極めて近い値だった．そのことが，クォーク理論の正当性を私に確信させた．その時点で投稿すべきだった；しかしその機会を見つけるまで行かなかった．バクイ・ベグが私に示唆してくれたそのアイデアが私にとってあまりにも明白と思われ，その分野の専門家では良く知られているに違いないと私は考えてしまったことがその理由だった．しかし，そのことはマレイにとってはニュースだった，そして後に彼は，そのような考えを持ったことの無かったマーヴィン・ゴールドバーガー (Marvin Goldberuger) に語った．

1963 年に論文を投稿した（論文 43），それは，観測された大きな p-p 弾性散乱がデータの無批判的取扱いによって間違った逆 6 乗則で減じることを主張した論文である．この時期に散乱理論に関する多数の論文を書いた．チャーリー・タウンズ (Charlie Townes) はコロンビア大学に居た，そして量子効果はレザーにどの様に働くのかについて私に尋ねた．その量子揺動を有するものの法則は何であろう，特にレザーの開始においては? 彼と私はこの主題で論文を書き上げた（論文 42）．さらにコロンビア大学放射研のために，他には "電磁気波への超伝導表面応答"（論文 48）を

[*25] 訳註： ストレンジネス (strangeness)：ストレンジネス S は荷電演算子 Q，電荷スピンの第 3 成分 I_3，バリオン数を B として $Q = e(I_3 + B/2 + S/2)$ で定義される量子数である．強い相互作用および電磁相互作用では，電荷の保存，バリオン数の保存および荷電スピンの第 3 軸のまわりの回転に対する不変性が成立するので，ストレンジネス S も強い相互作用および電磁相互作用においては保存することがわかる．

書いた.

1963年の夏，キティーとオッピーが来て数日をブルックヘヴィンで過ごした時，我々はそこに居た．彼らと一緒に過ごさなければならない中で，それは最初の絶好の機会だった．オッピーは第5回ペグラム講義を与えられていた，その講義シリーズはジョージ・ペグラムの栄誉を称え設立された（彼のプーピン校舎オフィスは現在私が占めていた），彼はブルックヘヴンを地中から抜けださせるのに多大な貢献をしたのだ．1946年に北東部に研究所を創設する提案の手紙をグローヴス宛てに書いた，そして初めの大学グループ (Initiatory University Group) の長となり，目的を明確にした．ペグラムは大学連合 (Associated Universities, Inc.) またはAUIの合同評議会の1人でもあった，ブルックヘヴンの運営と政府とブルックヘヴン間の緩衝として使われたのがそのAUIである．その講義シリーズは優秀な学生達のために科学と社会との間に横たわる関係について話すために創設された．オッピーの始まりつつある講義シリーズは——彼は3つの話しをする予定だった——地元新聞社から大きな注目を浴びていた．研究所のどの大講義室の席数を超える数千人の聴衆が予想され，ブルックヘヴンは彼のために旧劇場の隣のフィールドをセットアップした．オッピー講話の主題は相補性 (complementarity) だった，しかしこの話しは聴衆の興味を大きくは引きつけなかった，最初の講義の最初の部分であると強調しながら，彼はいつもの通り話しを続けた．

翌年の2年間でめったに会うことはなかった．彼が健康であると考えたことは無かった．彼はいつも痩せすぎであったが，今では痛々そうに，そして虚弱に見えた．1965年APSの会合がサンフランシスコで開催された．私はエドとエリシー・マクミランと一緒に滞在した．ある宵，会合参加者のためのオープン・ハウスが開かれた．約7歳のエリシーが私への電話だと告げてくれた．私が答えると，その電話の主はオッピーだった．サンフランシスコで彼とキティーと一緒のディナーに加わらないかとの誘いだった．抜け出すことは難しい，と言うのはこのパーティーは多かれ少なかれ私を敬意して開かれたのだと説明した．しかし彼はかえって強要した．私の行くことを許してくれたエリシーに謝らなければならなかった，そしてジャックスでオッピーとキティーに会うために橋を車を運転して渡った．彼と会って，1930年代の記憶が蘇えった．食事は美味かった；オッピーが羊肉片 (mutton chop) の注文を私にさせたことをいまだに覚えている．しかしその雰囲気は一寸沈んでいるように感じられた．我々が去る時，オッペンハイマー夫婦の車まで私は歩いて行った．私が窓へ屈んでおやすみなさいと言うと，オッピーは病院から喉頭癌が再発したと聞いたばかりだと私に語った．

1967年2月中旬の木曜日，ジャン・カルロが私のオフィスに立ち寄り，プリンス

8.8 再び，ニューヨークで

トンのオッピーを一昨日訪ねたこととオッピーは本当に具合が悪いように見えたと話してくれた．私は翌日彼に会いに行くことに決めた，しかし物理学コロキュウムで私の出席が望まれる事態が持ち上がった，それで月曜日まで私の訪問を延期した．日曜日の朝，ニューヨークタイムス紙上でオッピーが土曜の夜に死去したことを知った．

キティーが1ないし2日後に電話をしてきて，2月25日にプリンストンで行う追悼式の計画を話し，私にその場で話しをしてくれるように頼んだ．シャーロットはそのアイデアを拒絶した．そのタスクは私にとって困難であると言った；話しをする人物にふさわしく無いこととそれを行うことは良好なジョブとはならないと．私は多かれ少なかれ同意した．その追悼式は高等研究所の講堂で執り行われた，そしてシャーロットと私はキティーとトニーの背後に座ったことを覚えている．スピーカーはハンス・ベーテ，ヘンリー・スミス，ジョージ・ケナンだった．後に，キティーはオッピーの灰をセント・ジョンへ持って行きホークスネスト湾の外，約1マイルの処の岩場，カーヴェル・ロックの近くに撒いた，そこは彼女の家から眺めることが出来た．

その春の後，4月のAPSのワシントン会合で開催されるオッピー追悼セッションでのスピーカーの1人になることを依頼された時，私はシャーロットを制圧してしまった．この出来ごとのため，準備に長い時間を要した，そして過去に戻り，幾つかのクリティカルな解析を与えてくれた，オッピーの論文の全てを読んだ．それは私が上手く出来る種類の事柄だった．それら追悼文は1967年10月の今日の物理 (*Physics Today*) に "オッペンハイマー追悼" の題で掲載された；1969年にはScribner'sからの出版物として，単純にオッペンハイマーの題名の1巻本として現れた．私は今日の物理記事のリプリントをグローヴス将軍へ送った，1967年7月13日付けの返事の手紙にはこう書かれていた；"実験家たちとの密接な協力を結べるオッペンハイマーの能力と彼の学生達を鼓舞する通常では無い偉大な能力とそれら問題への繊細な知覚力についてあなたが力点を置いたことを嬉しく思う．これら傑出した特徴は，彼が見事にやり遂げたロスアラモスのポストに彼を私が選んだことの基礎だった"．

2年前，シャーロットは劇場の仕事を辞めて，世論調査表編集者 (pollster) として一躍著名となってきたルイス・ハリス (Louis Harris) と一緒の仕事に就いた．当初，彼女はルイスの訪問記者 (interviewers) の1人であった，しかし間もなくその能力に気が付き，彼のオフィスのマネジャーに成るように依頼した．しかし彼女は拒否した，そして実際に辞めてしまった．私はそのことが理解出来なかった．シャーロットがパーキンソン病を患っていることが直ぐに判った．彼女は1919年にインフルエンザ (flu) に罹った，そしてパーキンソン病は珍しくは無い後遺症だった．彼女はブルクヘヴンでパーキンソン病を研究しているジョージ・コジアス (George Cotzias) 医師の診断を受けた．彼はアドバイスをしてくれたが，治療を施すことは不可能であると

第 8 章　コロンビアとブルックヘヴン，1951-1967

図 8.6　1967 年頃のシャーロット．

のことだった．シャーロットはそれを深刻に受け取りすぎた．彼女は常に手際良さ (dexterity) に誇りを持っていた，そして今や手を振ることさえコントロールすることが不可能になった．私は，それが実際に大変目立ってはいないこと，公衆の前で良くコントロール出来ていると彼女に聞かせた．しかし彼女の慰めににはならなかった．多分，さらに思いやりのあるアプローチを見つけるべきだったのだろう．彼女は人目を避けるようになり，公衆に見られるのを望まなくなった．彼女は意気喪失し――悪い時にはニューヨーク病院の精神科治療でしばしば過ごさなければならなくなった．

　1967 年 3 月 23 日にラビはコロンビア大学から引退した．大学はロウ図書館でのディナーを彼のために設けた．我々にとって不参加の質問は決して許されることでは無かった．その夜の前，彼女は睡眠薬のボトルを取り，朝に彼女が死んでいることを私は発見した．私はホールの向かいからラビに電話した，そして彼は救急車を呼んだ．ヘンリー・バーネットが葬式の手配をしてくれた．

第9章

ニューヨークとセント・ジョン，1968-1997

9.1 オッペンハイマー追悼会議と米国物理学会長時代[*1]

　1968年，キティーはその年忌に際して理論物理学会議を開催してオッピーの死を追悼したいとのアイデアを持っていた．友人たちの助けを借りて，20年前のシェルター島会合をモデルに私は高等研究所で開催する1日の会議を手配した．出席者は25名に制限した．出席者のほとんどが前夜に到着してプリンストン・インに滞在した，そこにザバース (Zabar's) からの飲み物と充分な程の食べ物を並べた．会議終了後，キティーは，良好なフランスのシャンペーンと一口で食べられる新鮮なキャビアを制限なくふるまうのを特徴としたレセプション（歓迎会）を彼女の家で開いた．数年間，この会議は年中行事として続けられた．

　それらの年月，私は沢山の助言業務を行っていた．それら研究所の所長の面々は古くからの友人達だった：バークレーのエド・マクミラン (Ed McMillan)，ブルックヘヴンのモウリス・ゴールドハーバー (Maurice Goldhaber)，スタンフォードのウォルフガング・ポノスキー (Wolfgang Panofsky)，フェルミ研のボブ・ウイルソン (Bob Wilson)，ロスアラモス加速器のルイス・ローセン (Louis Rosen)．私はシカゴ郊外に在る加速器の新しい研究所であるフェルミ研のコンサルタントだった，スタッフ達が移って来るより前から，O'Hare空港からそう遠く無いOverbrookの建物に出入りしていたのだった．戦後バークレーで私が行ってきた仕事と同じことをフェルミ研で行った：粒子物理学の状態の講義を行った．週に1回，私はニューヨークからO'Hare

---

[*1] 訳註：　節番号および節見出しは原書になく，日本語版翻訳にあたり付けたものです．

空港へ飛び，Overbrook へは車を運転して行き，私の講義を行った．その後で，もしも天候が良かったなら事務棟の前の芝生の上で，当然ボブ・ウイルソンに期待されるような，パン，チーズと旨いワインで欧州風屋外ダイニング様式でのランチを幾度か持った．午後のコンサルティングの後，私は飛行機で家に戻った．特に冬季には奮起を要するものだった．ある朝には，寒冷な天候に見舞われ La Guardia 空港での温度計はゼロ (–18°C) をかなり下回った（O'Hare 空港では –19 (–28°C) だった）こともあった．飛行機に搭乗した後，何も起こらずに 20 分間もゲートで座らされたのだ．最終的に，ホステスがインターホン (intercom) を取って言った，"緊急事態発生です．コーヒーが凍ってしまいました．ホット・コーヒー無しに出発すべきか否かを搭乗者の評決で決めます"．フェルミ研が適当な場所へ移動した後も，私の週毎の小旅行は研究所自身が理論グループを持つまで続いた．

私は最初の大型直線加速器が建設されたスタンフォード直線加速器センター (SLAC) のアドバイザーでもあった．その委員会の任務の 1 つは SLAC が本物のユーザー・研究所であることを検証することだった．このことで我々は新たな問題に遭遇した．実験測定装置があまりにも巨大かつ専門化しすぎたため，スタッフ・メンバーの協力無しの外部のユーザーにとって困難な事態となった．SLAC スタッフはこれらの検出器のためにきつい仕事への当然の報酬を受け取るべきでもあった．後に，1978 年から 1982 年まで，ロスアラモス中間子物理学施設 (Los Alamos Meson Physics Facility) の計画勧告委員会の一員として私は年に 2 回ロスアラモスを訪問した．さらに 1968 年から 1971 年までブルックヘヴンにどの様な新加速器を設置すべきかを勧告することを任務とする Val Fitch 委員会の一員だった．我々は最終的に超電導磁石を有する交差ストレイジ・リング加速器 (intersecting storage ring accelerator) に決めた，ニックネームは ISABELLE である．

1960 年代末は米国大学での抗議運動 (protest on American university campuses) の時代だった．コロンビア大学では物理学部が取り分け目標となった，何故なら多くの教授たちがジェーソン (Jason) のメンバーだったからだ．防衛解析研究所部門のジェーソンは国防総省が資金を提供している国防夏季コンサルティング・グループの 1 人だった．防衛解析研究所の研究部門の副所長である Charlie Townes は過って 1 度私にジェーソンのメンバーにならないかと訊ねたことがある．しかし私は丁重に断った，その一部は日本での戦後の会議に関連して海軍によって持たされた私の体験（チャーリーが私のセキュリティー・クリアランス復権に何の問題も無いと確証してくれたのだが）だった，もう一部はベトナム戦争への私の反感 (repugnance) だった――もしもアドバイスに従わなかったとしたなら，本当の SOB（畜生）が幾人か居るということだ，との論拠に沢山の真理が在るものと私は思っていた．

9.1 オッペンハイマー追悼会議と米国物理学会長時代

ある日，コロンビア大学からでは無く NYU から来た学生と若い研究者から成るプロテスター（抗議者）の一団がプーピン校舎を占拠した，コロンビア大学物理学部の建屋である．T.D. リーが彼らが引き揚げるようにと交渉に関わった．プーピン・オフィスに良いフランス・ワインをリーが貯蔵していることは評判だった．数時間後，彼らが逮捕されることを望んでいると認めさすように取り計らった．それは彼のアイデアでもあったので，両陣営が合意に達することが出来たのだった．しかし 1968 年のキャンパスでの大暴動後，警察はキャンパスに入るのを拒否していたので逮捕されるために抗議者たちを校舎から去らせ，向かい側の歩道に渡らせる手配が行われた．しかしながら，彼らはさらに 1 つの条件を付けたのだった．逮捕される前に，中華ランチを取ることを望んだのだった．T.D. は恩義を施し，ランチの後に彼らは歩道を横切ってプーピン校舎に戻り，自らユーターンして警察官へと向かったのだ．

1969 年の初め，米国物理学会 (APS) の副会長に選ばれてしまった．今日，選挙は競争的候補者間で行われるものだ，しかしそれとは異なるものだった．候補者間での選択に要求されることには政治的意図が無いものと考えられていた，そして毎年同じパターンが続いていた：推薦委員会は APS 副会長選挙のため 1 人の候補者を選び，その候補者に選出されたことが伝えられ，彼は断る（未だ女性会長が出現していなかったので），そして推薦委員会は彼が了承するまで候補者に無理強いするのだった．候補者は副会長として 1 年間奉仕した後，さらに 1 年間を会長として奉仕することになっているため，自動的に副会長の次年度に会長となる．その期間の終りに，彼は 2 つの任務を持つことになる．ニューヨークで開催される年会の儀典分科会で会長退任演説を行うこと，もう 1 つは次年度の副会長選挙候補者を選ぶ推薦委員会の委員長となることおよび APS 評議会 (APS Council) の議長となることであった．

指名者たちは常に奉仕を嫌がった，何故なら会長の義務は研究を発散させてしまうからだった．ラビは推薦委員会の委員長でフェルミを推薦した．彼がフェルミに告げた時，フェルミはにべもなく断った．ラビはそれでフェルミに話した，委員会はその仕事をやり遂げてしまい，そして休会してしまったのだと，もしもその結論が気に食わないのなら，彼が出来る唯一のことは再び委員会を再開させて他の候補者を選ぶようにと説得することなのだと．ラビはそこで去り，フェルミの名前が有権者達へ送られた．

1969 年の初め，ジョン・バーデーン (John Bardeen) が退任予定の会長で私を推薦した推薦委員会の委員長だった，しかしルイス・アルヴァレはその学会の会長だった，そしてジョンはルイスに私が引き受けるようにさせたのだと私は思っている．シャーロットは私がその器 (my cup of tea) では無いので断るようにと言ったであろう．しかし当時，私はキティー・オッペンハイマーの影響下にあり，彼女は異なる考えだった．

それで私は1969年の副会長選挙候補者となり1970年に副会長となった．それは科学管理者 (science administrator) としての初めての経験だった．学会の会長であったエド・パーセル (Ed Purcell)[*2]は厄介しすぎない幾つかの仕事を私に委ねた，そして私の新たなそして将来来ることになる責任を行使するのに大変役立った．

しかし1960年代の政治騒動は最終的にAPSを捕えてしまった．1968年シカゴ会合で，バーデーンが会長だった時，ベトナム反戦運動家たちは招待講演分科会での兵器研究所；ロスアラモスとリヴァモア (Livermore) からの講演者たちの論文発表を阻止しようとして争った．1969年にシカゴ会合においてプロテスターたちは社会・政治行動するの科学技術者たち (Scientists and Engineers for Social and Political Action: SESPA) と呼ばれる組織を作り，その設立目的の1つはAPSを政治化することだった．

副会長としての私の最後の義務は1971年2月1日にニューヨークで開催されたAPS年次会合の儀典分科会の前半の議長を行うことだった．その儀典分科会は米国物理学会と米国物理学教師学会との合同分科会だった．私が議長をした前半，エド・パーセルが会長退任演説をし，そして私は物理教師に引き渡した，彼は演説者としてエド・ランド (Ed Land) を紹介した．ランドはポラロイド (Polaroid) の社長兼研究所長で"カラー映像でのRetinex理論"を話すために招待されていた．ポラロイドはその当時プロテスターたちの共通のターゲットだった．米国内で自動車免許証を作るのに広く使用されている映像検証システムとしてそれが販売されていたが，南アフリカ政府でもまた採用されたのだった．SESPA会合でプロテスターたちは，彼の話しを中断させる予告をしたリーフレットを回覧させていた．エドが話し始めようとした直前，中央第1列に座っていた若い黒人 (black youth) が立ちあがりエドとポラロイド会社の攻撃を開始した．驚いたことに，エドは途方に暮れたかのように見えた——彼は明らかに気が動転した，震え始めて話すことが困難だった，彼の目から涙がこぼれているように思われた．後に知ったのだったのだが，その若者はランド家の被保護者 (protégé) であったのだった，そしてランドは彼の栄達の助けとなるあらゆることを行ってきたのだった．ランドはしばらくの間話すことが出来ない程に揺さ振られたのだ．彼がプロテスターではない理性的人物であるとして，最終的にランドは返事をしようと努めたのだった．最後に，ランド一家の良き友人であるエド・パーセルが演壇に上り，彼を落ち着かせて話しを始めさせたのだった．

その年次会合の終りに，私は正式にAPS会長となった．会長の職責は，米国物理

[*2] 訳註： エド・パーセル (Edward Mills Purcell) (1912-97)：米国の物理学者；原子核の磁気モーメントの測定方法を考案．1952年ノーベル物理学賞受賞．

9.1 オッペンハイマー追悼会議と米国物理学会長時代

学会の管理本体管理会合——APS Council——の議長として，また種々の APS 会合に付随しているディナーでの主人役を行う，ポリシーと式典の方向付けだった．実際の会合とプログラムの編成は学会事務局のビル・ハーベンス (Bill Havens) が行った，彼が会長をサポートしてくれ，大きな助けとなった．

その組織を代表する予期しなかった地位に私が座っているのだと気付いた時，抗議運動がその時期に大きなピークを迎えた．APS 会員の大いなる不満の時代だった，特に若い物理学者たちにとっては．政権のベトナム政策だけではなくて科学支援への急激な削減予算化の理由からニクソン政権は不人気だった．さらに APS 年次会合は APS を政治的目的に向け，会員達の経済利益の増長を望むプロテスターたちのためのフォーラムになりつつあった．

それは APS 会則；"物理学知識の発展と普及" に反しているとして私は両方の進展に反対した．APS の基金寄付者たちは，他の問題が重要であり，プロテスターたちが注視している種類の事柄を取り扱う米国物理研究所 (American Institute of Physics: AIP) が根拠を与えていると認識させられた．彼らの不満は，米国物理学会では無く，AIP に直接向けられるべきだった．エリート主義者として APS のオリジナルの使命を維持しようとする批評の間，科学の完全性 (integrity) を守り，政治的操作を防ぐ基本として私はそれを見ていた．APS を労働組合の機能を与えようする方向へ動かさないための良き他の理由が存在した．そうするなら組織の免税が徴収されることになるのを意味した．APS は未就職物理学者らのためのコンサルティング・サービスを立ち上げた，しかしそれは我々が出来るところまでだった．その抗議者らは数年前から力を増して，学会が物理学の繁栄だけでなく物理学者らの繁栄の発展へと動かしたのだった．

私は幾つかの事項については完全に非同調というわけでは無かった．実際，我々が学会会則の第 2 番目の目的である科学教育を如何にして強化出来るのかを勧告させる委員会を APS Council に指名させた．ジェロルド・ザカリス (Jerrold Zacharias) がその委員会議長だった．その委員会が大変沢山のことを行ったとは回想していないが，科学と社会フォーラム (Forum on Science and Society) 設立の先駆者だった，そのフォーラムは科学に関連した社会的疑問を考慮し，政策疑問の科学的側面を一般公衆と議会へ役立つことを望んだ報告書を作成した．米国物理学会のこの方面へ向けての一層の活動展開を承認した．それとニクソン政権の政策に依って物理学の労働市場が大きく縮小したとの若い物理学者らの認識にも与し無かった．コロンビア大学において，半ダースのポスドクを支えていたフェローシップ・プログラムは突然ゼロにされた．

1971 年 4 月のワシントン会合で，ニクソン大統領の科学アドバイザーとしてつい

最近指名されたエド・デイビット (Ed David) が宴会後 (after-banquet) のスピーカーとして予定されていた．その宴会のある午後に，ビル・ヘヴンス (Bill Havens) が私に告げた；幾人かの活動家から要求が受け入れられないのならば，宴会を阻止するとの脅迫を受けたと．その要求にはスピーカーとしてのデイビットの選択を強く非難し抗議（プロテスト）スピーカーをプログラムへ加える要求書を宴会で渡すことも含まれていた．

ビルは私が活動家達に会う約束を取り計らってくれた．ブルクヘヴン所長のモーリス・ゴールドハーバーはたまたま私の周りにいたのだった，彼と一緒にその会合に出た．活動家たちは，ピエール・ノイス (Pierre Noyes)，ジェイ・オレア (Jay Orear)，モーリス・バジン (Maurice Bazin) であることが判った．私はノイスとオレアを非常に良く知っていた；ピエールはバークレーで 1950 年に私の指導下で Ph.D. を取得した．私はモーリス・ゴールドハーバーに多くを話すようにさせた．私はプロテスターらが持ってきた要求書を拒絶した．しかしモーリスがデイビットの話しへの応答として 5 分間だれかが話すことを許す合意を取り付けた．

私はこの手配を了承した，これは私のパートで二心のある (double-dealing) ケースに該当する．ノイスとオレアが私が決めたのを知っているので，宴会を阻止される脅威は無いと直ちに確信した，彼らはこけおどしをしているのだと．依然としてニクソン政権は火の車だった．ワシントンでベトナム反戦の大抗議デモ行進が丁度前の週末に行われたのだ，そして彼の科学支援の打ち切りに対する仕返しにニクソンへもう 1 つの憎まれ口を叩く機会に恵まれた．

ディナーの終りの宴会の席で，私がマイクロホンを取った時，講演者テーブルの背後からジーンズ姿の若者が飛び出して来，そのマイクロホンを握った．彼は何事かを言う前に，ホテルで用意した 2 人のガードによって強制的に連れ出された．私がデイビットを紹介した時，彼の講演の題は "物理学はすたれてしまったのか?" だった，私は科学への政府の行為を非難する幾つかの批評を行い，かつデイビットの講演の後にもう 1 人のスピーカーが居ると聴衆へ告げた，彼はデイビットへ返事するため 5 分間の持ち時間を有していると．

デイビットの講演は，むしろ若い物理学者達の悲惨な未来を描いていた．不幸にもノイスはデイビットの話しに応答するものでは無かったが，科学アドバイザーとしてのデイビットの地位を辞退すること無しに，戦争犯罪者として試みた責を負うものであると話し始めた．私は 5 分丁度に彼の話しを切った．回顧するに，私は二心のある間違いをしたと感じている，何故ならそれは我々のゲストであるエドにとって失礼だったのだから．

さらに政治が事業会合へと続いた．その事業会合 (business meeting) は年次の正式

9.1　オッペンハイマー追悼会議と米国物理学会長時代　　231

なものだった，財務報告書としてのそのような事項を聞きに行く者などほとんど居なかった，そこで SESPA に対してその会合を抱き込むことは容易だったのだ．スティヴン・ノイマン (Steven Neuman) が決議文を導入した；APS は "ウイリアム・ショックレイの人種差別理論の如何なる出版物に対する専門的支援を公に拒否する"．ノイマンの目的は APS 出版物に印刷されることであったためショックレイへの声明は無効だと私は指摘した．私はまたも聴衆へ学会の目的は "物理学知識の発展と普及" に寄与することであり，その決議文は会則の範囲外であるとことを思い起こさせた．ある人物が，組織体は会長を無視する効力を有するとの規則を引用した．私はそのような規則について全く知らなかった，しかしハーベンスが彼らは正しいと私に保証してくれた．その事象は投票にかけられることになり，私は無視された．その会合を振りかえると，APS 会則に従って，APS Council だけが政策を決めることが出来る，そして唯一勧告だけが事業会合へ行うことが出来るのだった．Council への勧告としてノイマンは決議文を繰り返すことに合意した，そしてこの形体で通過した．しかし勿論のこと，この点についてプレスは何の注目もしなかった．

その後に，副会長選と新たな council メンバーを送り出すための投票の時，プロテスターらが米国原子力学会則を変更する投票の提案のために沢山の署名を携えた嘆願書を提出した，しかしそれは大多数によって拒否された．

その年の少し後にクリーブランドで開催された APS 固体物性分科会の会合で，私は宴会で非常にうまく振舞うことが出来なかった．宴会前に，聴衆を眠らさないことを言い続けることを描こうとしてホテルの部屋に居た．宴会での私の任務の一部は，格別の研究に対して米国物理学会年次賞を授与することだった．受賞者達に関することについて覚えた．そのことについて話し始めた時，受賞者達は様々な大学から来たのだが，彼ら全員が最も格式の高い機関で学位を取得したのだと指摘してしまった．例えば，モーリス・ゴールドハーバーはケンブリッジのキャベンディシュ研究所から学位を取得した．最高位を維持している僅かな研究所を除いて，当時どの様に金を工面するのかとの直接的な財源難がこの遺訓を発してしまったものと考えている．

これが全員の眠気をさました．勿論，聴衆の大多数が気分を害した，そしてビル・ハーベンスが苦情の手紙を沢山受け取った．それは一瞬の想念だったのだから，さらに用心すべきだったのだ．もしそれが正しかったとして，それは疑問なのだが，私はそれを言うべきではなかった．

1971 年，オッペンハイマー賞のような格式の高い賞に政治力学 (politics) さえもが影響を受けていた．オッペンハイマー賞はコーラルゲーブル市に在るマイアミ大学の理論物理学センターによって毎年表彰されていた，そのセンターは Behram Kursungoglu 所長の下の科学評議会が運営していた．Kursungoglu がマービン・ゴー

ルドベルガー (Marvin Goldberger) が議長をしていた 1972 年受賞者選考委員会の委員に私を指名した．その選考は容易だった：スティヴン・ワインベルク (Steven Weinberg) だった．Weinberg は弱電気理論の共同開発者だった，驚くべき開発が突然に場の理論を流行へと戻した程だった（そして，このことで後に，19791 年ノーベル賞を受賞した）．

しかし，我々の指名を APS Council に伝えた時，ワインベルクは評議会メンバーのエドワード・テラーによる強固な反対を受けた．テラーは怒っていたのだった，何故ならそう遠く無い以前に，ニクソン大統領が提案した対弾道ミサイル (anti-ballistic missile: ABM)・システムに対してスティヴは ABM 反対を公にしていたからだった，そしてテラーの Kursungoglu への影響は充分に大きく，ワインベルクの立候補者身分を狂わせるのに成功した．しばらくの間，こう着状態になった．最後には歩み寄りが働き始めた（評議会メンバーのジュリー・シュビンガーの示唆で，私はそう聞かされた），それに従って私が 1972 年の賞を授与され，スティヴはその翌年に受賞したのだった．彼らが私への授与を申し出た時，私は複雑な思いをいだいた，そして多くの人々，取り分けビキ・ワイスコップはテラーの行為に抗議するため拒否するようにと私に迫った．私が受賞すべきだと確信させてくれた人物はキティーだった，彼女は賞の上にのしかかっている公となるスキャンダルがオッペンハイマー賞の栄光を傷つけてしまうと感じていたのだった．

1972 年 2 月 1 日，年次 APS 会合が来て，そこで私は会長退任挨拶 (presidential address) をし，会長として降壇した．私の会長退任挨拶の題は，"サーバーが言う：第 III 巻" だった．その殆どは当時の物理学の状況についてだ．しかしながら，終りで今までの数年間における学会での意見の対立について触れた，そして学会の性格を変える試みは間違いであると感じていると述べた．学会は科学発展に焦点を当て続けるべきであり，科学に関与しない社会的意図の立場に立つことと同様に会員の経済的利益を求めることから距離を置くべきであると私は語った．私が着席した後に，1 人のアクティビスト（活動家）が来て，会長——次期 APS 会長はフィリップ・モース (Philip Morse) ——は彼らに反駁の時間を与えるようにと私へ要求した．私は拒絶した．ここは儀典分科会なのだ．そこは固定プログラムなのだ——ディベート無しなのだと．議論を呼ぶような主題におけるテレビ報道局での "同一時間" (equal time) 規則の結果として，米国社会においてその "同一時間" (equal time) という概念が確立してしまったのだと私は思う．それは全ての疑問には二面が在るとの考えを押し付けてしまっていた (foistrd) のだった．

9.2　コロンビア大学の思い出

　1960年代と1970年代の初期にコロンビア大学で起きた出来ごとで記憶に残るものは：コロンビア大学原子力工学部が実験用原子炉を建設し，稼働させる準備をしていた時，反原子力派 (antinuclear factions) らが長ったらし論争を叫び続けて地元の人々を喚起させた．彼らは原子炉の話しを始めた，その原子炉は最大でも数 kW の出力しか出ないのだが，あたかも 1,000 MW の原子力発電所であるかのように．学術評議会 (academic senate) はその原子炉の稼働を許されるべきか否かの質問を通すために1つの委員会を指名した．証言を聴聞した後，その結論は稼働に伴う危険性は全く無いが，地元民が反対しているとの観点からその設備を働かすべきでは無い[*3]．この結果が報道された後，間もなく，委員会に勤務していた学生が**コロンビア・スペクテーター** (*Columbia Spectator*) 紙にその報告書に賛成したことを認め，それについては悲しいことだと言う手紙を送った．彼が言うには，そのトラブルは，専門家全員が同じ方法で表明してしまったことだ！

　指名委員会が開かれた時，次の候補者に成るべき人物に関する素晴らしい考えが浮かんだ．私は委員会へチェン・シュン・ウー（呉健雄：Chien Shiung Wu）を選出するよう示唆した，彼女はコロンビア大学教授で世界で最も著名な女性物理学者だ．私がチェン・シュンに彼女が候補者になったと電話で告げた時，彼女は勿論のことに拒絶した．しかし学会の会長に過って女性が成ったことが無かったと指摘することで彼女を説得することが出来た，そしてその職を了承することで，彼女が温かい目で支持していたフェミニスト運動へ報いたのだった．

　フェミニスト (feminist) 関心は実際として広がり続けていた．Fay Ajzenberg-

[*3] 訳註：　丁度，この部分を翻訳中に2016年5月16日付けの産経新聞の「主張」が目に付いた；**研究原子炉：審査に停止が必要なのか**．その要約：京大と近畿大の研究用原子炉2基の今夏以降の運転再開に見通しが開けた．原子力規制委員会によって，新規制基準を満たしていると認められたためである．平成26年2月と3月に運転を停止して以来，すでに2年以上が経過している．人材育成に及んだ負の影響は甚大だ．京大原子炉実験所の炉の熱出力は 100 W，近大原子力研究所の炉のそれは 1 W に過ぎない．福島事故を機に超ミニチュア級の研究炉も，そのために策定された新基準に適合しないと稼働できなくなったのだ．安全性向上のために，より厳しい基準への適合を求められるのは当然としても，熱出力 1 W といった研究炉で，炉心熔融などの周辺に重大な影響を及ぼす過酷事故が起きるのか．常識的に考えるなら，運転停止をさせることなく，研究や教育の用に供しながら新基準への適合を目指すこともできたはずだ．同様の不幸は，京大原子炉実験所のもう1基の研究炉（熱出力 5,000 kW）でも起きている．この原子炉は，物理や化学など多くの分野の研究のほか，がんの治療にも使われ，年間 40-50 人の患者を救ってきた施設だ．その運転を再開するゴールはまだ見えない．日本原子力研究開発機構の研究炉なども審査の進展を待っている．

234　　　　　第 9 章　ニューヨークとセント・ジョン，1968-1997

図 9.1　チェン・シュン・ウー (1912-1997) は中国，江鮮省で生まれた．1936 年に米国に来て E.O. ローレンスと伴に研究し，1940 年にカリフォルニア大学バークレー校で学位を取得．1944 にコロンビア大学に奉職し，ベータ崩壊の専門家となる．1956-57 年，共同研究者たちと伴に，彼女は弱い相互作用でのパリティー破れの最初の証拠を実験で明らかにした．彼女は 1976 年の米国物理学会長．

Selove は APS の 1971 年 1 月会合で女性科学者たちのパネル討議を組織した，その後にベラ・キスタコスキー (Vera Kistiakowsky) は 20 名の著名な女性物理学者に署名させた委員会設置の手紙を APS 評議会に出した．評議会 (council) は全く同調的であり，ベラが最初の委員長となる物理学女性委員会 (Committee on Women in Physics) が設立された．ベラはジョージ・キスタコスキーの娘だった，ジョージはロスアラモスで重要な役目をした化学者だった．彼女は 1954-1957 年にコロンビア大学の研

9.2 コロンビア大学の思い出

図9.2 1972年，キティーと私．

究仲間で1957-1959年に講師だった．ベラは彼女の委員会を会則から性差別的言葉 (sexist language) を取り去るように書きなおすべきだと提案した．私がフェミニズムと争った唯一は，chairpersonのような調子はずれの単語の使用だ．私の修正は冗談だと受け取られ，賛成されなかった．

　その年，オッペンハイマー追悼会議は前年に比べて非常に異なる雰囲気に包まれた．想像できるように，25人に制限されたその会議には顕著な社会的圧力がかけられた，それに対して数年間は成功裡に抵抗することが出来た．しかしながら，高等研究所員への圧力が大きくなりすぎて彼らは降参した，さらに一層公開としなければ会議開催を拒否すると決めた．彼らはキティーの民主主義思想と若い物理学者たちへの同調をアピールした，彼女の意に沿って高等研究所とプリンストン大学の院生とポスドクの参加を認めたのだった．しかしこれが会議の性格を破壊してしまった．25名の人々の場合では，1人1人がその話題について自由に行きつ戻りつの討論が出来た；さらに多くの聴衆の場合には，終りに質問と回答の時間を伴う講義の様相となってしまった．後に，T.D.リーがキティーに，その会議の目的は理論物理学の最近の状況について討論することであり，その目的が失われてしまったと．彼女は私に向いて言った，"あなたが私に言い聞かせるべきだったのよ"と．

9.3 セント・ジョン

　1972 年の春季学期の終わりにリーハイ大学 (Lehigh University) より，私への施しとして科学名誉博士号が授与された．私は再び 1 年の長きサバスティカルを開始した，キティーと私はその殆んどをセーリング旅行に費やす計画を立てた．1968 年の第 1 回オッペンハイマー追悼会議に続く春に，キティーに追い立てられて，**タイム** (*Time*) 誌の出版者ジェームス・R・シャープリィから 42 フィート (12.8 m) の Rhodes ヨットを購入した．数年間，ロング・アイランド海峡でセーリングを続けていた時，City Island の Minneford ボート・ヤードの支配人のフィル・ガウス (Phil Gauss) と親しくなった，その場所はアメリカンズ・カップの競争艇が建造された処だ．友情から彼は私のためにボートを探してくれた．早期のバミューダ沖レースで 2 年間使用された**アンドロメダ** (*Andromeda*)，そこでボートは上品に中間位で役目を終えたのだった．私はそのボートをセント・ジョン[*4]へ曳航する計画を立てた，その場所はキティーがホークスネスト（鷹の巣）湾に面したオッペンハイマー邸（今ではコミュニティー・センターとなっている）でバケーションを過ごし続けていた．Minneford ボート・ヤードで旅行用に調節してくれた**アンドロメダ**を受け取った．ある日，コロンビア大学物理学部の殆んどとブルクヘヴンの多くが参加し，同様に幾人かの友人が加わった大命名式を行った．トニーが**アンドロメダ**を**ウンデクゥエ** (*Undique*)[*5]へと改名した，私はそれを改良とは考えなかった，しかしキティーがそうした；その名前はラテン語学生として当時のトニーが導いたのだった．トニーが情熱的にその艇の命名したものだから，シャンペーン瓶のかけらがデッキ上に散りばった．

　私は外洋セーリングの経験が無かったので，ヴァージン諸島への旅のために乗組員付きヨット事業を行っている会社から乗組員を借りた．出発の前夜，3 人の屈強な若い大学生らが現れた；第 4 番目の乗組員はジョン・クール (John Cool)，彼はブルクヘヴンの上席物理学者の 1 人であるロド・クールの息子だ．彼らのキャップテンは普通の人からかなりかけ離れた人物であることが判った．彼は明け方に美人の若い英国人女性に運転させたスポーツカーに乗って現れた．彼女に別れのキスをしてダッフル・

　[*4] 訳註：　セント・ジョン：米領ヴァージン諸島にあるセント・ジョン島．島の 2/3 がヴァージン諸島の国立公園に指定されていて，自然が最大の特徴の島．面積は 50 km^2．首都は，セント・トーマス島のシャーロット・アマリー．ヴァージン諸島の東半分は英領ヴァージン諸島．
　[*5] 訳註：　ウンデクゥエ：ラテン語で「至る所に」を意味する．ラテン語の格言；maria undique et undique caelum：至る所に海，至る所に空（がある）」と訳せる．

9.3 セント・ジョン　　　　　　　　　　　　　　　　　　　　　　　　　　　　　　237

図 9.3　ウンデクゥエと命名したトニー・オッペンハイマー．

バッグ[*6]を降ろし，乗船した．およそ 30 歳の英国人で職業は航海士だった．彼は彼がリーダーの冬季間中の犬ぞりによる北極点到達の最初の試みであった遠征から丁度 2 週間前に戻って来たばかりだった．彼らに食糧を投下する予定の飛行機が悪天候のため彼らに届けることが出来なくなってその遠征は失敗したのだった．

　ニューヨーク・ハーバーからイースト・リバーを下り大西洋へ出た．その旅はためになりかつ楽しいものだった：冷え冷えとする中で始まった後はメキシコ湾流 (Gulf Stream) の暖かい海水で，へさきの下を泳ぐイルカの群れ，艇の真横数フィート海面のクジラ．たった 2 回の運の悪いインシデントが起きただけだった．バミューダから幾らか離れた北西で，我々は夜に赤いロケットを見た，そして海の伝統の 1 つであるオペレーション（作戦）を観察する機会を持った．キャプテンは直ちにその場所に船首を向けるように命じた，そして遭難船について尋ねるラジオをつけた．ロケットが火を噴いたところと判断された所で，我々は何も発見出来なかった，しかしキャプテンはそこを去るのを拒否した．我々はその海を行きつ戻りつした，最後にラジオ電話からの回答を得られるまで，2 時間あまりも海を探索し，繰返し放送を聞きだしたのだ．その声は，ある種の海軍訓練のため黒く塗りつぶされた米海軍の艦船によって我々が取りまかれているいることを伝え，その海域から直ちに可能な限り迅速に退

[*6] 訳註：　ダッフル・バッグ (duffle bag)：（軍隊・キャンプ用の円筒型，特に防水の）雑嚢，ズックの袋．

去するようにと命令した．翌日，スイッチがショートして切れ，バッテリーが放電してしまった，そのため照明もつかず，エンジンも働かなかった．幸運にも，我々はバミューダからそう遠く無いところにいた，それで修理のためにそこでの計画外の停泊をすることが出来た．バミューダを後にして，サルガッソー海 (Sargasso Sea)[*7]の無風域 (doldrums) を横切らなければならなかった．昔，エンジンを備えていない帆船はそこで厳しい時を過ごさねばならなかった．我々はしばしばプロペラから海藻を取り除くために停止しなければならなかった．我々は最終的に意気揚々としかし湿っぽいキティーの所に着いた．そのような環境での通例の通り，船内のベッドまたは布より一寸ばかり乾燥していないのだ．

続く3年間，我々はウンデクゥエで，リーワード諸島 (Leeward Islands) を南下しグラナダ (Granada) 諸島まで数回の旅をした．それらの旅の1つで，ゲストとして高等研究所物理学教授のタリオ・レッジ (Tulio Regge) と彼の妻ロザンナ・チェスター，彼女もまた物理学者，を迎えた．グラナダ諸島の小さな島で，何とタリオは manchineel tree[*8]の下に座ったのだった（そのことを私は知らなかったのだが），樹液のついた指で目をこすったために，その後の24時間盲目となり相当な苦痛を被ってしまったのだ．コロンビア大学の多くのセイラーらはその木の"死のリンゴ" (death-apples) を食べると死んでしまうと言っていた．1972年，ウンデクゥエをセント・ジョンで友人のボブ・イートン (Bob Eaton) に売った；私が1995年8月にセント・ジョンを訪れた時にも彼はセーリングを続けていた．ボートの名前はガラテイア(*Galatea*)[*9]に変えていた．

1972年のサバスティカル中に，日本への太平洋横断旅行を計画した．暫くの間，カリブ海で航海し，パナマ運河を通り，ガラパゴス島とタヒチ経由の日本へ向かう．キティーの娘，トニーと夫はスエーデンでボートを購入し，気長な世界一周の航海をしていた．私のサバスティカルが始まった時，彼らは太平洋を横断していた，それでキティーは太平洋の東側のどこかでトミーと再会することを望んだ．その旅のため，キティーはムーンレーカー (*Moonraker*) と名付けた52フィート (15.8 m) のケッチ[*10]，新しいボートを購入した．そのボートは2年前に香港で建造されたもので，完全なチィーク材で出来ており，合衆国の富豪にコストをかけさせた優雅な内装と素晴

[*7] 訳註： サルガッソー海：藻の海，北大西洋，西インド諸島と Azores 諸島間の海域；大型の褐藻が一面に浮かび，魚群の宝庫であるが，昔は船が巻き込まれて離船したこともあった．
[*8] 訳註： manchineel：熱帯アメリカ産トウダイグサ科の樹木．その乳状樹液と果実は有毒；家具材．
[*9] 訳註： ガラテイア：ギリシャ神話；1つ目の巨人 Polyphemus が片思いを寄せた海のニンフ．
[*10] 訳註： ケッチ (ketch)：メインとミズの2本のマストに縦帆を張った沿岸貿易帆船．

9.3 セント・ジョン

図 9.4　ホークスネスト湾内のムーンレーカー，セント・ジョン，1972 年 8 月．

らしい枝編み細工で出来ていた．160 馬力のディーゼル・エンジンを備え，2,000 マイル (3,200 km) を運ぶに充分な燃料を持っていた．ボートの名前には 2 つの意味が有った：間抜けな人 (someone touched with madness) と全横帆を取りつけた船の最上段の帆，である．推理小説 Travis McGee が宿泊設備付きヨットを置いていた所として有名となった，Ft. Lauderdale のバヒア・マアー・マリーナにボートは係留されていた．

5 月に Ft. Lauderdale で 1 人の乗組員を選んで San Juan へ出航した．そのようなケースでは通常の通り，単一バンドのラジオ電話が届き，取り付けが終るまでそこに 2 週間程停泊した．そこから，幾人かの友人らと伴にセント・トーマスへ行き，そこで幾つかの新しい帆と帆柱のためにさらに 2 週間待ち，完了した．キティーは想像つかない出身の乗組員を雇っていた：職業が大工であるニュー・ハンプシャーから来た 4 人の若者だ．彼らは職を求めて来て，ヴァージン諸島での生活を楽しんでいた，しかし彼らが本当に望むことは太平洋を渡るセーリングであると彼らに確信させたのだった．そこで，マルチニーク島，グラナダ諸島，ボネール島，南アメリカへの経路へと乗り出した．

我々はある朝の夜明け前にコロンビアの沿岸に接近した．全ては深い霧の中だった．丁度太陽が昇り始めると，遠くに山腹を見た．霧が高く，高く上り，信じられない高さの山腹が見えたのだった．最後にその山頂は多分傾度 30 度は有ったのだった．

240　　　　　　　　　　第 9 章　ニューヨークとセント・ジョン, 1968-1997

図 9.5　キティー・オッペンハイマー, 1972 年.

　私は驚いてしまった；コロンビアの沿岸の丁度向うに 22,000 フィート (6,700 m) を超える山が在るとは思ってもいなかったのだ.

　コロンビア, カルタヘナ (Cartagena) に向けて西に行き, そこからパナマへ行く途中にサン・ブラス諸島を訪れた. 東端からサン・ブラス諸島へ侵入した, そこは旅行者がめったに行かない土地だった. 唯一の小空港 (airstrip) は 100 マイルも遠い西側に在った；東端は時々プライベート・ヨットが訪れるだけだった. インディアンは依然として大変原始的な生活を続けていた. 一般に, 彼らは水を得るために本土まで 2 マイルも漕がなければならなかった. 我々は小さな飾り物：モーラ (*molas*)；女性のシャツを飾る刺繡されたパネルを持ちかえる目的で交易した. 私は非常に素晴らしい物を 25 セントで買った. 我々は数日サン・ブラスに逗留したが, そこでキティーは病気を感じ始めた. 彼女は衰弱し続け, 本当の病気であることが突如明確になった. 我々は残りの旅行を切り上げ, パナマに直接向かった.

　パナマ運河の大西洋側端, クリストバル (Cristobal) に 10 月 17 日に着いた, パナマ地峡を横切りパナマ・シティーに行くには 1 時間もの長い間列車に乗らなければならなかった, そこでゴーガス[*11]病院へ収容された. そこで直ちにベッドに寝かされ, 重

[*11] 訳註：　　ゴーガス (W.C. Gorgas) (1854-1920)：米国陸軍軍医総監；パナマ運河建設の際の衛生施設指揮官.

篤な腸感染 (intestinal infection) だと聞かされた．彼女は退院すること無く，10 日間生き延びた．10 月 27 日，彼女は塞栓症で死んだ．その時期，私はボートで睡眠を取り，彼女と共に居るために汽車の往復を毎日繰り返した．これらの無情な日々の中，一度私は Colón の雑貨屋を出た後に午後の半ばにメイン・ストリートを歩いている間に強盗に襲われた．背後から私の首に腕を回し，2 つの手がズボンの背後のポケットに達し，財布と旅行小切手を奪い取ったのだ．彼らは旅行小切手を落とした，そして私が腰をかがめてそれを拾つた時，その 2 人の男は走り去り，横道へと消えたのだった．その財布の中身は約 5 ドルポッチの現金だけだった，しかし "名前の要求無し" と記載されたニュー・メキシコの自動車免許証を失ったことが悔やまれた．

トニーは旅行計画書を置いて行った，それでキティーが入院して直ぐに彼女に電報を打った．彼女は直ちにパナマに飛んで来たが，キティーが死んだ翌日に到着したのだった．

運河地帯 (Canal Zone)[*12]で関係した誰もが我々に対して非常に親切にもてなしてくれた．運河地帯長官は我々に会って哀悼の意を伝え，可能な限りの全面的支援と援助を申し出てくれた．トニーと私はムーンレーカーに引き返し，セント・ジョンへキティーの灰と伴に帰国の旅を開始した．帰路は貿易風に逆らうためノロノロと進んだ．数日後，Les Cayes，ハイチ南岸の港，に達した．我々はハーバーに投錨し，通関上陸の知らせに検疫旗 (quarantine flag) を掲げた，すぐに関税の船外艇がやって来て，我々を検査した．1 人の税関士，警察官，20 代初めの若者の 3 人が居た．優れた外国語通で国連で 3 ヵ国語通訳として働いていたトニーは，彼らの franca 言語 (lingua franca) を理解した．彼らは通例どおりの几帳面さでおし通し，終りに税関士，警察官は船外艇に乗り移り去った，驚いたことには若い男を置き去りにしたままに．根掘り葉掘り聞くと，彼は警察のスパイであり，我々がハイチにいる間我々に張り付いているのだと打ち明けた．これは我々へのデュバリエ独裁 (dictatorship of Duvalier)[*13]の導入部だったのだ．実際に，彼が極めて役に立つことを知った．彼は我々の使い走りをした，我々の食糧を買い，岸で我々の洗濯を頼み，そしてこれらの措置を警察本部へ彼自身が作る報告書を有益にしていたのだった．Les Cayes で我々が見た貧困をアピールした，私が西インド諸島で見た中でも最も最悪の貧困だった．

セント・ジョンでトニーと私はムーンレーカーと世話をする乗組員と別れ，オッペンハイマーの代理人である役人 (Governor Minor) と一緒に法律上の事項を整理す

[*12] 訳註： 　運河地帯：パナマ運河地帯；運河の両岸各 5 マイル (8.1 km) の地帯で，1979 年 10 月から米国・パナマ両国による運河委員会が管理．1999 年のパナマに返還された．面積 1,675 km^2．
[*13] 訳註： 　デュバリエ (D.C. Duvalier)：ハイチの政治家；同共和国の大統領 (1971-86)．F. デュバリエ大統領 (1957-71) の息子．

第 9 章　ニューヨークとセント・ジョン，1968-1997

図 9.6　トニー・オッペンハイマー．

るためプリンストンへと飛んだ．そこで我々はピーター (Peter) と会った，彼はキティーの息子でトニーの弟だ，トニーが彼に電話をしたのだ．我々は 12 月にセント・ジョンに戻り，その月末にフォロリダへ向け出帆した．その途中で大きな嵐の中に突入した．風は常に強いわけでは無かった——その平均は約 35 ノット (18 m/s)，45 ノット (23 m/s) を超えたことは無いと推定される——しかしその嵐は止むこと無く，3 日間に亘って吹き続けた．波の高さは 30 フィートとなり，そのコンスタントな応力がムーンレーカーの帆と操帆装置に相当程度の損傷を与えた，そして我々が Ft. Lauderdale とそこのマリーナに着いた時に整理された状態では無かった，8 ヵ月前に同じマリーナの同じ場所から出帆したのだが．ムーンレーカーの乗組員らは修理のために数週間を過ごし，直ちに売られた．それは私がキャップテンを務めた最後のヨットだった．私のヨット履歴は一般コースをたどった；それらを最早操作することが出来なくなる点に到達するまでは，経験を積みながらより大きなヨットを得て来たのだ．

トニーは夫のもとには戻らず，離婚手続きをして，セント・ジョンの家へ引っ越した；1 年または 2 年後に再婚した．キティーは私が使用するための小さなゲストハウス——実際に，1 部屋と浴室だけ——を母屋の近くに建てていた，そして私はセント・ジョンでの私の自由時間を過ごすのに使用続けた．

9.4 コロンビア物理学部の教育改革

　私のサバスティカルが終り，コロンビア大学での教育業務に戻った．私の教育法について多くを語ってこなかった，しかし勿論のことにかなりの年数で私の時間の多くを物理学大学院生への教育，院生の研究の方向を決める，学部委員会への奉仕に費やしてきた．コロンビア大学で，時期毎に量子力学，核物理学，電磁気学，群論を教えた．私はしばらくの間，大学院委員会の委員長として奉仕した，その委員会で 1 つの注目に値する改革を導入した．Ph.D. 取得研究をしている大学院生は，最初の年の末近くで検定試験 (qualifying exam) 受験が要求される，それは，Ph.D. プログラムを成功裡に完成させれるのか，彼らの可能性 (likelihood) を試すための数日間に亘る記述試験だ．もしも試験に失敗したなら，続く年にさらに 2 度再試験を受けることが出来る．勿論，学生らは試験を恐れた，そして彼らの多くは大学院生としての 2 年目の年までその受験を延ばした．彼らはあらゆる種類の弁解を持って訪ねて来た——どれほどの数の祖父母が死んだと聞いたことか．どんな弁解でも受け入れることを私は頑なに拒み，全院生が試験を第 1 学年で受けるよう強制した．彼らの多くはパスし，その後では私に感謝した，何故なら学位取得の彼らの研究の 1 年を救ったのだから．フェローシップ（特別研究員）委員会もまた存在していた，それは消耗させられる仕事だった；1 人で 100 名を超える応募用紙を読まなければならなかったのだから．応募者は何故物理学のキャリアに興味を持つのかについて述べる短い作文 (short thesis) を書くことが要求されていた．最も注目に値する回答は韓国の院生から来たものだった，彼は始めた "恋人の次に，物理学が最高に好きだ" (After sweethearts, I like physics best.) と．

　Ph.D. 最終諮問委員会も在った，候補者がパスしなければならない最後のハードルだ．物理学において広範な教育を教え込む我々の試みは専門的な研究への強意のために 2 年間も生きながら得なかったことを幾つか見た．ネイビス研究所から来た粒子物理学の院生はどの様にしてプリズムの角度を測るのかと質問された．これは標準的な光学研究所の実験法だった；その角度を弧の目盛で読むことが出来る目盛を施した回転盤の上に載せたプリズムと伴にテレスコープ（望遠鏡）が用いられていた．その候補者が返事した，"プロトラクター (protractor) を用いて行うと思います" と．他の候補者は熱力学の第 2 法則[*14]の状態の質問を受けた，そして返事した，"私はそれを番

[*14] 訳註：　熱力学の第 2 法則：巨視的な現象が一般に不可逆変化であることを主張する法則．R.Clausius は "熱が高温度の物体から低温度の物体に他の何らの変化をも残さずに移動する過程は

第 9 章　ニューヨークとセント・ジョン，1968-1997

号によって知っておりません"と．

　私は長い間教え続けて来たので，時々私の授業を受けたと私に思い出させる人々に会った．このことが私を寓話の捏造させた：私は死んでしまい天国へ行った，そして聖ペテロ (Saint Peter) が私をゴッドの面前へと導いた，ゴッドが言った："なんじは私を覚えていまい，しかし私は 1946 年にバークレーでなんじの量子力学のコースを受講したのだ"と．本当の事例が 1972 年に起きた，合衆国が中華人民共和国と初めて国交回復をした年だった．米国・中国新友好関係の間のアカデミック面で T.D. リーが大きな役割を演じた，そして中国アカデミーは高位の科学者一行をコロンビア大学訪問へ送って来た．T.D. のオフィスは私のオフィスの右隣だった，そしてある日私がオフィスに到着した時，T.D. がその一行を彼のオフィスに引き入れているのに出くわした．彼はその一行の上席物理学者の 1 人に私を紹介した，その人物は寓話と殆ど同じ言葉を言ったのだった．

　1975 年に物理学部の他のメンバーらからの圧力により学部長にさせられた，その仕事を退職するまで続けてしまった．それは手に負えない責任のように響いていた．物理学部の予算はほぼ年 600 万ドルだった，そして約 400 名の雇用者を有していた．しかしながら，その仕事の多くは委託出来得るものであることを発見した．レオン・リーダーマン (Leon Lederman) はネイビス研究所長だった，そしてその責任の大きな部分を引き受けてくれた．ウイル・ハーパー (Will Happer) はコロンビア放射研究所の運営を，チェン・シュン・ウーは核物理の運営を行い，私が彼らのために行わなければならないことの全ては，彼らが準備し，政府機関へ申請する前に時折それらの代表者としての許可申請書への署名だった．学部業務の殆どはヘンリー・ホリィー，彼は学部のカレッジ代表者だった，ゲイリー・ファインベルク，大学院委員会長と他の委員長たちが面倒を見てくれた．その上，大変有能な管理助手たちが存在していた：長年学部秘書を務めているアンナ・ボルトン；学部事業マネジャーのガイ・キャッスル；学部の理論部門を運営したイレーネ・トラム．唯一私が外に出してしまうことが出来なかった事は，芸術と科学の事務長，ジョージ・フランケルと一緒に，給与や新たな指名のような事の授与をすることだけだった．当時，コロンビア大学は重篤な財政危機の真ただなかだった，何を行うとも給料が非常に制限されていた——供給可能な資金の配分が主なコントロールだった．新たな指名については，物理学部が新たな指名が可能な学内で唯一の学部だった．若い家族持ちの有望な物理学者たちは，

不可逆である"といい，W.Thomson (Lord Kelvin) は "仕事が熱に替わる現象はそれ以外に何の変化もないならば不可逆である"と述べた．エントロピーの概念を用いれば，"孤立系のエントロピーは不可逆変化によってつねに増大する"（エントロピー増大の原理）とも表現される．

9.4　コロンビア物理学部の教育改革　　　　　　　　　　　　　　　　　　　　**245**

しばしばプリンストンまたはスタンフォードのような処を好み，ニューヨーク市での生活に魅力を感じなかった．

　事務長支援として，学部運営の日々の合理的業務を行うことを考えた．不都合なことにプーピン研究所の改造が要求されたものの，当時の財政制限に依り延期されてしまった．しかし，結局，私は学部の最良の学部長と成るとの考えは持たなかった；その将来の計画を立てなかった，必要とされる指名を作ることも続けなかった．

　ある日，コロンビア大学長のグレソン・カーク (Grayson Kirk) から全学部長宛ての覚書（メモランダム）を受け取った，そこにはイスラエルで，人道主義または社会面を伴う科学的研究に対して賞金 100,000 ドルを伴う新たな賞が創立され，コロンビア大学での推薦の可否を問われていると書いてあった．私はチェン・シュン・ウーが頭に浮かんだ，彼女は核技術を用いて鎌状赤血球貧血 (sickle-cell anemia) 研究を行っていた，そしてカーク学長へ彼女の推薦を伝えた．彼はコロンビア大学の選択としてこれを進め，彼女は 1978 年に第 1 回のウルフ賞を受賞した．それよりも早く，1975 年にジム・レインワーター (Jim Rainwater) は核物理学研究に対してアーゲ・ボア，ベン・モテルソンと共同でノーベル賞を受賞した．

　私が学部長の時分，論文を発行した．リーとウイックの論文には数学技法が用いられていた，その技法が原子核構造の基本的姿の幾つかを例示する核模型を私に示唆したのだった．それは大変良く現実的であると想定したものでは無いが，学生が容易に理解出来る程充分にシンプルだった．その論文を *American Journal of Physics* 誌へ投稿した，しかし編集者は読者が理解するには難しすぎるとして，替わりに *Physical Review* 誌に投稿することを私に勧めた，それは 1976 年に "単純核モデル" (A Simple Nuclear Model) という題で発行された（論文 52）．

　学部長として奉仕していた間に私は他の大学の職務を持った．1974 年に米国北東部大学連合 (Associated Universities, Inc.: AUI) の評議委員に指名された．それは 9 大学のコンソーシアム（借款団）で形成され，各大学から 2 名の；1 名は科学者，もう 1 名は事業マネジャー，評議委員からなる機関が運営をつかさどるものだった．ブルックヘヴンの管理を加えたため，AUI はウエスト・ヴァージニアに在る国立電波天文観測所 (National Radio Astronomy Observatory) の運営も行った．

　私が評議委員の時に，2 つの成功を得た．1 つは VLA の建設だった；ニューメキシコ州の超巨大配置 (Very Large Array) 電波天文装置である．もう 1 つはブルックヘヴンに国立シンクロトロン光源 (National Synchrotron Light Source: NSLS) の建設だった，それは物理学，生物学の実験研究と医療開発のため光および X 線の強いビームを供給するものだった．しかし，その ISABELLE プロジェクトで深刻な問題をも抱えた．予期しないトラブルに見舞われてしまったのだ．2 つの超伝導磁石の実寸大

モデルが造られた，両方ともに指定された50キロガウス磁場まで満足出来る上昇を示した，そこでブルックヘヴンは先へと進め，磁石の大量生産に関する工業契約を結んだ．しかしながら，最初の磁石が納入された時，それらが仕様に合致していなかった．何故なのか明確でなかった，そこでブルックヘヴンは自分自身で幾つかの磁石を造ることを試みた，そして最初の2個の磁石の良好な性能と同じものを造り出すことが出来なかった．その2つはあまりにも見事に動いたのでまぐれ当たりに見えた．そのプロジェクトは難渋し，長い間もがきながら進んだ．

　当時のコロンビア大学は厳格な引退方針を取っていた，そして私が68歳になった時に強制の引退に直面した．1978年学期末，4月に向けてチェン・シュン・ウーが私の引退パーティーを準備した．私の古い先生，ジョン・ヴァン・ヴレックが出席出来るとのことで非常に嬉しかった；彼は丁度1977年のノーベル賞を受賞した．ヴァンとラビは学部クラブでの聖餐後のスピーカーだった．翌日には "基礎物理学の先駆者たち" との題でシンポジュウムが開かれた．翌年，1979年3月にエドウイン・ケンブル (Edwin C. Kemble) の栄誉を称えるハーバード物理学部主催のパーティーに招待された，彼はヴァンの教授だった人で，誕生日祝賀会だった．90歳のケンブルはヴァンの教授だった；彼の学生だったヴァンは80歳だった，一方，ヴァンの学生の私は70歳だった．ヴァンの誕生日が3月13日，私は3月14日そしてケンブルの誕生日が1月28日．

　私は引退してしまったのだが，学長のウイリアム・J・マッギルがコロンビアのAUI評議委員を続けるようにと私へ依頼した．事はISABELLEと伴に悪化し続けた，取り分け1979年後は．ブルックヘヴンの当時の所長は固体物理学者のジョージ・ヴィネヤード (George Vineyard) だった，プロジェクト長のジェームス・サンフォード (James Sanford) と彼の両者；彼らはより楽な時期に有能な運営を行った，はプロジェクトを救うに必要な劇的な行動を取る種類の人物では無かった；我々はボブ・ウイルソン (Bob Wilson) のような人物が必要だった．ヴィネヤードとサンフォードは設計を大きく変えずに磁石の改良の試みを続けた．AUI評議委員会合で，科学評議委員たちは大きな声で時々憎々しげに不満を述べた．少なくとも1回，2, 3の科学評議委員がジョージ・スノウに導かれ，評議会の方向を変えるように試みた．しかしAUI評議委員の半数，彼らはAUIの事業側を代表している経営評議委員がAUIの長，ジェラルド・タップを支持する傾向だった，彼は1950年以来ブルックヘヴンの経営担当者だった．タップはヴィネヤードを支持した，結局，彼は彼のクレジットとしてNSLSを持ったのだ．

　ロバート・ウイルソン (Robert Wilson) がコロンビア大学に来た時，私は学長へ宛て私の後任としてAUI評議委員に彼を指名すべきだと書いた，そして1981年初め

に評議委員としての引退を果たした．その6月にニック・サミオス (Nick Samios) が ISABELLE プロジェクトの担当となった，そしてついには研究所長として名を連ねたのだが，それはあまりにも遅きに失した．そこで，物理コミニティーはプロジェクトで区分されることとなった，それはゆゆしき事態だった．レオン・リーダーマンに従い，もしも ISABELLE がキャンセルされたなら，高エネルギー物理学者はさらに良いことの幾つかを得ることが出来ると主張し始めたのだった——取り分け，超伝導の衝突型粒子加速器 (Superconducting Supercollider: SSC) へ変えたのならば．"現実の利益" (a bird in the hand) 理論において，私はその主張に反対した．私がまったく間違っていたことが判明した．エネルギー省は前向きに進み，ISABELLE を 1983 年にキャンセルした——そして議会が 10 年後に SSC を中止してしまった．

9.5　引退後の日々

　1977 年 1 月，セント・ジョンの彼女の家で，トニー・オッペンハイマーは 2 度目の離婚後の深い落ち込みから自殺を犯してしまった．その前年，フィオナ・セント・クレア (Fiona St. Clair) と親しくなっていた，私が良く知るその島の古くからの住人の娘だった．フィオナ自身がデザインした風変わりの色模様のドレスを売る店を所有していた．1978 年にフィオナはフリーランスの編み物デザイナーとして働くためにニューヨークに移った，そして我々は 1979 年に結婚した．彼女は前の結婚で儲けた息子，ザチャリア (Zachariah) を連れていた，当時彼は 4 歳だ．1980 年 10 月，我々の息子ウイリアムが生まれた．フィオナはコロンビア・長老会病院 (Columbia Presbyterian Hospital) で生んだ，そして偶然にも同時期にボブ・ウイルソンがバイパス手術のためそこに居たのだった．彼の病室は彼女の 1 階下だった，しばらくの間 6 階のボブを訪ねた物理学者の大きな行列は上の階に来てフィオナにハローと言い，赤ん坊のウイリアムをそっとのぞくのだった．ザチャはラビのお気に入りとなった，彼は依然としてホールの向かいのお隣さんだった，そして一度，我々におずおずと褒め言葉を与えた，"どこでザチャが行儀を身に付けたのか不思議じゃないかね?"．

　1983 年の秋，核兵器製造と実験の禁止を呼び掛ける請願書が約 1 万人の世界中の科学者たちによって署名された．それを世界中の元首に送るのがそのアイデアだった．レーガン大統領はそれを受け取りを拒絶した．ジム・クローニン (Jim Cronin)，フィル・アンダーソン (Phil Anderson) と私はそれを国連事務総長へ渡した．我々の会見は翌日のニューヨーク・タイムス紙と TV で報道された．

　その年の丁度感謝祭前，ザ・デイ・アフター (*The Day After*) と呼ばれた TV 用に造られた映画を国内及び海外の多くの場所で放映した．この映画はカンサス州のロー

図9.7 フィオナ,ウイル,ザチャリアと私,ロスアラモス研究所の40周年記念にて.

レンス市で何がが起きた,戦争の始めでその後に住民たちは原子爆弾衝風にうたれるというシュミレーションだった.当時,ザチャはカレッジの4年生だった.私がマンハッタン計画に没頭し,原爆投下直後の長崎,廣島を損害調査のために訪問したことを知っていた教師が,その映画を討論する集会で話すようにと依頼してきた.私はそれを受け,さらにヘンリー・ベネットに医学情報を与えるように共に招いた.我々はその学校の講堂で200名の若者たちに話した.我々の話しは驚きを引き出したようだ,その後の質問時間で聴衆の殆んどが爆弾投下は罪(sin)であると信じさせられてしまっていたとの印象を持った.彼らの戦争認識は朝鮮とベトナムで形成された社会から来たものであって,第2次世界大戦のような全面戦争のリアリティーは全く記憶されていなかった.

　1983年,ロスアラモスは40周年記念を祝った.私は開会セッションの議長で,そこでラビは主要スピーカーだった.引き続く年々に,私が見て来た物理学の発展を考察した2つの論文を出版した(論文53,論文56).1970年代半ば,私がセント・ジョンに滞在して時間を過ごした時に,核物理学コースの教材を用いて書き始め,T.D.リーが出版社を見つけてくれた1987年に書くのを止めた;その本の題は**サーバーが言う:核物理学とは**(*Serber Says: About Nuclear Physics*)(論文54)だった.1992年に私の**ロスアラモス・プライマー**報告書をリチャード・ローズと共同して改訂版として出版した[*15](論文55),ローズとはラビの家で丁度2年前に会っていた.1993年,

---

[*15] 訳註：　Robert Serber, *The Los Alamos Primer: The First Lectures on How to Build an Atomic Bomb,* annotated by Robert Serber, edited with introduction by Richard Rhodes (Berkely: University of California Press, 1992)：今野廣一訳,『ロスアラモス・プライマー：開示教本「原子爆弾製造原理入

9.5 引退後の日々

図 9.8 セント・ジョンのオッペンハイマー邸での仕事，ザチャと伴に．

ロスアラモス研究所の 50 周年記念祝賀会の第 1 分科会（分類された）の基調演説を行った．ドアには銃を持ったガードたちが居て，ザチャと私だけがセキュリティー・クリアランス無しでの入場が認められた．

1996 年にザチャはコロンビア・カレッジを卒業した．それを祝して，3 月 15 日に行われたコロンビア大学卒業式のアカデミックな行事に参加した．それは私がコロンビア大学の学位授与式に出席したわずか 2 回目に当たるものだ．最初のはマレイ・ゲルマンが 1977 年にコロンビア大学から名誉学位を受け取る時に同伴した時だ．ザチャの卒業式を終えた日に，彼と私はウイスコンシン州マディソンへと飛び，3 月 17 日にウイスコンシン大学より科学名誉博士号を受けた，それは私の教授であったジョン・ヴァン・ヴレックがウイスコンシンの学位授与式に出席すべきだと主張し，私が Ph.D. を受け取るために同伴してくれた時から 62 年後に当たる．

1996 年秋，ザチャはスコットランドへ来る学生へ授与されるセント・アンドリュース協会 (St. Andrew's Society) から特別研究員の資格を獲得して，エディンバラ大学での研究に向かった．ウイルは冒険を求めて，兄と一緒に生活することを決心し，そこの学校，エディンバラ・アカデミーに入学した．フィオナと私は 1996 年 11 月にエディンバラを訪問し，そこが魅力的な町であることを知った．子供らはニュータウンに在るフラットを所有していた，その名は 19 世紀初頭に付けられたのだった．あの物理学者，ジェームス・クラーク・マクスウェル (James Clerk Maxwell)[*16]は彼らの

門」』，丸善プラネット (2015).

[*16] 訳註： マクスウェル (1831-1879)：エディンバラ大学 (1847-50) とケンブリッジ大学 (1850-54) に学び，1855 年，ケンブッリジ大学の特別研究員となった．マクスウェルは 19 世紀の偉大な物理学者の 1 人である．彼の最大の研究成果は，電磁気現象を目に見えるようにモデル化するためにファ

フラットから 2 つドア先の家で生まれたのだ．彼もまたウイルの学校に通っていた．その学校の家具類は変わっていないように感じられた；ウイルはマクスエルが使用したのと同じ机の前に首尾よく腰掛けているかもしれなかったのだ．ウイルが科学に興味を持ってくれているのが嬉しかった．彼は物理学，化学，数学，コンピューター科学と英語のコースを取っていた．

過ってウイリー・ファウラーがなぜ彼らたちは彼が行うこと関心を払うのか知らなかった，とにかくそれをやってしまったのだからと言ったことを聞いたことがある．私も同じ種類の情熱を感じた；生きている間は充分に物理学を行うだろう．振り返ると，私が科学の分野に入り込んで以来，科学で起こった変化には驚かされている．変わらないものの 1 つは，私が彼らたちの論題，私が大学院生の時には存在さえしていなかった学際的論題に対するザチャと彼の友達の中に見た情熱 (enthusiasm) である．

ラデーによって導入された力線を数学的に取り扱った一連の論文である．彼は磁気と電気の間の関係を明らかにし，電荷が振動していると電磁場によって伝搬する波動の速度が実験的に決められた光速に似ていることを明らかにし，光（及び赤外線と紫外線）は実際にこの電磁波であると結論した．引き続きマクスウェルは赤外や紫外領域以外の振動数，波長を持つ電磁波の存在を予言した．

サーバー論文目録

1932 年
(論文 1) "分子中のファラディー効果理論"(The Theory of the Farady Effect in Molecules), *Physical Review* **41**: 489-506.

1933 年
(論文 2) "復極, 光学的異方性の理論とカー効果"(The Theory of Depolarization, Optical Anisotropy and the Kerr Effect), *Physical Review* **43**: 1003-10.
(論文 3) "摂動システムに対する統計学的平均の計算"(The Calculation of Statistical Averages for Perturbed Systems), *Physical Review* **43**: 1011-21.

1934 年
(論文 4) "ディラック・ベクトルモデルの多重配置への拡張"(Extension of the Dirac Vector Model to Include Several Configurations), *Physical Review* **45**: 461-67.
(論文 5) "置換退縮を伴う問題の解"(The Solution of Problems Involving Permutation Degeneracy), *Journal of Chemical Physics* **2**: 697-710.

1935 年
(論文 6) "炭化水素分子のエネルギー"(The Energies of Hydrocarbon Molecules), *Journal of Chemical Physics* **3**: 81-86.
(論文 7) "マクスウェル場の方程式の線形補正"(Linear Modifications in the Maxwell Field Equations), *Physical Review* **48**: 49-54.

1936 年
(論文 8) "陽電子理論と固有エネルギー"(A Note on Positron Theory and Proper Energies), *Physical Review* **49**: 545-50.
(論文 9) "陽子・陽子力と質量欠損曲線"(Proton-Proton Forces and the Mass Defect Curves), *Physical Review* **50**: 389-390A.
(論文 10) "核水準の密度"(The Density of Nuclear Levels), With J.R. Oppenheimer. *Physical Review* **50**: 391A.

1937 年

（論文 11）"高エネルギー陽子の崩壊"(Disintegration of High Energy Protons), With G. Nordheim, L.W. Nordheim, and J.R. Oppenheimer. *Physical Review* **51**: 1037-45.

（論文 12）"宇宙線粒子の性質"(Note on the Nature of Cosmic-Ray Particles), With J.R. Oppenheimer. *Physical Review* **51**: 1113L.

（論文 13）"高エネルギーの光核効果"(Note on Nuclear Photoeffect at High Energies), With F. Kalckar and J.R. Oppenheimer. *Physical Review* **52**: 273-78.

（論文 14）"軽核変換の共鳴について"(Note on Resonances in Transmutations of Light Nuclei), With F. Kalckar and J.R. Oppenheimer. *Physical Review* **52**: 279-82.

1938 年

（論文 15）"核力のダイナトン理論について"(On the Dynaton Theory of Nuclear Forces), *Physical Review* **53**: 211A.

（論文 16）"中性子・重陽子衝突の理論"(Theory of Neutron-Deuteron Impacts), With W. Lamb. *Physical Review* **53**: 215A.

（論文 17）"ボロンと陽子との反応について"(Note on the Boron Plus Proton Reaction), With J.R. Oppenheimer. *Physical Review* **53**: 636-38.

（論文 18）"大気中の宇宙線の遷移効果"(Transition Effects of Cosmic Rays in the Atomosphere), *Physical Review* **54**: 317-20.

（論文 19）"中性子恒星の核の安定性"(On the Stability of Stellar Neutron Cores), With J.R. Oppenheimer. *Physical Review* **54**: 540L.

1939 年

（論文 20）"ベータ崩壊とメソトロン寿命"(Beta-Decay and Mesotron Lifetime). *Physical Review* **56**: 1065L.

1940 年

（論文 21）"メソトロンによる柔らかな二次回路の形成"(Production of Soft Secondaries by Mesotrons), With J.R. Oppenheimer and H. Snyder. *Physical Review* **57**: 75-81.

1941 年

（論文 22）"電磁誘導加速器内の電子的軌道"(Electronic Orbits in the Induction Accelerator), With D.W. Kerst. *Physical Review* **60**: 53-58.

1942 年

（論文 23）"強いカップリング理論における核力"(Nuclear Forces in the Strong Coupling Theory), With S.M. Dancoff. *Physical Review* **61**: 394A.

1943 年
(論文 24) "核力の強いカップリング・メソトロン理論"(Strong Coupling Mesotron Theory of Nuclear Forces), With S.M. Dancoff. *Physical Review* **63**: 143-61.
1946 年
(論文 25) "競馬場の粒子の軌道"(Orbits of Particles in the Racetrack), *Physical Review* **70**: 434-435L.
1947 年
(論文 26) "カリフォルニア大学 184 インチ・サイクロトロンの初期性能"(Initial Performance of the 184-inch Cyclotron at the University of California), With W.M. Brobeck, E.O. Lawrence, K.R. MacKenzie, E.M. McMillan, D.C. Sewel, K.M. Simpson, R.L. Thornton. *Physical Review* **71**: 449-50.
(論文 27) "ストリップによる高エネルギー中性子の創生— I. エネルギー分布" (The Production of High Energy Neutrons by Stripping—I. Energy Distribution). *Physical Review* **72**: 740A.
(論文 28) "ストリップによる高エネルギー中性子の創生— II. 角度分布"(The Production of High Energy Neutrons by Stripping—II. Angular distribution). *Physical Review* **72**: 748A.
(論文 29) "ストリップによる高エネルギー中性子の創生"(The Production of High Energy Neutrons by Stripping). *Physical Review* **72**: 1008-16.
(論文 30) "高エネルギーでの核反応"(Nuclear Reactions at High Energies). *Physical Review* **72**: 1114-15.
1949 年
(論文 31) "核子による高エネルギー中性子の散乱"(The Scattering of High Energy Neutrons by Nuclei), With S. Fernbach and T.B. Taylor. *Physical Review* **75**: 1352-55.
(論文 32) "中間子のスピン"(The Spins of the Mesons). *Physical Review* **75**: 1459A.
1951 年
(論文 33) "重水素中のパイ中間子の捕獲"(The Capture of π-Mesons in Deuterium). With K. Brueckner and K. Watson. *Physical Review* **81**: 575-78.
(論文 34) "原子物質とパイ中間子の相互作用"(The Interaction of π-Mesons with Nuclear Matter). With K. Brueckner and K. Watson. *Physical Review* **84**: 258-65.
1952 年
(論文 35) "核反応エネルギーの原子結合効果"(The Ffect of Atomic Binding on Nuclear Energies). With H.S. Snyder. *Physical Review* **87**: 152-53L.

1955 年
(論文 36) "高エネルギーでの陽子・陽子散乱"(Proton-Proton Scattering at Hight Energie). With W. Rarita. *Physical Review* **99**: 629A.

(論文 37) "K 粒子と核子間の相互作用"(Interaction Between K-Particles and Nucleons). With A. Pais. *Physical Review* **99**: 1551-55.

1956 年
(論文 38) "U-235 核分裂中の放出中性子散乱"(Dispersion of the Neutron Emission in U-235 Fission). With R.P. Feynman and F. De Hoffmann. *Journal of Nuclear Energy* **3**: 64-69.

1957 年
(論文 39) "強いカップリング"(Strong Coupling). With A. Pais. *Physical Review* **105**: 16361-52.

1959 年
(論文 40) "対称偽スカラー理論の一般変換"(A General Transformation of the Symmetrical Pseudoscalar Theory). With A. Pais. *Physical Review* **113**: 955-58.

1960 年
(論文 41) "荷電スカラー強力カップリング理論"(Charged Scalar Strong-Coupling Theory). With H. Nickle. *Physical Review* **119**: 449-57.

(論文 42) "相補性に依る電磁気振幅の制約"(Limits on Electromagnetic Amplification Due to Complementarity). With C.H. Townes. In C.H. Townes, ed., *Quantum Electronics*, 233-55. New York: Columbia University Press.

1963 年
(論文 43) "大モーメント遷移を伴う散乱理論"(Theory of Scattering with Large Momentum Transfer). *Physical Review Letters* **10**: 357-60.

1964 年
(論文 44) "高エネルギーの陽子・陽子散乱"(High-Energy Proton-Proton Scattering). *Reviews of Mordern Physics* **36**: 649-55.

(論文 45) "高エネルギー弾性散乱の尺度化則"(Scaling Law for High-Energy Elastic Scattering). *Physical Review Letters* **13**: 32-35.

1965 年
(論文 46) "光学模型のクラス"(A Class of Optical Models). *Supplement of the Progress of Theoretical Physics* (湯川記念特集: Yukawa Commemoration Issue): 104-107.

(論文 47) "高角度でのシャドウ散乱"(Shadow Scattering at Large Angles). *Proceed-*

ings of the National Academy of Sciences **54**: 692-96.

（論文 48）"電磁気波への超伝導表面応答"(Response of Superconducting Surfaces to Electromagnetic Waves). Columbia Radiation Laboratory (Special Technical Report).

1966 年

（論文 49）"高エネルギー散乱"(High-Energy Scattering). In vol. 1, *Some Recent Advances in the Basic Sciences*, ed. A. Gelbart, 73-89, New York: Academic Press.

1969 年

（論文 50）"原子ビーム二重共鳴スペクトロスコピイーの理論"(The Theory of Atomic Beam Double Resonance Spectroscopy). *Annals of Physics* **54**: 430-46.

（論文 51）"初期の年々"(The Early Years). In *Oppenheimer*, 11-20. New York: Scribner's.

1976 年

（論文 52）"単純核モデル"(A Simple Nuclear Model). *Physical Review C* **14**: 718-30.

1983 年

（論文 53）"1930 年代の粒子物理学：バークレーからの見た"(Particle Physics in the 1930s: A View fron Berkeley). In Laurie M. Brown and Lillian Hoddeson, eds., *The Birth of Particle Physics*, 206-21. Cambridge: Cambridge University Press.

1987 年

（論文 54）"サーバーが言う：核物理学とは"(*Serber Says: About Nuclear Physics*). Singapore: World Scientific.

1992 年

（論文 55）"ロスアラモス・プライマー"(*The Los Alamos Primer*). Edited and with an introduction by Richard Rhodes. Berkely: University of California Press.

1994 年

（論文 56）"平和な楽しみ：1930-1950 年"(Peaceful Pastimes: 1930-1950). *Annual Review of Nuclear and Particle Science* **44**: 1-26.

ロバート・サーバーとの口述歴史インタビューの幾つかもまた，メリーランド州カレッジパーク，米国物理研究所の物理学歴史センターに在るニールス・ボーア文庫に収められている．

付録 A
略伝註記

Biographical Notes[*1]

　ハンス・ベーテ (Hans Bethe), 理論物理学者, 1906 年ドイツのストラスブルクに生まれる. 1935 年に米国帰化, コーネル大学で物理学の教鞭をとる. 1943 年から 1946 年までロスアラモスの理論物理学部を率いた. 1967 年ノーベル物理学賞を受賞. 2005 年死去.

　レイモンド・バージ (Raymond Birge), 実験物理学者, 1887 年ニューヨークのブルックリンで生まれる. 1933 年から 1955 年までカリフォルニア大学バークレー校の物理学部長.

　フェリックス・ブロッホ (Felix Bloch), 理論物理学者, 1905 年スイスのチューリッヒに生まれる. 1934 年から 1971 年までスタンフォード大学で物理学を教える. スタンフォード, ロスアラモスおよびハーバードで戦争研究を行う. 1952 年ノーベル物理学賞を受賞. 1983 年死去.

　ニールス・ボーア (Niels Bohr), 理論物理学者, 1885 年デンマークのコペンハーゲンに生まれる, 量子力学の始祖. 1922 年ノーベル物理学賞を受賞. 戦時中, ロスアラモスの顧問を勤めた. 1962 年死去.

　グレゴリー・ブライト (Gregory Breit), 1899 年ロシア生まれの理論物理学者, 1929 年から 1944 年までワシントンのカーネギー協会の地球磁気学部門の研究員を勤めた. マンハッタン計画でロバート・オッペンハイマーの前任者の高速中性子研究の

[*1] 訳註: 　読者の利便のため『ロスアラモス・プライマー』の中にあった「略伝註記」を加筆・修正し, ここに再掲載したものです.

コーディネーターだった．1981年死去．

ジェームス・チャドウイック (James Chadwick)，実験物理学者，1891年英国チェッシャーのボーリントンに生まれる，中性子を発見，これによって1935年ノーベル物理学賞を受賞．ロスアラモスでの英国派遣団長．1974年死去．

アーサー・ホリー・コンプトン (Arthur Holly Compton)，実験物理学者，1893年オハイオ州ウースターに生まれる，1942年から1945年までシカゴ大学冶金研究所のコーディネーター，この研究所で初めて核反応開発を行い，ウランよりプルトニウムを分離するに必要な化学技術を考案した．1927年ノーベル物理学賞を受賞．1962年死去．

ジェイムズ・ブライアント・コナント (James Bryant Conant)，化学者，教育者，科学行政官，外交官，1892年マサチューセッツ州ボストン市に生まれる，ハーバード大学で化学を専攻し，1917年博士号を取得した．1917年-1918年，陸軍で毒ガスなど化学兵器関係の業務に従事．第1次世界大戦後ハーバード大学に赴任し，1919年から助教授，1928年から教授，1933年-1953年学長を歴任した．1941年-1946年，アメリカ国防研究委員会委員長を務め，科学研究開発局長ヴァネバー・ブッシュに協力．マンハッタン計画では政策決定過程に関与した．1953年-1957年，西ドイツ駐在高等弁務官，在ドイツアメリカ合衆国大使．1978年死去．

エドワード・コンドン (Edward Condon)，理論物理学者，1902年ニューメキシコ州アラモゴルドに生まれる，1930年から1937年までプリンストン大学の物理学助教授，1945年から1951年まで国立標準局長．彼はロスアラモスで最初の数カ月は副所長であったが，機密論争で辞任した．1974年死去．

ポール・ディラック (Paul Dirac)，理論物理学者，1902年英国のブリストルに生まれる，1933年ノーベル物理学賞を受賞．1932年から1969年までケンブリッジ大学で数学のルーカス教授であった．1984年死去．

エンリコ・フェルミ (Enrico Fermi)，実験および理論物理学者，1901年イタリアのローマに生まれる，レオ・シラードと核反応炉の共同考案者で，戦争中にシカゴ大学冶金研究所に最初の原子炉建設を指導し，1942年12月に最初の人類による核連鎖反応を達成した．1938年ノーベル物理学賞を受賞．1954年死去．

リチャード・ファインマン (Richard Feynman)，理論物理学者，1918年ニューヨークに生まれる，ロスアラモスの理論部門で働く．1965年ノーベル物理学賞を受賞．1988年死去．

スタンレー・フランケル (Stanley Frankel)，理論物理学者，1919年カリフォルニアのロスアンゼルスに生まれる，ローレンス放射線研究所とロスアラモスに勤務．1978年死去．

オットー・ロバート・フリッシュ (Otto Robert Frisch), 理論物理学者, 1904 年オーストリアのウイーンに生まれる. 叔母のリーゼ・マイトナーと共に核分裂を定義し, それを fission と命名した. "スーパー爆弾"の可能性に関する彼の報告書は, 英国が戦争に核分裂を応用する研究開始の契機となった. 1979 年死去.
　モーリス・ゴールドハーバー (Maurice Goldhaber), 理論物理学者, 1911 年オーストリアのレムベルグに生まれる. 1938 年英国から米国に帰化. 1973 年までイリノイ大学で物理学を教える. 2011 年死去.
　レスリー・R・グローヴズ (Leslie R. Groves), 米陸軍技官, 1896 年ニューヨークのアルバニーに生まれる. ペンタゴン (国防省) 建設に従事, マンハッタン計画を統率した. 1970 年死去.
　オットー・ハーン (Otto Hahn), 放射化学者, 1879 年ドイツのフランクフルト-アム-マインに生まれる. フリッツ・シュトラスマンと共同で核分裂を発見. 1944 年にノーベル化学賞を共同で受賞. 1968 年死去.
　ウエルナー・ハイゼンベルク (Werner Heisenberg), 理論物理学者, 1901 年ドイツのウルツブルグに生まれる. 量子力学を創始し, これによって 1932 年ノーベル物理学賞を受賞. 戦争中はドイツで原爆と原子炉の開発に従事した. 1976 年死去.
　フレディリック・ジョリオ (Frederic Joliot), 実験物理学者, 1900 年フランスのパリに生まれる. 妻イレーネ・キュリーと人工放射能の共同発見者. ジョリオーキュリーは 1935 年ノーベル化学賞を受賞. 1939 年パリで核分裂からの二次中性子出現をハンス・フォン・ハルバンとレオ・コワルスキーと共同で実証した. 1958 年死去.
　エミール・コノピンスキー (Emil Konopinski), 理論物理学者, 1911 年インディアナ州ミシガン市に生まれる. 1943 年から 1946 年までロスアラモスに勤めた. 1990 年死去.
　チャールズ・ローリッツエン (Charles Lauritsen), 実験物理学者, 1892 年デンマークのホルステブロに生まれる. 1930 年から 1962 年までカリフォルニア工科大学で教えた. 1968 年死去.
　アーネスト・ローレンス (Ernest Lawrence), 実験物理学者, 1901 年南ダゴダ州のカントンに生まれる. サイクロトロンを発明し, 1939 年その研究に対してノーベル物理学賞を受賞. 戦争中, バークレーとオークリッジでウランの電磁分離を指導した. 1958 年死去.
　エドウィン・マクミラン (Edwin McMillan), 実験物理学者, 1907 年カリフォルニア州レドンビーチに生まれる. ネプツニウムの発見およびグレンシーボーグと共同でプルトニウムを発見した. これに対し 1951 年ノーベル化学賞を受賞. 1991 年死去.
　ジョン・マンリー (John Manley), 実験物理学者, 1907 年イリノイ州ハーバードに

生まれる．戦争中，ロスアラモスの科学者であった，その後そこの副所長となった．1990 年死去．

リーゼ・マイトナー (Lise Meitner)，理論物理学者，1878 年オーストリアのウイーンに生まれる．1878 年に甥のオットー・ロバート・フリッシュと共に核分裂についての最初の理論的解釈を行った．1968 年死去*2．

エルドレッド・ネルソン (Eldred Nelson)，理論物理学者，1917 年ミネソタ州スターバックに生まれる．戦争中，ロスアラモスの理論物理部門のグループリーダーだった．

ケネス・ニコルス (Kenneth Nichols)，米陸軍技官，1907 年オハイオ州クリーブランドに生まれる．マンハッタン計画の 2 代めの司令官となった．2000 年死去．

仁科芳雄 (Y. Nishina)，原子物理学者，1890 年岡山県に生まれる．1914 年東京帝国大学の工科大学電気工学科に入学．1918 年大学を首席で卒業し，翌日から理化学研究所の研究生になるとともに大学院工科に進学．ヨーロッパに留学し 1928 年にコンプトン散乱の有効断面積を計算してクライン=仁科の公式を導いている．1930 年東京帝国大学より理学博士．1937 年 4 月には小型サイクロトロンを完成させ，10 月にボーアを日本に招いている．1943 年 8 月 6 日，アメリカ軍によって廣島市に「新型爆弾」が投下されると，8 月 8 日に政府調査団の一員として現地の被害を調査し，レントゲンフィルムが感光していることなどから原子爆弾であると断定，政府に報告した．1951 年肝臓癌で死去．

ロバート・オッペンハイマー (Robert Oppenheimer)，理論物理学者，1904 年ニューヨーク市に生まれる．1943 年から 1945 年までロスアラモス研究所を設立し，所長を勤めた．1967 年死去*3．ウラムによれば彼は「とても悲しい人」である．中性子星について彼が提案した理論的議論は彼の大きな貢献の 1 つであるが，高速で回転している中性子星であるパルサー星の発見によってそれが証明されたのは，オッペンハイマーが亡くなった 1 年後である（p.265）．

ウオルファング・パウリ (Wolfang Pauli)，理論物理学者，1900 年オーストリアの

---

*2 訳註： R.L. サイム，*Lise Meitner. A life in Physics*, University of California Press, CA, 1986：鈴木淑美訳，『リーゼ・マイトナー 嵐の時代を生き抜いた女性科学者』，シュプリンガー・フェアラーク東京，2004：ナチスによって亡命を余儀なくされ，核分裂発見の栄誉も奪われたマイトナーの「消された」生涯を克明に再現している．

*3 訳註： カイ・バード，マーティン・シャーウイン，*AMERICAN PROMETHEUS*: The Triumph and Tragedy of J. Robert Oppenheimer, 2005：河邊俊彦訳，『オッペンハイマー「原爆の父」と呼ばれた男の栄光と悲劇（上/下）』，PHP 研究所，東京，2007：ピュリッツアー受賞作品．「微妙で的確な描写 …… 伝記と社会史という両分野において傑出した書」（「サンフランシスコ・クロニクル」紙）と評されている．

ウイーンに生まれる．1945 年ノーベル物理学賞を受賞．1958 年死去．

イジドール・イザーク・ラビ (I.I. Rabi)，実験物理学者，1898 年オーストリアのリマノフに生まれ，子供の頃に米国帰化．1942 年から 1945 年の間，レーダー研究を行った MIT の放射研究所副所長とロスアラモスの顧問を勤めた．1944 年ノーベル物理学賞を受賞．1988 年死去．

嵯峨根遼吉 (R. Sagane)，実験物理学者，1905 年長岡半太郎の 5 男として東京に生まれる．嵯峨根家の養子となった．1929 年東京帝国大学理学部物理学科を卒業．英国，米国に留学後，1938 年帰国．理化学研究所研究員となり，仁科芳雄の下で原子核物理学の研究に従事．大型サイクルトロンを建設．1943 年東京帝国大学教授に就任．1949 年渡米．アイオワ大学・カリフォルニア大学で研究．1955 年東京大学教授を辞職．1956 年帰国．その後，日本原子力研究所理事，副理事長，日本原子力発電取締役，副社長，産業計画会議委員（議長：松永安左ヱ門）を歴任．戦争中は，海軍の原爆開発を目的とした「物理懇談会」のメンバー（委員長：仁科芳雄）だった．1969 年死亡．

グレン・シーボーグ (Glenn Seaborg)，核化学者，1912 年ミシガン州イシュペニングに生まれる．エドウィン・マクミランと共同でプルトニウムを発見し，これによって 1951 年ノーベル化学賞を受賞．ウランからプルトニウムの化学的分離法を開発．ワシントン州ハンフォードでその分離法を適用し蓄積したプルトニウムがトリニティと長崎の原子爆弾として使われた．1999 年死去．

エミリオ・セグレ (Emilio Segré)，実験物理学者，1905 年イタリアのローマに生まれる．1938 年に米国帰化，戦争中ロスアラモスのグループリーダーであった．1959 年ノーベル物理学賞を受賞．1989 年死去．

フリッツ・シュトラスマン (Fritz Strassmann)，無機化学者，1902 年ドイツのボッパードに生まれる．オットー・ハーンと共に核分裂を発見し，この業績により 2 人は 1944 年にノーベル化学賞を受賞．1980 年死去．

エドワード・テラー (Edward Teller)，理論物理学者，1908 年ハンガリーのブタペストに生まれる[*4]．1935 年に米国帰化．戦争中ロスアラモスで原子爆弾と水素爆弾の研究に従事，1951 年ポーランド人数学者スタニスラウ・ウラムと共に米国の水素爆弾の発明者となった．2003 年死去．

リチャード・トールマン (Richard Tolman)，理論物理学者，1881 年マサチューセッツ州ウエストニュートンに生まれる．1922 年から 1948 年に死去するまでカリフォル

[*4] 訳註： ハンガリー出身の科学者たちについてはジョルジュ・マルクス著「異星人伝説 20 世紀を創ったハンガリー人」，盛田常夫訳，日本評論社，東京，2001 が詳しい．

ニア工科大学大学院長であった．1967年ノーベル物理学賞を受賞．1948年死去．

　ジョン・ヴァン・ヴレック (John H. Van Vleck)，理論物理学者，1899年コネチカット州ミドルタウンに生まれる．1935年から1969年までハーバード大学の物理学教授であった．1977年「磁性体と無秩序系の電子構造の理論的研究」の功績によりノーベル物理学賞を受賞．1980年死去．

　ユージン・ウイグナー (Eugene Wigner)，理論物理学者，1902年ハンガリーのブタペストに生まれる．1930年に米国帰化，1938年から1971年までプリンストン大学の物理学教授であった．戦争中シカゴ大学冶金研究所でワシントン州ハンフォードに建設された原子炉の設計をした，この炉が最初の原子爆弾用プルトニウムを生産した．1963年ノーベル物理学賞を受賞．1995年死去．

　ジョン・ウイリアムズ (John Williams)，実験物理学者，1908年カナダのアスベスト鉱山に生まれる．1943年から1946年までロスアラモスの研究科学者であった．1966年死去．

　ロバート・ウィルソン (Robert Wilson)，実験物理学者，1914年ワイオミング州フロンティアに生まれる．1943年から1944年までロスアラモスでサイクロトロン・グループを率い，1944年から1946年まで実験研究部門部長を勤めた．2000年死去．

　湯川秀樹 (H. Yukawa)，理論物理学者，1907年地質学者・小川琢治の3男として東京に生まれる．1歳の時に父の京都帝大教授就任に伴い京都で育つ．湯川玄洋の次女湯川スミと結婚し，湯川家の婿養子となる．1932年京都帝大講師．大阪帝大講師を兼任する．1934年中間子理論構想を発表，1935年，「素粒子の相互作用について」を発表，中間子の存在を予言する．1949年にノーベル物理学賞を受賞．1956年原子力委員長の正力松太郎の要請で原子力委員になる．正力の原子炉を外国から購入してまでも5年目までには原子力発電所を建設するという持論に対して，基礎研究を省略して原発建設に急ぐことは将来に禍根を残すことになると反撥，結局体調不良を理由に在任1年3ヵ月で辞任した．1981年死亡．

訳者あとがき

　1 年前の 4 月 10 日付けでロバート・サーバー著，リチャード・ローズ編集，『ロスアラモス・プライマー　開示教本「原子爆弾製造原理入門」』を上梓した [1]．原子爆弾の設計・製造を行ったロスアラモス研究所で開所当初から，入所者にロバート・サーバーが講義した「原子爆弾製造原理」の教本である．プライマーは戦後も長期に亘りトップ・シークレットの制限文書として留まった．1965 年，プライマーはそっくりそのままの姿で機密リストから除かれた——そこに含まれている情報が他のソースからも公然と入手出来る事になったからとの理由で，それ以降プライマーは軍備管理 (arms control) コースの大学講義で使用されるようになったがオリジナルの謄写版印刷様式からのコピーであり続けた．

　講義録の著者，ロバート・サーバー・コロンビア大学名誉教授の注釈付き改訂版をリチャード・ローズの「緒言と解題」付きで 1992 年にカリフォルニア大学出版が発行した：著者の「はしがき」には生い立ち，大学および大学院での生活，オッペンハイマーの下での物理研究からロスアラモス秘密研究所での講義開始，原爆投下直後の長崎・廣島の被害調査について淡々と簡潔に記述されていた．その内容に興味が湧き，ロバート・サーバーの著書を取り寄せた．

　その中に「ベグラム講義」に基づく『先端核科学者の回顧録』が在った．オッペンハイマーが原子爆弾の設計・製造の秘密研究所長に指名されるのが確実と成った時，彼はロバート・サーバーを最初にリクルートして，彼の主任助手とした．そのサーバーの生い立ちからオッペンハイマーの下での物理学の研究，ロスアラモスでの戦時研究と科学者同士の交流，ロスアラモスでの生活，日本降伏直後の長崎・廣島の原爆被害調査や日本人たちとの交流，戦後の核物理学・加速器物理学・素粒子論の発展への彼の寄与等が淡々とかつ詳細に描かれていた．勿論のこと，『ロスアラモス・プライマー』には無い，戦後の様々な出来事について，「科学と政治」を考える上でも示唆に富んだ記述が見られた；ベトナム反戦運動と大学紛争がピークを迎えた時，米国物理学会長として彼が取った方針は現在の日本においても充分に参考となろう (p.229)．

また，戦前バークレー校からアーバナ（イリノイ大学）に移った時，多数の若い理論家たちが中西部の大学に散らばっているのを見つけ，月に1度会うように巡回セミナーを組織した．オッペンハイマーがバークレーとカリフォルニア工科大学（カルテック）を兼務し，門下生を引き連れてバークレー，カルテックで研究し，スタンフォード大学のブロッホ教授の門下生らと共同セミナー（p.35）を開催し米国で著名な理論物理学の学校を確立させていた．その体験をしたロバート・サーバーならではの対応だった．

　日本の物理学者との交流も有り，湯川秀樹の「中間子」を欧米の科学者の中でいち早く注目したのが，オッペンハイマーとサーバーだった．長崎への原爆投下時には過って同僚だった嵯峨根遼吉教授宛ての手紙を一緒に投下している（p.128）．終戦直後の原爆被害調査時には，仁科芳雄とも会っている（p.155）．戦後1948年の夏，日本の米軍占領当局と国務省はプリンストンのオッペンハイマーの下で1年間研究のために湯川夫婦の米国への旅を手配した．サンフランシスコで迎えたのがサーバー夫婦だった（p.183）．サーバーのさりげない人物描写も面白い．サーバーがコロンビア大学に移ってからは，湯川秀樹と同僚となり，学部生への「量子力学」講義をどちらが行うのかのエピソードを語っている（p.193）．

　1948年前期マッカーシズムの狂乱がロバート・サーバーのセキュリティー聴聞という舞台を造り出した（p.180）．米国とソ連の対立が表面化し，共産主義の恐怖からリベラリストにまで攻撃をしかけたヒステリー現象である．その6年後のマッカーシズム狂乱末期の1954年にはオッペンハイマーが聴聞を受け"A.E.C.（原子力委員会），保安調査（セキュリティ・レビュー）でオッペンハイマー博士の身分を一時保留"となった（p.201）．オッペンハイマーの名誉回復に関する以下のエピソードを掲載しておこう [2]：

　　　1963年春オッペンハイマーは，ケネディ大統領が彼に名誉あるエンリコ・フェルミ賞と，副賞5万ドル（無税）を贈ることを発表したと知った．これは政治的な名誉回復の，きわめて象徴的な出来事であるとだれもが思った．「むかつく！」と，ある共和党の上院議員がニュースを聞いて叫んだ．下院非米活動調査委員会に所属する共和党側のスタッフは，オッペンハイマーに対する1954年の保安規則違反告訴を15ページにまとめて配布した．他方，ベテランのCBSキャスター，エリック・セバライドはオッペンハイマーを次のように表現している．「科学者でありながら，詩人のように書き，預言者のように話す」．そして今回の受賞は，国家的人物としてのオッペンハイマーの復活であろうと大歓迎した．　（…）　1963年11月22日，オッペンハイマーは彼の

オフィスに座って，12月2日のホワイトハウスでの式典に備えて，受賞演説の草案に取り組んでいた．そのとき，オフィスのドアをノックする音が聞こえた．ピーターだった．たった今カーラジオで聞いたが，ケネディ大統領がダラスで撃たれたという．ロバートは目をそらした．他の人たちが到着したとき，ロバートはピーターの方を向いて，22歳の息子に一杯飲むかと尋ねた．ピーターはうなずいた．そこでロバートは，バーナが管理している大きなウォークインクローゼットまで歩いて行った．そこに若干の酒があることを知っていた．だがピーターの目には，ただそこに立ち尽くしている父の姿が映った．「腕をだらりと垂らし，薬指と親指を繰返しこすりながら，酒瓶のコレクションを黙って見つめていた」．最後にピーターが言った．「酒はもういいよ」．

12月2日，リンドン・ジョンソン大統領は予定どおりに，フェルミ賞授賞式を開催した．（…）その後，服喪中のケネディ未亡人は，彼女の個室でロバートに会いたいと伝えた．ロバートとキティは，2階でジャッキー・ケネディに改めて挨拶した．亡くなった夫は自分でこの賞を手渡したいと，どれほど望んでいたか分かっていただきたいと，ジャッキーはロバートに言った．ロバートは後にこのときのことを，深く感動したと真情を述べている [pp. 412-415]．

水素爆弾開発でブレークスルーを成し遂げた数学者のスタニスロウ・ウラムのオッペンハイマー評は [3]：

オッペンハイマーには人並以上にしっかりとした興味をそそる性格があった．しかし反面では，とても悲しい人である．いわゆる中性子星について彼が提案した理論的議論は，理論物理学における彼の大きな貢献の1つであるが，高速で回転している中性子星であるパルサー星の発見によってそれが証明されたのは，オッペンハイマーが亡くなった1年後である．

私から見れば，それはオッペンハイマーの悲劇である．彼は非常に独創的であるというよりも，むしろ理解力があり感受性に富む才能豊かな批評家のようであった．また彼は，自分が仕組んだわなのとりこであった．それは政治的なものではない．言葉使いのわなである．おそらく彼は自分を「暗黒の王子」，「宇宙の破壊者」とみなしたとき，自分の役割を誇張したのである．ジョニー（フォン・ノイマン）はよく言っていた．「罪があると信ぜんがために有罪を主張する人がいる」と [p. 201]．

科学は「もろ刃の剣」と言われるように，科学技術の成果物に罪は無い．責任はそ

れを使用する人間の側にある．核分裂連鎖反応によって生じるエネルギーを電気に変換する技術が「**原子力発電**」であり，兵器として利用する技術が「**原子爆弾**」を生んだ（コインの両面であると同時に，その各々の面での技術に克服すべき課題が在る；例えば，原爆では高速中性子の利用，原子炉では熱（減速）中性子と遅発中性子の利用）．プルトニウム製造のためにはウランへの中性子照射という原子炉（パイル）が必要であり，照射された燃料からプルトニウムを抽出する再処理技術を必要とした．広島型原爆はオークリッジのウラン濃縮工場で生産された高濃縮ウランで作られた．その原子爆弾の設計・開発・組立・実験を担当したロスアラモス研究所での原爆製造の理論入門教本が『ロスアラモス・プライマー』である [1]．竹内薫も指摘している通り [4]，原子力技術者として，その分野の科学・技術史をリテラシーとして持つことの重要性を認識している；本書を翻訳した動機でもある．

原子力の利用が，軍事利用と連関していることも事実であり，この開発の歴史を実直に見つめなおすことは，原子力基本法に基づき，原子力の利用は平和の目的に限る非核兵器保有国の日本にとっても重要であり，その説明責任と核不拡散のための検証理論書『データ検証序説：法令遵守数量化』を上梓した [5]．原子力発電の面からは，フランス原子力庁で編纂された『加圧水型炉，高速中性子炉の核燃料工学』を上梓している [6]．本書：『先端核科学者の回顧録』と併読するならば，「**核分裂連鎖反応**」によるエネルギー解放の利用の側面を核物理学の視点から総合的に理解出来る．また本書を通じて，爆発の威力の計算，損害の評価とともに放射線被害の予測が困難であったこと，さらに予測値の検証のために広島，長崎での被害調査を科学的に行っていることも理解されるであろう．敗戦直後の日本人たちとの交流も記載されている．ナチス・ドイツの反ユダヤ主義で亡命を余儀なくされた科学者たちのマンハッタン計画遂行における寄与の大きさも読み取れる．素粒子論，宇宙物理学，加速器理論の発展へのサーバーらの寄与に加えて，「科学と政治」，「科学の発展における科学者たちの相互啓発と自由討論」，「ユダヤ人に対する偏見」，「赤狩りの狂気」，「東部エスタブリッシュメントの青年の成長」，「東部上流社会の様相」，「ワイルドな西部での乗馬の冒険」，「セーリング」等々，「科学的分野」に限定されず，「政治」，「娯楽」，「文化・教養」の広い分野をカバーし，それらに対してサーバーの乾いたユーモアと感情を抑制した科学者の言葉で若人にとって参考になる事柄が綴られている．

東日本沖大地震による津波で生じた福島第1原子力発電所での水素爆発事故後の原子力規制委員会の大学研究用原子炉への規制の仕方を見るにつけて，本書でのコロンビア大学原子力工学部・実験用原子炉建設に関する記述を印象深く読んだ；コロンビア大学が実験用原子炉を建設し，稼働させる準備をしていた時，反原子力派の住民を巻き込んだ反対運動によって委員会の結論：「稼働に伴う危険性は全くないが，地元

民が反対しているとの観点からその設備を動かすべきでは無い」としたエピソードである (p.233). 同類の情緒的判断が日本でも優先していることに危惧の念を感じた.「科学と政治」との関係について日本人自身も確とした見識をもつべきであろう.

これに関連し, 2016 年 6 月 3 日の産経新聞「主張」を引用しよう：**高速増殖炉；意欲に満ちた新組織作れ**である. 文部科学省は, 高速増殖原型炉「もんじゅ」の新たな運営主体の在り方に関する中間報告書を原子力規制委員会に提出した. 物理学者の有馬朗人氏を座長とする有識者検討会がまとめた内容で, 原子力分野以外からの外部有識者の中枢参画をはじめ, 新運営主体が備えるべき要件などを挙げている. この「主張」のなかで, 原子力規制委員会に対する懸念は：

> もんじゅの運営主体の変更は, 規制委によって昨年 11 月, 文科相への「勧告」という形で提起された. もんじゅの保守管理に関わる原子力機構の不手際を厳しく問い, その廃炉さえ示唆する内容だった.
>
> そこには越権はなかったか. もんじゅは, 国がエネルギー政策の基本方針として推進する核燃料サイクルの一翼を担う高速増殖炉である. 規制委の勧告は, 国の重要政策への容喙に近い.
>
> 安倍晋三首相は, 原子力政策の主体が規制委ではないことを明確に示すべきである.

日本の原子力界に「マッカーシズムの妖怪」が闊歩している様相だ；原子力委員会はどうしているのだ! 原子力規制委員会の「越権」を許している風潮こそが,「情緒的日本」の欠点と言っていいであろう. ロバート・サーバーならば, これにどう立ち向かうのであろうか.

本書で触れていない原子爆弾製造技術を除く原子力開発の黎明期と TMI 原子力発電所 2 号機事故に関するエピソードを福島事故後の観点から補足しよう. 現在の商業原子力発電所の主流である加圧型軽水炉 (PWR) と次世代の炉として開発が進められている高速中性子増殖炉 (FBR) の開発の端緒の 1 つは, 米国海軍 Hyman Goerge Rickover 大佐 (1900-1986) による原子力潜水艦推進のための原子炉開発計画に対して, WH 社が開発提案した加圧水型熱中性子炉 (PWR) と GE 社が開発提案した中速中性子 Na 冷却炉であった. リッコーヴァー大佐は**並行開発**を承認し, 各々地上に原型炉を建設した；加圧水型軽水炉「STR Mark1: Submarine Thermal Reactor」と中速中性子炉「SIR Mark1: Submarine Intermediate Reactor」である. STR Mark1 は 1950 年 8 月に開発が始まり 1953 年 3 月には臨界に達した. STR Mark2 を搭載した潜水艦ノーチラス号は 1954 年 12 月 30 日に臨界達成. 1958 年 8 月 3 日潜航状態で北極点の氷下を潜航のまま初めて通過. 原子力潜水艦と濃縮ウラン燃料による PWR での

商業発電への路を開いた．一方，SIR Mark1 も開発を終え，同型の SIR Mark2 を搭載した潜水艦シーウルフ号は 1956 年，港内に係留された状態で臨界に達した．しかし冷却材の金属 Na が腐蝕のため漏れだして 7 名の乗員が被曝した．漏洩個所の修理が困難な場所であったためその部分を塞ぎ出力を計画の 80％程下げて運転された．しかし性能面と安全面に重大な問題があるとして，後に SIR Mark2 原子炉を下し STR Mark2 に交換された．STR Mark2 は正式名称を S2W と改名され原子力潜水艦の原型となった．W は WH 社の W である．第 6 世代の原子炉は WH 社製に代わって数10 年ぶりに GE 社製 S6G となって 60 隻以上の原子力潜水艦が建造された．S7G，S8G 炉は 21 世紀に対応する最新の原子力潜水艦に使われている．民需産業になって消滅した WH 社に取って代わり GE 社になったが型式は全て PWR である [7]．

1950 年の初め頃までは軽水炉であっても，原子炉容器の中で沸騰を生じさせる原子炉は，水と蒸気の混じった状態での中性子のふるまいが不明で，制御が困難で設計できないと考えられていた．それにもかかわらず，沸騰水型の原子炉のアイデアを具体化していったのは，アルゴンヌ国立研究所の技術者たちであった．彼らは BORAX (Boiling Reactor Experiment) という装置を組み立て問題をひとつひとつ解決していき，実際にウラン燃料を装荷した BORAX-III で，沸騰炉心でも原子炉の核暴走は起きないことを実証した．1953 年のことであった．これはボイド（気泡）効果と呼ばれる現象によるものであった[*5]．また BORAX を改良して 1955 年 7 月に初の発電実験を行い，その電力は近くのアルコという町に送電された．原子力発電が市民生活に役立ったという意味で，これがアメリカでの最初である [8]．GE 社 BWR へと進展して行く．しかし，世界で最初に原子力発電を行ったのは，ウォルター・ジンの高速増殖炉 EBR-I である（1951 年 12 月 20 日にはじめて 4 個の電灯を灯した）．

その**原子力潜水艦開発の父**：リッコーヴァー提督の逸話を福島事故を経験した観点から引用する [9]：

[*5] 訳註：　　ボイド（気泡）効果：BWR の冷却材は原子炉内で沸騰しているので，増大する熱エネルギーに比例して冷却材中の蒸気の泡（ボイド）の量も増えてゆく．これは結果として冷却材の密度を低下させるが，軽水炉の冷却材は減速材でもあるため，冷却材の密度が減ると減速される中性子が少なくなり，そのため核分裂反応が減少していく．逆に核分裂反応が減少すると熱エネルギーが減って蒸気泡が減り，減速される中性子量が増えていくため，核分裂反応が増えていく．このような現象は負の反応度係数によるフィードバックといい，BWR 固有の自己制御性であり，核分裂反応の極端な増減を自ら抑えている．

　　BWR では，この自己制御性を利用して原子炉出力の短期的な制御を行っている．原子炉出力を上げたい時は冷却材再循環ポンプの出力を上げる．原子炉内を循環する冷却材の流量が増え，運び出される熱量が多くなる結果として蒸気泡の量が少なくなり，原子炉出力が上昇する．原子炉出力を下げたい時は再循環ポンプの出力を下げると蒸気泡が多くなって原子炉出力が低下する．

(1986年1月28日スペースシャトル・チャレンジャー打上で，モートン・シオコール社からの「ケネデー宇宙センターは極寒となるので打上げを断念するように」との働きかけを受けたものの，NASA 首脳は，「打上スケジュールというプレッシャー」に負けてしまい，予定通り打上げた．O リング部からの燃料漏洩により引火・爆発事故に至った事例紹介の後）事態を正すためにプロジェクトを即時停止させた人物は，米国科学技術史において何人か見られる．米国初の原子力潜水艦ノーチラス号に原子炉が取り付けられた後，岸壁の試運転で蒸気パイプに小さな破断が発見された．潜水艦原子力化計画の長だったハインマン・G・リッコーヴァーが耳にしたのは，パイプの素材が本来のものとはちがっており，道路のガードレールのパイプ程度の強度しかないという事実だった．リッコーヴァーは造船所の品質管理記録を調査させたが，問題の箇所以外の蒸気システムのも，まちがったパイプが使用されていないかはっきりしなかったので，同じ径の蒸気パイプ——延べ何百メートルにもなる——をすべて除去し，正しいものと取り替えるように命令した．彼の補佐役だったテッド・ロックウエルによれば，リッコーヴァーは全員に告知をし，この日を記念すべき日として，品質管理を推進する強力な一撃として記憶してほしい，と述べた．もちろんそれには多くの費用を要したが，これによって，リッコーヴァーはほんとうに期日よりも安全性を重視しているのだというきわめて明確なメッセージが，海軍とその契約者のすみずみまで伝わったのだった．こうした費用構成改革は海軍にとって迷惑だっただろうか．リッコーヴァーにしてみればそうした質問はばかげていた．「**科学技術の規律**」と彼が呼ぶものは，まさにそのことを要求していたのだ [pp. 137-138].

リッコーヴァーの 7 つのルール：リッコーヴァーは，TMI-2 原子炉熔融事故から学ぶべき組織運営上の教訓について証言するように招待されたとき，原子炉の安全運用に関する 7 つの原則について説明した：

・第 1 原則：時間が経過するにつれて品質管理基準をあげていき，許認可を受けるために必要な水準よりもずっと高くもっていく．

・第 2 原則：システムを運用する人びとは，さまざまな状況のもとでその機材を運用した経験者による訓練を受けて，きわめて高い能力を身につけていなければならない．

・第 3 原則：現場に居る監督者は，悪い知らせがとどいたときにも真正面からそれを受けとめるべきであり，問題を上層部にあげて，必要な尽力と能力を十分につぎこんでもらえるようでなければならない．

・第 4 原則：この作業に従事する人びとは，放射能の危険を重く受けとめる

必要がある．
- 第5原則：きびしい訓練を定期的におこなうべきである．
- 第6原則：修理，品質管理，安全対策，技術支援といった職能のすべてがひとつにまとまっていかなければならない．その手だてのひとつは，幹部職員が現場に足をはこぶことだ．ことに夜間当直の時間帯や，保守点検のためにシステムが休止しているとき，あるいは現場が模様替えしているときに．
- 第7原則：こうした組織は，過去の過ちから学ぼうとする意思と能力をもっていなければならない [pp. 411-412]．

事故調査・検証委員会（政府事故調）の畑村洋太郎委員長の日本原子力学会誌報告の中で「技術は育てるもの」と語っている [10]：

筆者は産業革命以降の発達の基幹となる技術の1つとしてボイラの発達の歴史を概観し，'1つの技術分野で十分な失敗経験が蓄積するには200年かかる"という仮説を立てた．ボイラは18世紀に発明され，19世紀初めに実用技術として確立したが，高圧化に伴って多くの犠牲者を伴う事故を繰り返した．対策として様々な安全基準を設けると共に，材料や溶接技術等の発達もあり，安全性は徐々に高まり，米国のASME（アメリカ機械工学会）では1942年に安全率を5から4に引き下げた．ボイラの大事故はそれ以降起こっていない．さらにASMEは1998年に安全率を4から3.5に下げた．ボイラは約200年かけて十分な失敗を経験し，現在安定的に使われるようになったのである．

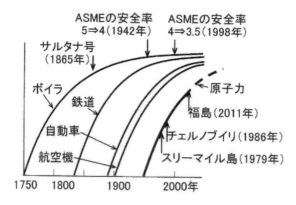

図A.1 どんな分野でも十分な失敗経験を積むには200年かかる（原子力はまだ60年しか経っていない）．

ボイラの技術の変遷および鉄道，航空機，自動車などの技術の変遷をグラフに表したのが図A.1である．

一方，原子力発電所は1950年代に商用への利用が始まって以来，現在（2012年）までに60年が経過したにすぎない．この60年間にこの分野で大事故と考えられているのは，スリーマイル島事故（1979年），チェルノブイリ事故（1986年），福島原発事故（2011年）の3つである．これらの事故の直接的な原因はそれぞれ，ヒューマンエラー，発散系（低出力下での正の反応度と格納容器無し）のシステムという設計思想の誤り，地震と津波という自然災害の考慮不足と考えられる．

上述の仮説に従えば，原発分野では今後140年かけて様々な失敗を経験しなければならない．しかし，他分野の知見を取り入れることによってはるかに短縮することができるのではないだろうか．そのためには原発分野が他の技術分野から隔絶されることなく，他分野の知見を十分に学び取るだけの謙虚さ柔軟さをも持たなければならない．決して"原子力村"を作ってはならないのである．

今後"200年"を短縮するには，原子力発電関係者たちが広い視野を持って今回の事故で得られた知見，海外も含め様々な事故で得られた知見，また他分野に学ぶことが必要である [pp. 25-26]．

先日発売された先崎彰容，『違和感の正体』の中で吉本隆明の『「反原発」異論』を取り上げた記述が，原発賛成か反対を踏み絵に相手の評価を下している現況の知識人たちへの批判として目に付いた．戦後に起きた米国内での「原爆投下道徳論争」でのロバート・サーバーのスタンスと同様の視点であると感じた．参考までに，その該当箇所を引用し，本書を読む上での参考にしてほしい [11]：

吉本隆明の出発点は何だったか．それは「戦争体験」だったはずです．戦争の最中，自分の思想を総動員して考え抜いた挙げ句，戦争は正しく，死を懸けるに値すると断定した．にもかかわらず，敗戦は自分が正しいと考えていた世界観，人生観が完全に間違っていたことを教えた．想像力は敗れ去り，善と思ったものは悪だった．だとすれば，「私」の想像力は不確かなものである．どうすれば現実を正確に把握し，正しい判断ができるのか．人はいつでも独善に陥るのだということ，これが吉本思想の出発点だったのです．この主張を知っていた筆者は，だから次の文章に出会ったとき，驚き，そして畏怖すら感じました．

元個人とは私なりの言い方なんですが，個人の生き方の本質，本性とい

う意味．社会的にどうかとか政治的な立場など一切関係ない．生まれや育ちの全部から得た自分の総合的な考え方を，自分にとって本当だとする以外にない．そう思ったとき反原発は間違いだと気がついた（『「反原発」異論』）．

つまり吉本は，その死の直前にいたってもなお，おなじ問題，自分の想像力と正義感が間違っている可能性を点検し，「絶えずいつでも考えて」いたのだ．だが周囲の反原発で騒ぎ立てる人びとを見てみよ．こうした思想的緊張感は，まったく見られないではないか．

彼らは自分の正義感を点検することなく，信じきっている．原発事故による「恐怖心」を利用して，反原発運動というつながりをつくっている．人間の声明を脅かすものを否定するという立場に立つ彼らは，絶対の正義，「一種の倫理性を組織する」のだ．

私たちが正しいことを言っているのに，なぜ異論を唱えるのだ．こういう批判こそ最も恐ろしいと吉本は考えています．なぜなら自分が無謬であるという意識は，戦争時代と何も変わらないからです．

もうお分かりでしょう．反原発に異論を唱えたことが，重要なのではない．ほとんどの人は原発賛成か，反対を踏み絵に相手への評価を下しているが，その問いの立て方自体が間違っているのだ．吉本という思想家は，生涯何かに取り憑かれたように自己点検を課していた．「人生を貫かざるをえない何か」を考え続けたことが，彼を思想の巨人たらしめているのです [pp. 190-191]．

1 冊目 [12] を上梓する起因となった丸善出版事業部編集部（現在：丸善出版社）角田一康さんは，TEX の呼び方さえ解らなかった訳者に，これからの理工図書は TEX や LATEX でなければならないと解説してくれた．その言葉で TEX の本 [13-16] を勉強し，本書で LATEX を用いて 4 冊を翻訳することができた．また丸善プラネット編集の戸辺幸美さんには懇切丁寧な支援を受けた．版権取得は営業・総務の水越真一さんにしていただいた．2 冊目 [17] から LATEX での出稿となり，その編集・校正・印刷は三美印刷株式会社にお願いしている．回を重ねるにつれてそのコツが判り，編集や目次様式の変更などは希望を出して三美印刷に任すように業務を移譲してきたが，快く引き受けて頂いた．今回は前回 [1] と同様，frontmatter の小見出し（日本語訳で加えた）にページ番号を付けて目次へ出力してもらうように依頼した．いつも無理な注文を聞いていただき感謝している．

2016 年 6 月　青葉繁れる仙台の寓居にて

今野 廣一

参考文献

[1] ロバート・サーバー，*THE LOS ALAMOS PRIMER*: The First Lectures on How To Build An Atomic Bomb；『ロスアラモス・プライマー　開示教本「原子爆弾製造原理入門」』，今野廣一訳，丸善プラネット，東京，2015：原子爆弾の設計と製造を担当したロスアラモス研究所への入所者たちにロバート・サーバーが行った講義録(LA-1)に著者が注釈を加え，リチャード・ローズが解説を加えた1992年の改訂版である．

[2] カイ・バード，マーティン・シャーウイン，*AMERICAN PROMETHEUS*: The Triumph and Tragedy of J. Robert Oppenheimer, 2005：『オッペンハイマー「原爆の父」と呼ばれた男の栄光と悲劇（上/下）』，河邊俊彦訳，PHP研究所，東京，2007：ピュリッツアー受賞作品．「微妙で的確な描写……伝記と社会史という両分野において傑出した書」（『サンフランシスコ・クロニクル』）と評される本書は，現代人にとって必読の一冊と思われる．上・下巻の大冊ではあるが，戦争を知らない若い人たちにも一読を勧めたい．本件は下巻からの引用である．

[3] Stanislaw M. Ulam, *ADVENTURES OF A MATHEMATICIAN*, 1976：「数学のスーパースターたち：ウラムの自伝的回想」，志村利雄訳，東京図書，東京，1979：ポーランドのリボス（現在ロシア領）出身のウラムは，若いころスコティッシュ・カフェという喫茶店を中心にポーランド学派の人たちと数学を研究したこと，フォン・ノイマンによばれてアメリカに渡って研究したこと，ロスアラモスの研究所で物理学者や化学者にまじって仕事したことなどが，すばらしいタッチで語られている．

[4] 竹内薫，「科学予測は8割はずれる；半日でわかる科学史入門」，東京書籍，東京，2012：目先の研究競争に囚われる前に，科学史という教養を，哲学から分かれて花開いた，さまざまな学問を「教養」として学んだうえで，現代社会で生きていくための専門教育（医学，法学，経営など）をほどこす，という欧米型の大学の「根っこ」の部分は，日本の大学には根付かなかったと言えよう．地震・津

波大国の日本の海岸線に設置した原子力発電所に対し，耐震設計は満足しているものの「津波」防護対策がヌケてしまっていることに，輸入技術と同じ病根を見出すのだが……．このように科学史に興味を持ち，過去の歴史から教訓を学んでほしい．

[5] Avenhaus, R. and M. J. Canty, *Compliance Quantified*: An introduction to data verification；「データ検証序説：法令遵守数量化」，今野廣一訳，丸善プラネット，東京，2014：検証理論の執筆動機は 20 年を超える核保障措置システムの開発と解析が知識の富を生み出したものの，実施者にとり会得も履行も出来るものではない，その説明は観察，測定およびランダム・サンプリングを基礎とする検証過程の仕組みと洞察の会得にあると認識しているからである．主題は従って我々の検証手法が工程管理または品質管理で適用されている方法論となぜ異なるのか，なぜゲーム理論を用いると実用的関連性の答えを出してくれるのか，を説明することにある．

[6] フランス原子力庁，「加圧水型炉，高速中性子炉の核燃料工学」，今野廣一訳，丸善プラネット，東京，2012：2011 年 3 月 11 日東日本沖大地震の大津波により多大な被災者・犠牲者を出した．福島第 1 原子力発電所事故の深刻な影響は，国民に大きな衝撃を与え，世論は脱原発に大きく傾いている．しかし第 1 次オイルショックの残る 1976 年，米国地質研究所の Hubber は，人類が長い歴史の中のほんの数百年で化石燃料を使い尽くすデルタ関数状の曲線を示し，「長い夜の 1 本のマッチの輝き」と呼んだ．今後，新エネルギーを含む再生可能エネルギーの利用拡大が進むと期待されるが，枯渇に向かう化石エネルギーの全てを代替できるわけではない．その点から，特に基幹電源用大規模発電手段としての原子力の役割を決して軽視すべきではない．本書が，核燃料サイクルの分野を志す若者の励みとなり，核燃料取扱主任者および原子炉主任技術者の受験参考書として利用されるならば翻訳者冥利に尽きる．

[7] 五代富文，"論壇：宇宙開発と原子力 (4)"，宙の会，12.14. 2011　　(http://www.soranokai.jp/pages/space_ nuclear_ 4.html)．

[8] 日本原子力学会編，「原子力がひらく世紀」，日本原子力学会，東京，pp. 22-25，1998：初等・中等教育の副読本として，および一般市民の原子力に関するリテラシー向上のために編集・出版された．核分裂の発見とそのエネルギーの利用から原子力の平和利用，原子炉の原理，放射線の解説まで平易ながらその学問的水準を維持しており，核燃料工学技術者においても座右の書として度々参照すべき書の 1 つ．

[9] ジェームズ・R・チャイルズ，「最悪の事故が起こるまで人は何をしていたのか」，

高橋健次訳，草思社，東京，2006 年 10 月（原書は 2001 年発行）：過去に発生した 50 あまりのケースを紹介しつつ巨大事故のメカニズムと人的・組織的原因に迫るノンフィクション・ドキュメント．
[10] 畑村洋太郎，"福島原発事故が教えるもの 政府事故調査委員長を終えて"，日本原子力学会誌，Vol.55, No.1 (2013).
[11] 先崎彰容，「違和感の正体」，新潮新書，東京，2016：メディアや知識人によって語られる今どきの「正義」，何かがおかしい．どうも共感できない．デモ，教育，時代閉塞，平和，震災など，現代日本のトピックスをめぐり，偉大な思想家たち——網野善彦，福澤諭吉，吉本隆明，高坂正堯，江藤淳——らの考察をテコに，そんな「違和感」の正体を解き明かす．善悪判断の基準となる「ものさし不在」で，騒々しいばかりに「処方箋を焦る社会」へ，憂国の論考．
[12] Jaech, J.L.,「測定誤差の統計解析」，今野廣一訳，丸善プラネット，東京，2007：N 個の異なる測定法または N 人で各々 n 個測定したアイテムに対する測定誤差の推測統計学書である．最尤法による測定誤差推定量と他の推定法によるものとの短所，長所を比較する．
[13] 奥村晴彦，「LaTeX 2_ε 美文書作成入門 改定第 4 版」，技術評論社，東京，2007：版を重ねているだけに，初心者にも解るよう懇切丁寧な解説を行っている．著者の「美文書」サポートページも大変役だつ．
[14] Goossens, M., F. Mittelbach, A. Samarlin,「The LaTeX コンパニオン」，アスキー出版局，東京，1998：「美文書入門」の補足用図書．
[15] 中橋一朗，「解決!! LaTeX 2_ε」，秀和システム，東京，2005：「美文書入門」の補足用図書．逆引きも便利で，かつ事例が豊富．
[16] 生田誠三，「LaTeX 文典」，朝倉書店，東京，1996：著者自身が作成した具体的例文が記載されており，「美文書入門」と併用すると応用力が増す．
[17] Avenhaus, R.,「物質会計：収支原理，検定理論，データ検認とその応用」，今野廣一訳，丸善プラネット，東京，2008：物質収支原理に基づく物質会計（計量管理）の統計検定理論，データ検認方法とその応用事例を解説した応用統計学入門書である．核燃料物質計量管理，国際核物質保障措置，化学工業での分溜法，ウラン濃縮，製造工程での金属収支，環境会計および軍備管理と広範な応用事例を数値解析とともに示している．

索 引

Alvarez, Luis W., xxix, 9, 97, 98, 159, 165, 227
Anderson, Carl, 51, 53
Arendt, Hannah, xxvi

Barnett, Henry, 114, 224
Bethe, Hans, xxi, 48, 50, 61, 84, 257
Birge, Raymond, 51, 54, 62, 66, 193, 257
black hole, xxi, 61
Blitzstein, Marc, xiii, 14
Bloch, Felix, 35, 61, 85, 257
Bohr, Niels, 12, 54, 101, 257
Booth, Eugene T., 80
Breit, Gregory, xx, 57, 79, 258
bremsstrahlung, 72
Briggs, Lyman, 80
Bush, Vannevar, 80

Chadwick, James, 258
Chevalier, Haakon, 14, 181
cloud chamber, 38
cloudy crystal ball, xx, 175
Compton, Arthur, 28, 258
Conant, James B., 81, 187, 258
Condon, Edward, 33, 96, 258
Copenhagen Interpretation, xxiv
coupling constant, 185, 205
cross section, 83

detonation waves, 102
deuteron, 72
Dirac, Paul, 12, 29, 184, 258
Dunning, John, 80

electron-positron pair, 39
Epstein, Paul, 42

Faraday effect, 26
Fermi, Enrico, 258
Feynman, Richard P., 179, 258
Fowler, Willy, 41, 59, 250
Frankel, Stanley, 258
Franklin Institute, 9
Frisch, Otto Robert, 259

Gamow, Gerrge, 48
Gell-Mann, Murray, xxi, xxviii, 28, 172, 219
Goldhaber, Maurice, 65, 68, 230, 259
Groves, Leslie R., 87, 259

Hahn, Otto, 259
Harrison, Stuart, 62, 156, 217
Haworth, Leland, 21, 190, 197, 206
Heisenberg, Werner, xiv, 12, 38, 54, 259
Hicks, Edward, 8

implosion, 86
isotopic spin, xx, 58

Joliot, Frederic, 259

Kamen, Martin, 84
Kerr effect, 27
Kerst, Don, 68
Konopinski, Emil, 259
Kurnitz, Harry, xiii, 15, 182

Lamb, Willis, 39
Landau, Lev, 60
Lauritsen, Charles, 40, 42, 50, 55, 56, 59, 259
Lauritsen, Tommy, 163
Lawrence, Ernest, xxi, 35, 51, 165, 259
Lee, Tsung-Dao, xxiv, 23, 189, 195, 212, 227
Lehigh, 9, 11
LeMay, Curtis, xxvi, 120
Leof, Morris V., xiii, 13
Loomis, Wheeler, 65, 193
Los Alamos Primer, 96, 248

Manley, John H., 96, 260
McMillan, Edwin, 35, 37, 42, 44, 46, 88, 164, 172, 259
Meitner, Lise, 260
Mendenhall, Charles, 24, 28
mesons, 54, 72
Millikan, Robert A., 46, 54
mirror nuclei, xxi, 43

Morrison, Philip, xxviii
muons, 53

National Research Council Fellowship, 28
Neddermeyer, Seth, 51, 53, 96
Nelson, Eldred, 260
Nichols, Kenneth D., 87, 260
Nishina, Yoshio, 155, 260
nucleon, 54

Odets, Clifford, xiii, 15
Oppenheimer, J. Robert, xiv, 29, 31, 32, 260

Pais, Abraham, xxv, 50
Pauri, Wolfang, xiii, 16, 261
Pegram, Gerorge B., 192, 222
Peierls, Rudolf, 80
Penn, William, 8
Penney, Bill, 23
pi meson, xix
pion, xix
Plank, Max, 12
Prohibition days, 20

quantum electrodynamics, xviii

Rabi, I.I., 28, 104, 261
red light district, 146
Roisman, Jean, xiii, 15
Rorschach test, xxvii
Rossi, Bruno, 105

Sagane, Ryokichi, 128, 215, 261
Schrödinger, Erwin, 12, 184
Schwinger, Julian, 178
Seaborg, Glenn, 83, 207, 261
Segré, Emilio, 83, 187, 261
selection rule, xx, 57
Serber, Robert, xiii
slide rule, 12
Snyder, Hartland, 59, 198
Solvay Conference, 21, 184
Strassmann, Fritz, 261
Szilard, Leo, 80, 106

tamper, 88
Teller, Edward, xv, xxviii, 85, 86, 261
Tibbets, Paul W., xxvii
Tolman, Richard, 42, 61, 85, 262
transuranics, 70
Trinity, xv

Uehling, Edwin, 33, 39

Urey, Harold, 81

Van Vleck, John H., 19, 21, 85, 246, 262

Weisskopf, Victor, 67, 105, 175, 208
Weyl, Herman, 220
Wick, Gian Carlo, 189, 195
Wigner, Eugene, 22, 28, 33, 43, 176, 262
Williams, John, 262
Wilson, Robert R., 262
Wright, F.L., 25, 140
Wu, Chien Shiung, 195, 233, 234, 245, 246

Yang, Chen Ning, 195, 212
Yukawa, Hideki, 53, 54, 183, 215, 262

アーレント, ハンナ, xxvi
アイソスピン, 58
アルヴァレ, ルイス・W, xxix, 9, 97, 98, 159, 165, 227
アンダーソン, カール, 51, 53

ヴァイル, ヘルマン, 220
ウイグナー, ユージン, 22, 28, 33, 43, 176, 262
ヴィック, ジアン・カルロ, 189, 195
ウイリアムズ, ジョン, 262
ウィルソン, ロバート, 262
ウー, チェン・シュン, 195, 233, 234, 245, 246

エプスタイン, ポウル, 42

オッペンハイマー, J. ロバート, xiv, 29, 31, 32, 260
オデット, クリフォード, xiii, 15

カー効果, 27
カースト, ドン, 68
カーニッツ, ハリー, xiii, 15, 182
カーメン, マーティン, 84
核子, 54
荷電スピン, xx
ガモフ, ジョージ, 48

鏡映核, xxi, 43
霧箱, 38
禁酒法時代, 20

曇入り水晶球, xx, 175
グローヴズ, レスリー・R, 87, 259

計算尺, 12
結合定数, 185, 205
ゲルマン, マレイ, xxi, xxviii, 28, 172, 219

278

ゴールドハーバー，モーリス, 65, 68, 230, 259
コナント，ジェイム, 81, 187, 258
コノピンスキー，エミール, 259
コペンハーゲン解釈, xxiv
コンドン，エドワード, 33, 96, 258
コンプトン，アーサー, 28, 258

サーバー，ロバート, xiii
嵯峨根遼吉, 128, 215, 261

シーボーグ，グレン, 83, 207, 261
シュヴァリエ，ハーコン, 14, 181
シュヴィンガー，ジュリアン, 178
重陽子, 72
シュトラスマン，フリッツ, 261
シュレディンガー，エルヴィン, 12, 184
ジョリオ，フレデリック, 259
シラード，レオ, 80, 106

スナイダー，ハートランド, 59, 198

制動放射, 72
セグレ，エミリオ, 83, 187, 261
選択規則, xx, 57

ソルベー会議, 21, 184

ダニング，ジョン, 80
タンパー, 88
断面積, 83

チャドウィック，ジェームズ, 258
中間子, 54, 72
超ウラン元素, 70

ティベッツ，ポール, xxvii
デイラック，ポール, 12, 29, 184, 258
テラー，エドワード, xv, xxviii, 85, 86, 261
電子-陽電子対, 39

トールマン，リチャード, 42, 61, 85, 262
トリニティ, xv

ニコルス，ケネス D., 87, 260
仁科芳雄, 155, 260

ネッダーマイヤー，セス, 51, 53, 96
ネルソン，エルドレッド, 260

バージ，レイモンド, 51, 54, 62, 66, 193, 257
バーネット，ヘンリー, 114, 224
ハーン，オットー, 259
ヴァン・ヴレック，ジョン, 19, 21, 85, 246, 262

索　引

パイエルス，ルドルフ, 80
パイオン, xix
バイス，アブラハム, xxv, 50
ハイゼンベルク，ウエルナー, xiv, 12, 38, 54, 259
パイ中間子, xix
パウリ，ウオルファング, xiii, 16, 261
爆轟波, 102
爆縮, 86
ハリソン，スタート, 62, 156, 217
ハワース，リーランド, 21, 190, 197, 206

ヒックス，エドワード, 8

ファインマン，リチャード, 179, 258
ファウラー，ウイリー, 41, 59, 250
ファラディー効果, 26
ブース，ユージン, 80
フェルミ，エンリコ, 258
フォン・ノイマン，ジョン, 102
ブッシュ，ヴァネヴァー, 80
ブライト，グレゴリー, xx, 57, 79, 258
ブラックホール, xxi, 61
プランク，マックス, 12
フランクリン協会, 9
フランケル，スタンレー, 258
ブリッグズ，ライマン, 80
フリッシュ，オットー・ロバート, 80, 259
ブリッツスタイン，マーク, xiii, 14
ブロッホ，フェリックス, 35, 61, 85, 257

米国学術研究協議会給費研究員, 28
ベーテ，ハンス, xxi, 48, 50, 61, 84, 257
ペグラム，ジョージ, 192, 222
ペニー，ビル, 23
ペン，ウィリアム, 8

ボーア，ニールス, 12, 54, 101, 257

マイトナー，リーゼ, 260
マクミラン，エドウィン, 35, 37, 42, 44, 46, 88, 164, 172, 259
マンリー，ジョン, 96, 260

ミューオン, 53
ミリカン，ロバート, 46, 54

メンデホール，チャールズ, 24, 28

モリソン，フリップ, xxviii

ヤング，チェンニン, 195, 212

遊郭, 146

ユーリー，ハロルド, 81
ユーリング，エドウィン, 33, 39
湯川秀樹, xix, 53, 54, 183, 215, 262

ライト，フランク・ロイド, 25, 140
ラビ，イジドール・イザーク, 28, 104, 261
ラム，ウィリス, 39
ランダウ，レフ, 60

リー，T.D, xxiv, 23, 189, 195, 212, 227
リーハイ, 9, 11
量子電磁力学, xviii

ルーミス，ホイラー, 65, 193
ルメイ，カーチス, xxvi, 120

レオフ，モリス, xiii, 13

ロイスマン，ジァン, xiii, 15
ローリッツエン，チャールズ, 40, 42, 50, 55, 56, 59, 259
ローリッツエン，トミー, 163
ロールシャッハ検査, xxvii
ローレンス，アーネスト, xxi, 35, 51, 165, 259
ロスアラモス・プライマー, 96, 248
ロッシ，ブルーノ, 105

ワイスコフ，ビクター, 67, 105, 175, 208

訳 者 略 歴
今野　廣一
こんの　こういち

1950年3月　岩手県釜石市生まれ．
1972年3月　茨城大学工学部金属工学科卒業．
1974年3月　北海道大学大学院修士課程（金属工学）修了
1974年4月　動力炉・核燃料開発事業団入社．大洗工学センター燃料材料試験部・高速増殖炉開発本部にて核燃料・炉心材料，事故模擬照射試験，制御棒材料，核燃料輸送容器の開発，核物質会計（計量管理）．大洗工学センター燃料材料開発部および核燃料サイクル開発機構プルトニウム燃料センターにて燃料物性，燃料体検査，物質会計，輸送容器許可申請に従事．この間，
1975年10月～1976年3月：日本原子力研究所・原子炉研修所（一般課程）修了．
1982年7月～1983年7月：GE社ARSD（Sunnyvale, CA）派遣：「もんじゅ」安全性照射試験の計画立案と評価解析．
1987年4月～1990年3月：（財）核物質管理センター情報管理部にて，測定誤差分散伝播コード，測定誤差評価プログラム開発と統計解析評価に従事．
2002年4月～2005年3月：宇宙開発事業団（NASDA/JAXA）安全・信頼性管理部招聘開発部員として非破壊検査装置開発・ロケットエンジン等の工場監督・検査に従事．
2005年4月～2007年3月：（財）核物質管理センター六ヶ所保障措置センターにて再処理保障措置，物質会計査察に従事．
2007年4月～2008年7月：日本原子力研究開発機構高速実験炉部にて保障措置査察対応および核物質計量管理業務に従事．
2008年8月～2016年3月：日本原燃（株）濃縮事業部にて核燃料取扱主任者としてウラン濃縮工場の安全管理に従事．
工学博士（原子力），核燃料取扱主任者，第1種放射線取扱主任者，原子炉主任技術者筆記試験合格，一般計量士合格者，非破壊試験技術者（RT, UT, PT: Level 3），中小企業診断士
専門分野：核燃料物性，統計解析，核物質会計，保障措置，品質管理，品質工学

平和，戦争と平和
先端核科学者の回顧録

2016年9月15日　初版発行

著作者　Robert Serber
編集者　Robert P. Crease
　　　　　　　　　　　　　　　　　　ⓒ 2016
訳　者　今　野　廣　一

発行所　丸善プラネット株式会社
　　　　〒101-0051　東京都千代田区神田神保町2-17
　　　　電　話（03）3512-8516
　　　　http://planet.maruzen.co.jp/

発売所　丸善出版株式会社
　　　　〒101-0051　東京都千代田区神田神保町2-17
　　　　電　話（03）3512-3256
　　　　http://pub.maruzen.co.jp/

印刷／三美印刷株式会社・製本／株式会社 星共社

ISBN978-4-86345-304-3 C0042